“十四五”高等职业教育新形态一体化系列教材

Photoshop 图像处理任务教程

侯佳路 张 博◎主 编
胡晓凤 郭永刚◎副主编

中国铁道出版社有限公司
CHINA RAILWAY PUBLISHING HOUSE CO., LTD.

内 容 简 介

本书采用理论与实践相结合的编写模式，共10章27个任务88个案例，内容涵盖了软件入门、素材选取、图层操作、抠图基础、变形变换、图像裁剪、修复克隆、路径文字、图层蒙版、图层样式、图层混合模式、滤镜技术、通道技术、照片调色调曝光、抠图合成、文字设计、版面设计等多个方面。本书涉及面广，实践性强，讲解详尽，通俗易懂。

本书配备有大量的案例同步教学视频，并提供了所有案例所需的素材图片，以及各章的PPT文件，方便读者进行学习与操作。书中案例的操作，均是在Photoshop CC 2018版本中进行的。不过书中的大多数案例，也可以在Photoshop CS6等较低版本软件中实现。

本书适合作为高职院校的图像处理类课程教材，也可以作为图像处理爱好者自学的资料用书。

图书在版编目（CIP）数据

Photoshop图像处理任务教程/侯佳路，张博主编.—北京：中国铁道出版社有限公司，2021.12

“十四五”高等职业教育新形态一体化系列教材

ISBN 978-7-113-27460-3

Ⅰ.①P… Ⅱ.①侯…②张… Ⅲ.①图像处理软件-高等职业教育-教材 Ⅳ.①TP391.413

中国版本图书馆CIP数据核字（2020）第240916号

书　　名：Photoshop图像处理任务教程

作　　者：侯佳路　张　博

策　　划：王春霞　　**编辑部电话**：（010）63551006

责任编辑：王春霞　包　宁

封面设计：刘　颖

责任校对：孙　玫

责任印制：樊启鹏

出版发行：中国铁道出版社有限公司（100054，北京市西城区右安门西街8号）

网　　址：http://www.tdpress.com/51eds/

印　　刷：国铁印务有限公司

版　　次：2021年12月第1版　2021年12月第1次印刷

开　　本：850 mm×1 168 mm 1/16　**印张**：18.75　**字数**：473千

书　　号：ISBN 978-7-113-27460-3

定　　价：69.00元

版权所有　侵权必究

凡购买铁道版图书，如有印制质量问题，请与本社教材图书营销部联系调换。电话：（010）63550836

打击盗版举报电话：（010）63549461

前言

Photoshop 因其强大的图像处理功能，成为视觉设计领域的标准软件。本书从实际工作出发，采用任务驱动模式，将数字图像基础知识和 Photoshop 工具的操作技巧融入到每一个典型工作任务中。在实现案例效果的同时，掌握软件的使用，真正做到教学的“有用、有效、有趣”。

本书站在读者的角度，从实际应用出发，立足时代，扎根人民，深入生活，精选多个有代表性的、实践性极强的案例，由浅入深、循序渐进地将图像处理中常用的知识与技能进行融合，坚持以美育人、以美化人，积极弘扬中华美育精神，引导读者自觉传承和弘扬中华优秀传统文化，树立正确的艺术观和创作观。本书注重培养学习者的学习能力和创新意识，以期抛砖引玉，全面提升学习者的审美和人文素养，增强文化自信。

本书为“互联网 +”教材模式开发的立体化教材的编排方式，既有利于读者自学，也方便教师组织教学实践。读者可以直接扫描书中的二维码，获取案例的讲解视频和其他拓展学习资料。希望读者在跟随本书完成案例的操作后，能够触类旁通、举一反三，将学到的技能快速应用到实际的工作和生活中。

本书共分为 10 章，每章的主要内容如下：

第 1 章主要对读者存在的很多问题进行了解答，例如，Photoshop 是做什么用的？ Photoshop 都有哪些版本，该如何选择，是不是一定要选最新版本？ Photoshop 是不是很难学？ Photoshop 中用到的图像，需要进行筛选吗？是不是随便找一张图，都可以处理成想要的样子？在 Photoshop 中处理完的图像文件，要保存成什么格式？高品质相机拍的照片太大，怎样处理才能令其文件变小适于网络传输等。

第 2 章学习图像处理中需要掌握的基础知识和技能，包括：图层相关的知识及常用操作、基础抠图相关的工具及使用方法、变换变形相关的命令及操作、图像裁剪相关的工具及裁剪方式。

第 3 章学习图像修复克隆相关的工具和技术，包括人物面部的斑痕、伤口，衣物上的污渍，环境中树叶、废纸等的修复。画面中多余人或物的剔除。暗处拍摄开闪光灯造成的红眼修正。对已有图像进行移动、克隆或修改，制作新的画面效果等。

第 4 章学习 Photoshop 中几个矢量工具的使用，包括：文字工具、形状工具、钢笔工具、路径选择工具等。

第 5 章学习 Photoshop 中最经典、最实用、最神奇的蒙版技术。网上经常能够看到一些很奇特的图片，如不同事物组合形成的奇怪新物种，不同景象融合成的新画面，同一场景中人或物的多个分身，特殊形状内的图像效果等，这些效果都可以通过蒙版技术实现。蒙版技术有很多种，本章主要讲解最常用的图层蒙版和剪贴蒙版。

第 6 章学习 Photoshop 中很多特殊效果的技术实现，例如，图层的叠加融合效果、立体投影效果、质地质感效果、各种艺术效果等。这些效果主要通过 Photoshop 中的图层混合模式、图层样式、滤镜等技术实现。

第 7 章学习 Photoshop 中的通道技术和调色技术。通道是 Photoshop 中的高级功能，它与图像的内容、色彩及选区相关。而调色是照片后期处理中的一项重要功能，学会运用各类调色技术，不仅可以调整照片的曝光及偏色问题，还可以根据个人喜好，为图片设置不同的影调氛围。

第 8 章学习抠图合成的相关技巧。抠图合成是 Photoshop 图像处理的主要功能之一，前面章节已经学习过使用选框类工具、套索类工具、快速选择工具、魔棒工具等进行基础抠图，另外也学习了使用图层蒙版、图层混合模式、图层样式等进行图像融合。本章将更加深入地学习抠图合成的常见技术和技巧。

第 9 章主要介绍几种不同质感文字的设计。文字设计在图像设计中不可或缺，文字的最终效果要与当前设计的风格、配色、质感、底蕴、背景等紧密结合，保持设计的统一性与连贯性。好的文字设计，能够带来更大的视觉冲击力，起到画龙点睛的作用。希望读者能够从本章案例中获得启发，创作出更好的作品。

第 10 章主要介绍几种常见的版面设计。版面设计是结合宣传主题及内容需求，在有限的版面范围内，将文字图片色彩等信息载体，有效地进行规划布局和艺术处理，增强视觉传达与情感传递，激发潜在的阅读兴趣和购买欲望等。

希望读者在实际的学习和工作中，能够尽可能多地浏览国内外的优秀设计作品，多吸纳新鲜设计理念，认真分析优秀作品中的构图、配色、细节等是如何呈现的，以提高自己的审美水平。初始阶段，可以选择适合自己水平的作品进行临摹，多分析多练习，熟能生巧，渐渐地就会有自己的想法和创意，接下来就可以尝试独立创作了。学无止境，我们一起努力吧！

本书由侯佳路、张博任主编，胡晓凤、郭永刚任副主编，编写和素材整理是集体劳动的成果。本书的出版得到了北京政法职业学院，以及学院与新华三集团联合共建的北京市特色高水平实训基地——新华三网络安全工程师学院的大力支持，同时中国铁道出版社有限公司的王春霞编辑给予了很多宝贵意见，在此一并表示衷心的感谢。

书中部分图片来源于网络，仅作为辅助教学使用，如有版权问题请联系编者删除（编者邮箱：178323926@qq.com）。由于编者水平有限，书中难免出现疏漏之处，敬请广大读者批评指正，不胜感激。

编　者

2021 年 9 月

目 录

第1章 Photoshop初始印象 1

任务1 Photoshop初始印象 …… 2

任务描述 …… 2

相关知识 …… 2

- Photoshop软件介绍 …… 2
- Photoshop发展历程 …… 2
- Photoshop版本选择 …… 2

任务实施 …… 3

版本选择 …… 3

任务2 Photoshop软件入门 …… 3

任务描述 …… 3

相关知识 …… 3

- Photoshop并不难学 …… 3
- Photoshop起始界面 …… 4
- Photoshop工作界面 …… 4

任务实施 …… 7

- Photoshop文件的基本操作 …… 7
- Photoshop面板的相关操作 …… 8
- Photoshop工作区域的定制 …… 9
- Photoshop图像的缩放查看 …… 10
- Photoshop多个文件的排列 …… 13
- Photoshop中的回退与撤销 …… 14

任务3 Photoshop素材选取 …… 14

任务描述 …… 14

相关知识 …… 15

- 电子图像分类 …… 15
- 像素 …… 15
- 分辨率 …… 16
- 电子图像清晰度筛选 …… 16
- 图像存储格式的选择 …… 16

任务实施 …… 17

- 不同存储格式，文件大小的对比（JPEG、PNG、BMP） …… 17
- 不同存储格式，透明效果的对比（JPEG、GIF、PNG） …… 18
- 改变图像尺寸，降低图像品质，缩小文件令其适用于网络 …… 19

第2章 Photoshop制图基础 … 21

任务1 图层操作 …… 22

任务描述 …… 22

相关知识 …… 22

- 认识图层 …… 22
- 图层的基本特性 …… 22
- 图层面板的使用 …… 24
- 图层的其他操作 …… 25

- 文件移动 ……27
- 颜色设置 ……28
- 纯色填充 ……28
- 渐变填充 ……29

任务实施 …… 30

- 动物与树 ……30
- 外星飞船 ……33

任务 2 抠图基础 …… 37

任务描述 …… 37

相关知识 …… 37

- 选框工具组 ……37
- 选区相关的各类操作 ……39
- 套索工具组 ……39
- 快速选择工具 ……41
- 魔棒工具 ……42

任务实施 …… 43

- 太空探险 ……43
- 相册效果 ……46

任务 3 变形变换 …… 49

任务描述 …… 49

相关知识 …… 50

- 画布大小 ……50
- 图像旋转 ……50
- 局部图像的变形操作 ……51
- 自由变换 ……51
- 斜切 ……52
- 扭曲 ……52
- 透视 ……53
- 变形 ……53
- 旋转 ……53
- 翻转 ……54
- 复制并重复上一次变换 ……54
- 内容识别缩放 ……55
- 操控变形 ……56

任务实施 …… 57

- 宝露露一家 ……57
- 户外广告牌 ……58
- 拓宽背景图 ……59
- 长颈鹿骑车 ……62

任务 4 图像裁剪 …… 64

任务描述 …… 64

相关知识 …… 64

- 裁剪工具 ……64
- 透视裁剪工具 ……65
- 证件照 ……66

任务实施 …… 66

- 画面裁剪 ……66
- 旋转裁剪 ……67
- 透视裁剪 ……68
- 证件照裁剪 ……69

第 3 章 Photoshop 图像修复克隆 …… 71

任务 1 瑕疵修复 …… 72

任务描述 …… 72

相关知识 …… 72

- 画笔工具……72
- 污点修复画笔工具……73
- 修复画笔工具……74
- 修补工具……75
- 内容感知移动工具……75
- 红眼工具……76

任务实施……77

- 祛斑去污……77
- 淡化皱纹……77
- 去除岛屿……79
- 年年有鱼……80
- 消除红眼……80

任务2　图案克隆……81

任务描述……81

相关知识……81

- 仿制图章工具……81
- 图案图章工具……82

任务实施……83

- 克隆鸭子……83
- 纹饰大象……84

第4章　Photoshop文字形状路径……87

任务1　文字涂鸦……88

任务描述……88

相关知识……88

- 字体的下载与安装……88
- 文字工具……89
- 形状工具……91

任务实施……93

- 表情涂鸦……93
- 早安心语……96
- 小满节气……101

任务2　路径操作……105

任务描述……105

相关知识……105

- 认识路径……105
- 钢笔工具……105
- 路径选择工具……106
- 路径相关操作……107
- 路径与文字的结合……107

任务实施……109

- 路径绕排文字……109
- 异形文本区块……110
- 改变文字形状……111

第5章　Photoshop蒙版融合图像……114

任务1　图层蒙版……115

任务描述……115

相关知识……115

- 认识图层蒙版……115
- 图层蒙版的操作……117

任务实施……120

- 美女骆驼……120

• 榴心苹果 …… 122
• 建筑清场 …… 124
• 人物分身 …… 127

任务 2 剪贴蒙版 …… 130

任务描述 …… 130

相关知识 …… 131

• 认识剪贴蒙版 …… 131
• 剪贴蒙版的操作 …… 131

任务实施 …… 132

• 星云麋鹿 …… 132
• 荷叶文字 …… 133

第 6 章 Photoshop 特效制作 …136

任务 1 图层混合模式 …… 137

任务描述 …… 137

相关知识 …… 137

• 认识图层混合模式 …… 137
• 各种混合模式介绍 …… 137

任务实施 …… 151

• 都市丽人 …… 151
• 照片调节 …… 152
• 裤子彩绘 …… 154
• 中国风瓷器设计 …… 157

任务 2 图层样式 …… 161

任务描述 …… 161

相关知识 …… 162

• 认识图层样式 …… 162
• 图层样式相关操作 …… 162
• 套用系统预设样式 …… 163
• 保存自定义的样式 …… 163
• 各种图层样式介绍 …… 165

任务实施 …… 169

• 立体发光神鹿 …… 169
• 金属质感门牌 …… 171

任务 3 滤镜技术 …… 173

任务描述 …… 173

相关知识 …… 174

• 认识滤镜 …… 174
• 滤镜介绍 …… 174

任务实施 …… 178

• 美肤柔焦 …… 178
• 仙境云雾 …… 180
• 梦幻背景 …… 181
• 相框效果 …… 183

第 7 章 Photoshop 通道及调色 …… 186

任务 1 通道技术 …… 187

任务描述 …… 187

相关知识 …… 187

• 认识色彩 …… 187
• 色彩三要素 …… 187
• 色相环 …… 188
• 色彩的冷暖感知 …… 188
• 同类色 …… 188

- 邻近色 ………………………… 188
- 互补色 ………………………… 189
- 原色 ………………………… 189
- 光色三原色 ………………………… 189
- 物色三原色 ………………………… 190
- 认识通道 ………………………… 190
- 颜色通道（原色通道） ……… 191
- Alpha 通道 ………………………… 191
- 专色通道 ………………………… 192
- 通道相关操作 ………………………… 192

任务实施 ………………………… 193

- 分离通道 ………………………… 193
- 合并通道 ………………………… 194
- 替换通道 ………………………… 195
- 制作荷叶上的水珠效果 ……… 196

任务 2　照片调曝光 ……………… 200

任务描述 ………………………… 200

相关知识 ………………………… 201

- 曝光 ………………………… 201
- 直方图 ………………………… 201
- 直方图与照片曝光的关系 …… 201
- 直方图与照片发灰的关系 …… 203
- 影调 ………………………… 203
- 直方图与影调的关系 ………… 204
- 调色命令和调整图层 ………… 204
- 色阶 ………………………… 205
- 曲线 ………………………… 207

任务实施 ………………………… 208

- 色阶调节曝光不足 ………… 208
- 色阶调节曝光过度 ………… 208
- 色阶调节照片发灰 ………… 208
- 照片局部效果调节 ………… 209
- 曲线调节曝光不足 ………… 210
- 曲线调节曝光过度 ………… 212
- 曲线调节照片发灰 ………… 212

任务 3　照片调偏色 ……………… 214

任务描述 ………………………… 214

相关知识 ………………………… 214

- 照片偏色 ………………………… 214
- 偏色调节技巧 ………………………… 214

任务实施 ………………………… 215

- 吸管调节裙子偏色 ………… 215
- 吸管调节鞋子偏色 ………… 215
- 吸管调节照片偏色 ………… 215
- 曲线调节海鲜偏色 ………… 216
- 曲线调节水果偏色 ………… 217
- 曲线调节照片影调 ………… 218

任务 4　常见调色技术 …………… 219

任务描述 ………………………… 219

相关知识 ………………………… 219

- 色相 / 饱和度 ………………………… 219
- 匹配颜色 ………………………… 219
- 去色 ………………………… 219
- 反相 ………………………… 219

任务实施 ………………………… 219

- 增加饱和度 ………………………… 219
- 春季变秋季 ………………………… 220
- 花朵换颜色 ………………………… 221
- 气球重着色 ………………………… 222
- 匹配梦幻色 ………………………… 223

• 人物素描效果 …………………… 224
• 水墨喷绘效果 …………………… 225

第 8 章 Photoshop 抠图合成 …………………… 230

任务 抠图合成 …………………… 231
任务描述 …………………… 231
相关知识 …………………… 231
• 选择并遮住 …………………… 231
• 图层混合模式 …………………… 231
• 混合颜色带 …………………… 231
• 通道抠图 …………………… 232
任务实施 …………………… 232
• 抠取毛发（选择并遮住） …… 232
• 抠取婚纱（选择并遮住） …… 233
• 滤除白底（图层混合模式） …… 236
• 滤除黑底（图层混合模式） …… 237
• 白云缥缈（混合颜色带） …… 238
• 火焰神功（混合颜色带） …… 239
• 冰酷苹果（通道抠图） …… 240

第 9 章 Photoshop 文字设计 …………………… 243

任务 1 浪漫藤蔓字 …………………… 244
效果呈现 …………………… 244
工具技术 …………………… 244
任务实施 …………………… 244
任务 2 花边布纹字 …………………… 249
效果呈现 …………………… 249
工具技术 …………………… 249
任务实施 …………………… 249
任务 3 逼真沙滩字 …………………… 259
效果呈现 …………………… 259
工具技术 …………………… 260
任务实施 …………………… 260

第 10 章 Photoshop 版面设计 …………………… 269

任务 1 宣传单页设计 …………………… 270
效果呈现 …………………… 270
工具技术 …………………… 270
任务实施 …………………… 271
任务 2 网站 Banner 设计 …………………… 278
效果呈现 …………………… 278
工具技术 …………………… 278
任务实施 …………………… 279
任务 3 校园海报设计 …………………… 284
效果呈现 …………………… 284
工具技术 …………………… 284
任务实施 …………………… 285

第1章 Photoshop初始印象

在正式使用 Photoshop 之前，初学者肯定有很多问题需要解答。比如 Photoshop 是做什么用的？ Photoshop 有哪些版本，我该怎么选择？Photoshop 是不是很难学，我能学会吗？ Photoshop 中用到的图像，需要进行筛选吗？是不是随便找一张图，都可以处理成我想要的样子？在 Photoshop 中处理完的图像文件，要保存成什么格式？高品质照相机拍的照片太大，怎样处理才能令其文件变小适于网络传输？这些问题都将在本章进行解答。

任务 1 Photoshop 初始印象

任务描述

了解 Photoshop 的软件功能、应用领域、发展历程，能够根据需要选择适合自己的软件版本。

相关知识

1. Photoshop 软件介绍

Photoshop 就是大家通常所说的 PS，它是由 Adobe 公司开发的一款图像处理软件。Photoshop 软件的专长就是对已有的图像进行处理加工，实现图像的修瑕、调色、变形、美化、融合等多项功能。

Photoshop 软件的应用非常广泛，目前已经覆盖了平面设计、后期处理、视觉创意、插画创作、网页设计、界面设计等领域。

2. Photoshop 发展历程

Adobe 公司在 1990 年发布了 Photoshop 软件的第一个版本 Photoshop 1.0，从此软件的开发团队就一直不间断地对软件功能进行优化升级，推陈出新。Photoshop 从早期的版本 Photoshop 5.0、Photoshop 6.0、Photoshop 7.0 开始为人们所熟知。

在此之后，Adobe 公司于 2002 年发布了 Photoshop 的 CS（Creative Suite，创意套件）版本，这也就意味着 Photoshop 从 8.0 版本开始就更名为 Photoshop CS 了，之后几年又顺延推出了 CS 的多个版本，直到 Photoshop CS5、Photoshop CS6，此时的 Photoshop 软件已经渗透大众的日常生活和相关行业的多个领域。

2013 年，Adobe 公司推出了 Photoshop CC（Creative Cloud，创意云）版本，至此，Photoshop 进入了云时代。时至今日，Photoshop 已经推出了多个 CC 版本，比如 Photoshop CC 2017、Photoshop CC 2018、Photoshop CC 2019 等。

3. Photoshop 版本选择

在 30 多年的发展过程中，Photoshop 经历了很多版本的更新与升级。那么，在日常的工作和生活中，应该选择什么版本？是不是一定要选择最新的版本呢？其实也不一定，主要看你的实际需求及计算机系统的配置环境。

相比较来说，老版本对计算机系统配置的要求会比较低，软件运行起来更加流畅一些。而较新的版本，其软件功能上都有不同程度的改进，在图像处理的过程及效果上会更加简便实用，新版本在运行过程中消耗的资源肯定更多，对系统配置的要求也就更高。

如果不是专门从事设计类工作，对软件最新的功能要求不是很强烈，而且计算机系统配置也一般，与其选用最新的版本，导致运行卡顿，影响工作效率，还不如选用相对老一点的版本，让工作更加流畅，节省时间。虽然最新版本在个别功能上会相对强大，但早期的版本如 Photoshop CS6 与新版本之间的大部分功能都是一样的，界面也类似，而且运行起来不吃力，作为初学者进行练习或日常使用，几乎不受影响。

当然，如果你的系统配置非常好，对软件的最新功能也比较感兴趣，或者从事的是设计相关的行业，那就可以选用最新的软件版本，肯定能得到更好的用户体验。

任务实施

版本选择

根据自己的系统配置和实际需求，选择适合的 Photoshop 版本进行下载及安装。本书选用的软件版本是 Photoshop CC 2018。

任务 2　Photoshop 软件入门

任务描述

认识 Photoshop 软件的起始界面、工作界面，熟悉工具箱、各种面板以及各类组件的使用方法，能够对软件进行基础操作。

相关知识

1. Photoshop 并不难学

不要把 PS 想得太难，其实它就跟玩手机一样简单有趣。那么如何有效地学好 PS 呢？

（1）要勇于尝试：PS 是一个典型的操作型软件，在学习过程中，一定要勇于尝试，多动手多操练，并善于观察和总结不同命令及参数对图像的作用效果，勤于思考，做到举一反三。

（2）不要死记参数：很多参数在使用情况不同时，呈现的效果也不尽相同。因此不要去死记硬背，而是要多练习，多尝试不同参数的效果对比，真正理解参数设置的意义，逐渐学会在独立作图时根据情况设置出效果合适的参数。

（3）抓住重点有效学习：PS 涉及的内容和知识点非常多，在学习过程中，要抓住重点技术和常用技术，优先操练巩固，时间充裕的情况下，再学习其他不太常用的技术。

（4）充分利用网络资源：在独立创作时，可能会遇到各种问题，要学会利用网络资源，及时搜索进行自主学习，这也是当今时代自我提升的一个重要途径。

（5）在临摹中进步：PS 不仅是一门技术，更是创造美的艺术行为。因此单纯掌握技术要点，还不足以制作出更好的作品。那么对于不是设计专业的初学者来说，怎样才能提高审美、激发灵感呢？那就只能多观摩国内外的优秀设计作品，多吸纳新鲜设计理念，认真分析优秀作品中的构图、配色、细节等是如何呈现的，选择适合自己水平的作品进行临摹，多分析多练习，熟能生巧，渐渐地就会有自己的想法和创意，接下来就可以尝试独立创作了。学无止境，我们一起努力吧！

2. Photoshop 起始界面

启动 Photoshop CC 2018 后，系统会自动进入软件的起始界面，如图 1–1 所示。在启动界面中，可以进行如下操作：

图 1–1　起始界面

（1）打开文档：单击“打开…”按钮，弹出“选择文档”对话框，选择需要的图片文档打开即可。

（2）新建文档：单击“新建…”按钮，弹出“新建文档”对话框，如图 1–2 所示。可以在对话框的上侧选择一种预设文档类型以及相应的尺寸大小，也可以直接在对话框右侧设置文档的各项参数，然后单击“创建”按钮，即可新建一个相应尺寸的空白图像文档。

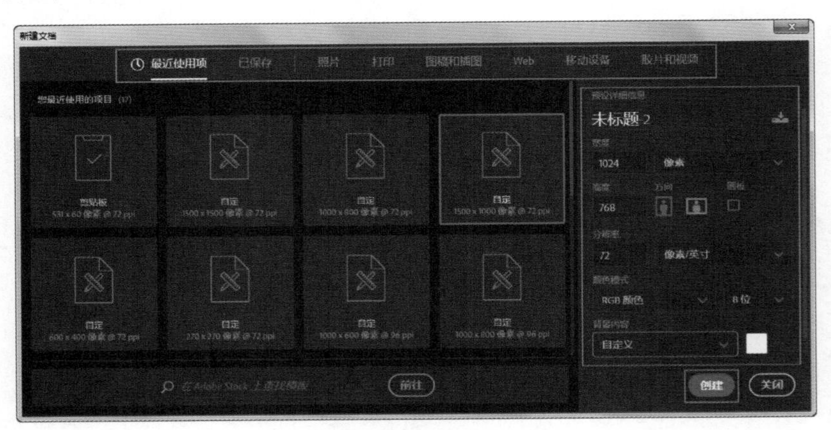

图 1–2　“新建文档”对话框

（3）重新打开最近用过的文件：单击“最近使用项”链接，可以显示近期使用过的图片或作品（此项在第一次启动软件时，显示为空），双击其中的某个文件，即可将其重新打开。

（4）从云端打开文件：单击“CC 文件”链接，可以从云端打开文件。

（5）从 Lightroom 中打开文件：单击“LR 照片”链接，可以从 Lightroom 中打开文件。（Photoshop Lightroom 是 Adobe 公司开发的一款适合专业摄影师输入、选择、修改和展示大量数字图像的高效率软件。）

3. Photoshop 工作界面

Photoshop CC 2018 的工作界面包含：工具箱、菜单栏、工具选项栏、文档窗口、标题选项卡、状态栏、搜索栏、定制工作区域以及各种面板等组件，如图 1–3 所示。

图 1–3　工作界面

（1）菜单栏：PS 的菜单栏中包含多个菜单项，单击某个菜单项即可打开相应的下拉菜单。每个下拉菜单中又包含多个菜单命令，如图 1–4 所示。若某个命令后面带有箭头符号，表示该命令还包含多个子命令。若某个命令后面带有英文字符串，则这些字符串就是该命令的快捷键。例如，新建文件的快捷键是【Ctrl+N】。

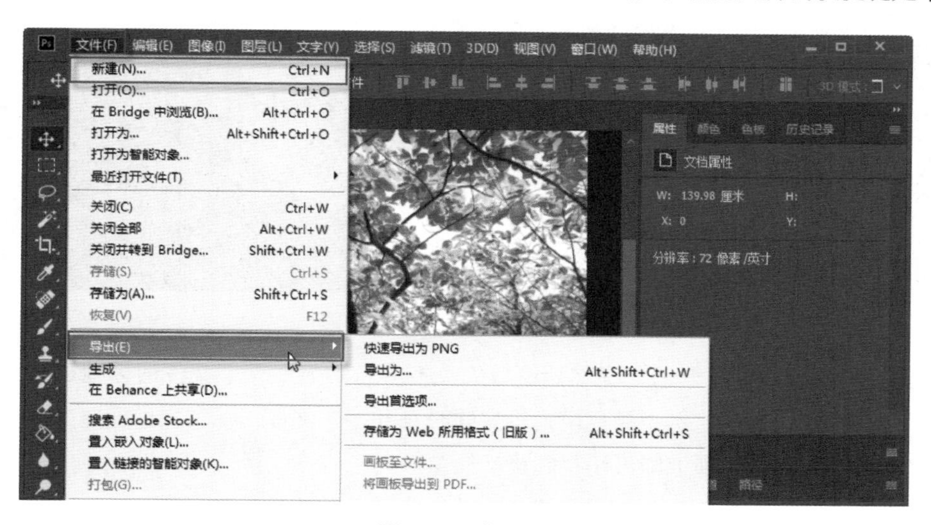

图 1–4　菜单栏

（2）工具箱：工具箱是 PS 中最重要的组件，其中以小图标形式提供了各种各样的实用工具。如图 1–5 所示，若图标右下角带有小箭头标志，则表示这是一个工具组，其中包含多个工具，在图标上右击，即可显示该工具组中的所有工具，根据需要选用即可。

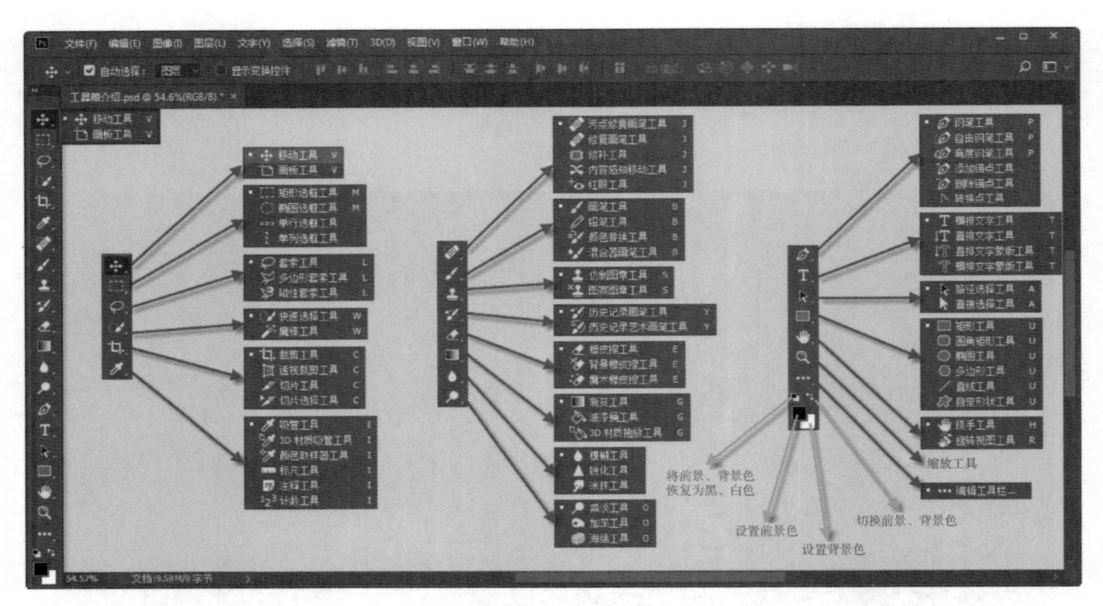

图 1–5　工具箱介绍

（3）工具选项栏：在工具箱中选择某个工具后，如图 1–6 所示，在上方的工具选项栏中就会出现对应的工具选项，方便对当前工具的参数进行设置。

（4）文档窗口：图像文件打开后，就会显示在文档窗口区域，在这里对其进行编辑和查看。

图 1–6　工具选项栏

（5）标题选项卡： 文件打开后，在文档窗口的上方会自动显示这个文件的标题选项卡，在其中会显示文件的名称、格式、缩放比例、颜色模式等。同时打开多个文件，每个文件标题会显示成一个单独的选项卡。单击文件的标题选项卡即可切换到该文档窗口。

（6）状态栏：位于窗口底部，能够显示文档大小、文档缩放比例等信息。

（7）搜索栏：位于窗口右上角，单击搜索图标，或者按快捷键【Ctrl+F】即可进入搜索对话框，在其中可以查找 PS 中的工具、面板、菜单等。

（8）各种面板：面板是 PS 的界面特色，它们可以自由拆分、移动、组合。

（9）定制工作区域：位于窗口右上角，可在其下拉列表框中选择、复位或者定制某种工作区域样式。

任务实施

1. Photoshop 文件的基本操作

在 PS 中打开两个图像文件，并在两个文件窗口之间切换查看，最后关闭图像文件。

（1）打开图像文件：

第一种方法：在 PS 的起始界面中，单击“打开”按钮，找到图像文件，将其打开。

第二种方法：在 PS 中，执行菜单命令“文件”|“打开”，找到图像文件，将其打开。

第三种方法：在 PS 中，使用快捷键【Ctrl+O】，找到图像文件，将其打开。

第四种方法：找到图像文件，将其拖动到 PS 右侧面板区域即可。

（2）切换文件窗口：如果同时打开了多个图像文件，单击某个文件的标题选项卡，即可切换至这个文件窗口对其进行编辑。

（3）保存图像文件：图像文件被编辑后，如果想确认修改，可以进行保存。

第一种方法：在 PS 中，切换至该文件窗口，用菜单命令“文件”|“存储”。

第二种方法：在 PS 中，切换至该文件窗口，使用快捷键【Ctrl+S】。

（4）另存图像文件：图像文件修改后，若不想覆盖原文件，可以另存为新文件。

第一种方法：在 PS 中，切换至该文件窗口，用菜单命令“文件”|“存储为”，在弹出的对话框中，给文件重命名，并浏览找到相应的磁盘目录，单击“保存”按钮。

第二种方法：在 PS 中，切换至该文件窗口，使用快捷键【Shift+Ctrl+S】，在弹出的对话框中，给文件重命名，并浏览找到相应的磁盘目录，单击“保存”按钮。

（5）关闭图像文件：

第一种方法：在 PS 中，切换至相应的文件窗口，单击其标题选项卡上的“关闭”按钮。

第二种方法：在 PS 中，切换至相应的文件窗口，执行菜单命令“文件”|“关闭”。

第三种方法：在 PS 中，切换至相应的文件窗口，使用快捷键【Ctrl+W】。

如果之前对图像进行过编辑，关闭时会提示文件保存，如图 1–7 所示，根据需要选择是否要进行保存。

图 1–7　提示文件保存

2. Photoshop 面板的相关操作

（1）面板的打开：如果要打开某个面板，如图 1–8 所示，只需打开“窗口”菜单，选中相应的面板名称，即可将其打开。

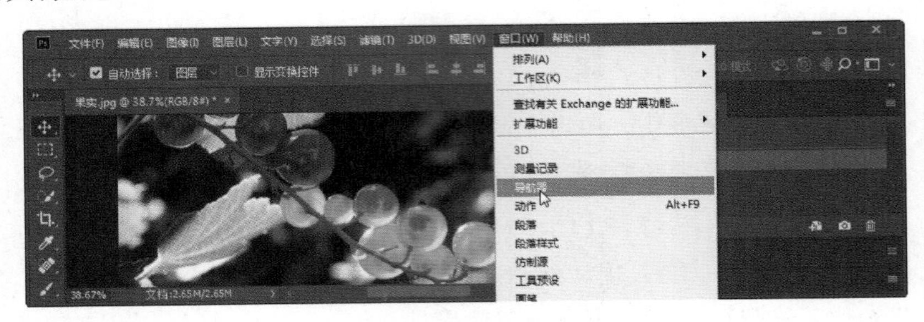

图 1–8　打开面板

（2）面板组的折叠与展开：在面板组的上方角落处，有一个双箭头按钮，如图 1–9 所示，单击该按钮即可将面板组折叠为图标状态，以增大文档窗口的显示区域。反之，再次单击双箭头按钮，可将图标展开为面板。

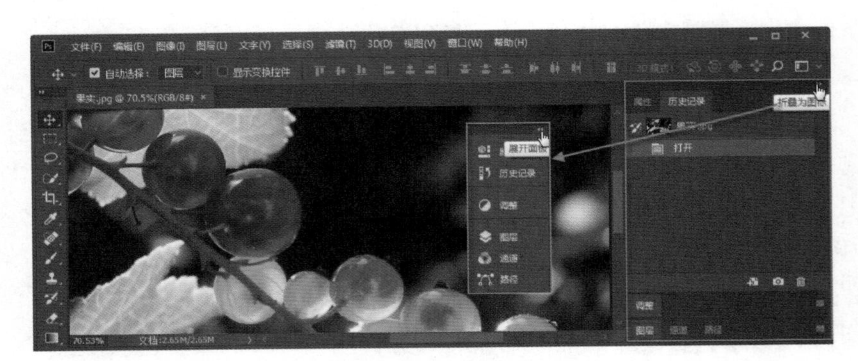

图 1–9　面板的折叠与展开

（3）面板的拆分：以直方图面板为例，如图 1–10 所示，用鼠标拖动该面板的选项卡，即可将其从原来的面板组中拆分出来变成一个独立的浮动面板。

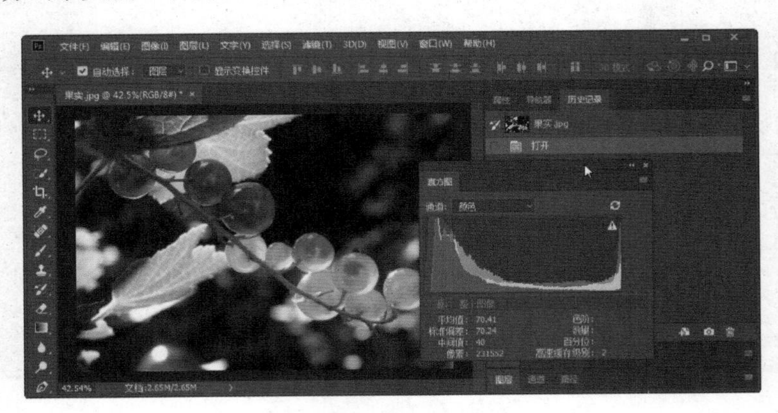

图 1–10　面板的拆分

（4）面板的移动及组合：用鼠标拖动直方图面板上方空白处，可令其自由移动，如图 1–11 所示，将其移动至属性面板组的标题栏上，出现蓝框时释放鼠标，即可将直方图面板合并至属性面板组中。

图 1–11　面板的组合

（5）面板及面板组的关闭：单击每个面板组右上角的按钮，可以打开面板菜单，如图 1–12 所示，可以根据需要选择关闭面板，或者关闭面板组。

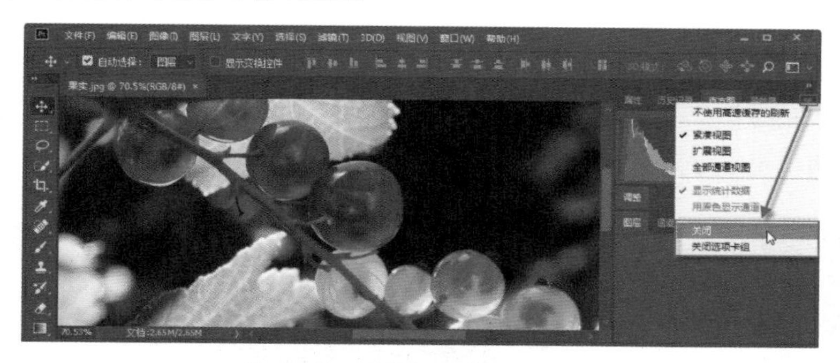

图 1–12　面板及面板组的关闭

3. Photoshop 工作区域的定制

（1）选择工作区域样式：在窗口右上角，单击“定制工作区域”按钮，如图 1–13 所示，在其下拉菜单中，可以根据需要选择某种工作区域样式。

图 1–13　选择工作区域样式

（2）复位工作区域样式：如果当前工作区域中的面板被随意移动了，想要恢复到初始状态，可以单击“定制工作区域”按钮，如图 1–14 所示，在下拉菜单中选择“复位基本功能”命令即可。

图 1–14　复位工作区域样式

（3）定制属于自己的工作区域样式：可以根据个人的使用习惯，自由拆分、移动、组合各种面板。如图 1–15 所示，单击“定制工作区域”按钮，在下拉菜单中选择“新建工作区”命令，弹出图 1–16 所示对话框，在相应位置为其命名，存储后即可定制属于自己的工作区域。如果这个工作区域的面板被移动乱了，系统也会出现相应的复位按钮，如图 1–17 所示。

图 1–15　新建工作区域

4. Photoshop 图像的缩放查看

在 PS 中打开一个图像文件，对图像进行以下操作：放大缩小操作；图像放大后将其精确定位至想要查看的部分；将图像缩放至屏幕大小；将图像缩放至原始大小（100%）；对图像进行旋转视图查看。

（1）图像的缩放操作：

第一种方法：选择“缩放工具”，默认是“放大模式”，这时单击图像可以对其进行放大。如图 1–18 所示，在“缩放工具”的工具选项栏中，选择“缩小模式”，则可以对图像进行缩小操作。

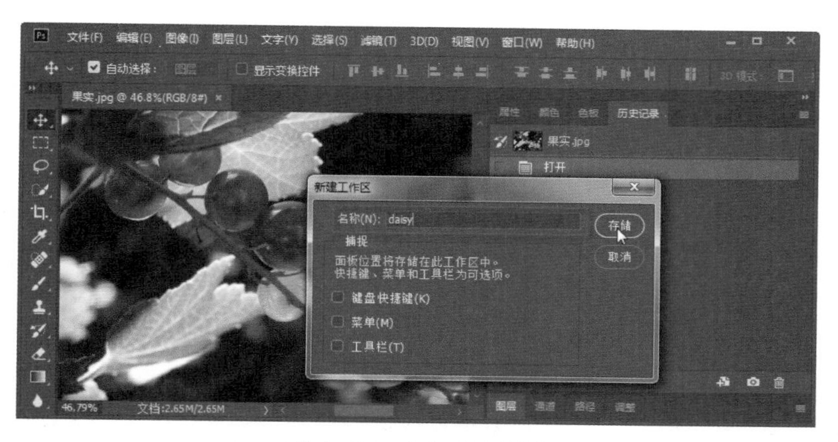

图 1-16　命名工作区域

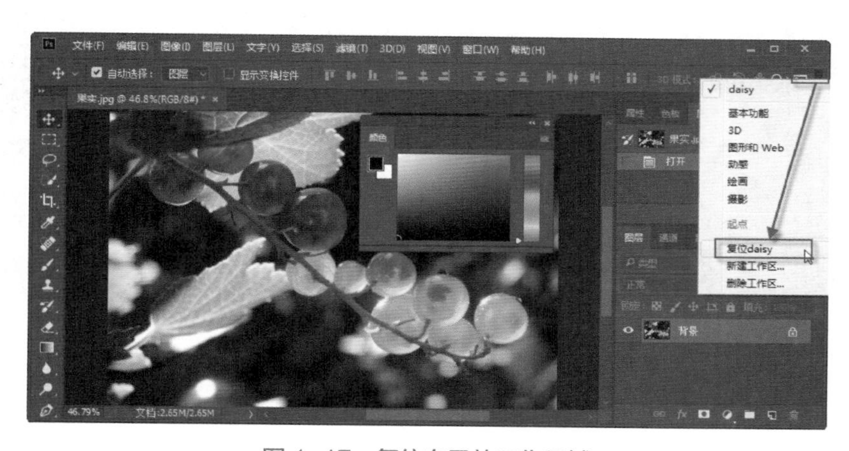

图 1-17　复位自己的工作区域

图 1-18　缩放工具

第二种方法：直接使用“缩放工具”，可以放大图像。按住【 Alt 】键的同时使用缩放工具，可以对图像进行缩小。

第三种方法：使用“缩放工具”，按住鼠标，向右拖动可以放大图像，向左拖动可以缩小图像。

第四种方法：按住【 Alt 】键的同时，将鼠标滚轮向上拨动可以放大图像，将鼠标滚轮向下拨动可以缩小图像。

第五种方法：按住【Ctrl】键的同时，按【+】键可以放大图像；按住【Ctrl】键的同时，按【-】键可以缩小图像。

（2）图像放大后将其精确定位至想要查看的部分：

第一种方法：在工具箱中，选用“抓手工具”，直接在文件窗口中拖动图像进行查看。

第二种方法：按住或者松开“空格”键，可以在“抓手工具”和当前工具间进行切换。

第三种方法：在“导航器”面板中，移动红色显示区域的位置，如图 1-19 所示，即可在窗口中查看图像的相应位置。

图 1-19　导航器面板

（3）将图像缩放至屏幕大小：

第一种方法：在“缩放工具”的工具选项栏中，单击“适合屏幕”按钮。

第二种方法：双击工具箱中的“抓手工具”。

第三种方法：使用快捷键【Ctrl+0】。

第四种方法：在窗口中，右击图片，在弹出的快捷菜单中选择“按屏幕大小缩放”命令。

（4）将图像缩放至原始大小（100%）：

第一种方法：在“缩放工具”的工具选项栏中，单击“100%”按钮。

第二种方法：双击工具箱中的“缩放工具”。

第三种方法：使用快捷键【Ctrl+1】。

第四种方法：在窗口中右击，在弹出的快捷菜单中选择“100%”命令。

（5）对图像进行旋转视图查看：在工具箱中，右击“抓手工具”，在弹出的快捷菜单中选择“旋转视图工具”命令，如图 1-20 所示，这时在图像窗口中单击，会出现一个罗盘，按住鼠标拖动即可旋转画布，对图像进行旋转视图查看。

注意：“旋转视图工具”能够在不破坏图像的情况下，按照任意角度旋转画布，方便查看，但图像本身并没有真正被旋转过来。如果需要旋转图像，可以执行菜单命令“图像”|“图像旋转”（该功能会在后续章节中学习）。

图 1–20　旋转视图工具

5. Photoshop 多个文件的排列

如果在 PS 中同时打开了多个图像文件，可以执行菜单命令“窗口”|“排列”，然后根据需要选择图像排列方式。如图 1–21 所示，是执行菜单命令“窗口”|“排列”|“全部垂直拼贴”的显示结果，而图 1–22 所示为执行菜单命令“窗口”|“排列”|“平铺”的显示结果。如果想要恢复到最初的选项卡式显示方式，只需执行菜单命令“窗口”|“排列”|“将所有内容合并到选项卡中”即可。

图 1–21　垂直拼贴效果

图 1–22　平铺效果

6. Photoshop 中的回退与撤销

在 PS 图像处理过程中，如果发生了误操作，可以进行回退与撤销。

（1）单步回退与撤销：

第一种方法：执行菜单命令“编辑”|“还原状态更改”，可以回退到上一步操作。如图 1–23 所示，回退之后，如果再执行菜单命令“编辑”|“重做状态更改”，则可以撤销刚才的回退操作。

图 1–23 回退与撤销

第二种方法：使用快捷键【Ctrl+Z】也可以回退到上一步。回退之后，如果再次使用快捷键【Ctrl+Z】，则会撤销刚才的回退操作。也就是说，如果连续多次按快捷键【Ctrl+Z】，只会在回退和撤销两种状态间循环，不会一直回退到多步之前的操作。

（2）多步回退与撤销：

第一种方法：多次执行菜单命令“编辑”|“后退一步”或者“编辑”|“前进一步”，可以回退或者撤销之前的多步操作。

第二种方法：使用快捷键【Alt+Ctrl+Z】可以回退一步，多次使用，可以回退到多步之前的操作。使用快捷键【Shift+Ctrl+Z】，可以撤销一步，多次使用，可以撤销之前的多步回退操作。

（3）快速回退与撤销：

如果想快速回退到文件之前的某个状态，可以使用 PS 中的“历史记录”面板。例如，在“历史记录”面板中，单击打开状态，就可以直接回退到文件刚被打开时的原始状态。

任务 3 Photoshop 素材选取

任务描述

在用 PS 进行图像处理前，首先要准备合适的素材图片，并不是随便找一张图，就一定能够处理成想要的效果。而素材图片的选取，除了要符合设计的主题、风格、配色等要求，还要具备一定的清晰度和品质。图片处理完成后，根据实际需求的不同，还可以将其存储为不同的图像格式。

相关知识

1. 电子图像分类

电子图像主要分为两大类：一类是位图图像，一类是矢量图形。两者在计算机内部的记录方式不同，使用起来各有优缺点，因此其应用领域也不同。

（1）位图图像：又称点阵图或者像素图，它是由许许多多的点组成的，这些点就是通常所说的像素。PS 软件主要处理的就是位图图像，但软件中也有一些简单的矢量功能（如文字、形状、智能对象等）。

（2）位图图像的特点：位图能够精确地描绘出色彩和色调的变换，因此可以表达最真实的自然场景。位图可以通过扫描、数码拍照、软件设计等多种方式获得。对大多数软件来说，位图的兼容性好，且在不同软件之间转换也比较容易。因此，常见的图像格式都是位图格式。位图与像素和分辨率有关。位图被缩放或变形时，会出现失真，因此无法制作真正的 3D 图像。

（3）矢量图形：又称向量图形，它是使用数学描述的方法，来记录图像的内容。例如：对于一个圆形的矢量图来说，文件只记录该圆形的几何特性、公式、描边颜色、填充颜色等参数信息。

（4）矢量图形的特点：因为矢量图形记录方式只是记录图形的几何特征，所以，它与分辨率无关。因此，无论对其进行放大、缩小、旋转、扭曲等操作，都会保持很高的清晰度，不会出现锯齿状失真。同样的，由于矢量图与像素和分辨率无关，只是用数学方式来记录图形的各项参数，因此，矢量图的文件通常都比较小。矢量图特别适合应用在计算机辅助设计（CAD）、工艺美术设计、插图设计、文字设计、图案设计、版式设计、标志设计等领域。矢量图形并不能通过数码拍照或者扫描方式获得，只能依靠特定的设计软件生成。常见的矢量图处理软件有 Illustrator、CorelDRAW、AutoCAD 等。矢量图形在不同的软件之间交换数据也不太方便，因此除了专业设计领域，日常环境中并不常见。矢量图形不容易表达出特别复杂的光影变幻效果，因此很难呈现出特别真实的场景。矢量图形通常都是用来绘制比较卡通的场景，或者绘制比较专业的工程图形、三维造型等。

2. 像素

像素是组成位图图像的最小单位。如图 1-24 所示，把一幅位图图像，放大到一定程度，就能看到位图是由很多个像素点排列组合而成的，而每个像素点，都可以被理解为是一个具有特定位置信息和颜色信息的、最小的颜色方块。

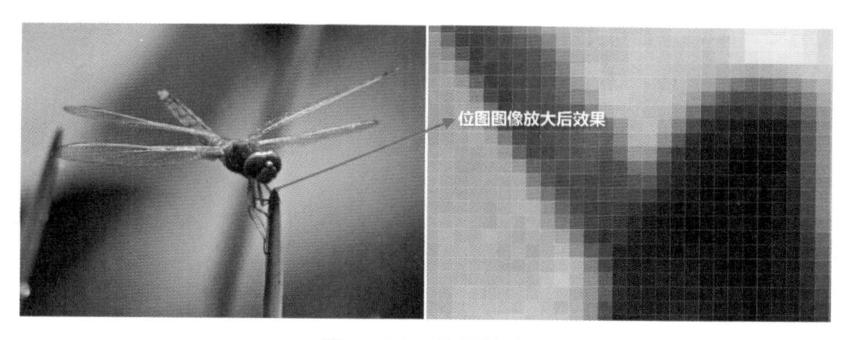

图 1-24　位图放大

计算机在处理位图时，编辑的是单个的像素点，而不是整体的对象，也就是说，如果对位图进行缩放，那么每个像素点都会被缩放，但像素的数量是不会发生变化的。因此位图被放大、缩小或旋转、扭曲到一定程度的时候，会丢失图像细节，出现锯齿边缘失真，降低图像质量。

3. 分辨率

分辨率是一个表达图像精细程度的指数。根据使用环境的不同，又可细分为：图像分辨率、屏幕分辨率、打印分辨率等。

（1）图像分辨率：指单位面积位图图像中存储的像素数量。图像分辨率的单位，通常为 ppi（pixels per inch），即像素每英寸。图像的分辨率越大，单位面积中所包含的像素数量就越多，细节描绘越丰富，图像质量就越好，但文件存储容量会更大。反之，图像的分辨率越小，单位面积中所包含的像素数量就越少，图像质量就越差，文件存储容量则更小。

日常应用中，如果图像只是在计算机中显示而不需要打印，那么它的分辨率是多少 ppi 并没有太大意义，因为通常大家记住的都是这幅图像所包含的像素数量，也就是图像的尺寸（水平方向的像素数 × 垂直方向的像素数）。假设原始图像尺寸是 800 × 600 像素，图像分辨率是 96 ppi，如果把图像分辨率修改成 192 ppi，那么图像尺寸也会自动变成 1 600 × 1 200 像素。

（2）屏幕分辨率：又称显示分辨率，是指在显示器的整个可视区域，水平方向和垂直方向所能显示的像素数量。例如，显示器的分辨率是 1 920 × 1 080，就是指整个屏幕水平方向显示 1 920 个像素，垂直方向显示 1 080 个像素。每个显示器都有自己的最高分辨率，同时也可以兼容其他较低分辨率。就相同大小的屏幕而言，当屏幕分辨率较低时（如 800 × 600），在屏幕上显示的像素少，单个像素尺寸比较大，显示效果比较粗糙。当屏幕分辨率较高时（如 1 600 × 1 200），在屏幕上显示的像素多，单个像素尺寸比较小，显示效果就越精细。

（3）打印分辨率：又称输出分辨率，是衡量打印机打印质量的重要指标，它决定了打印机打印图像时所能表现的精细程度。打印分辨率的单位通常为 dpi（dot per inch），即点每英寸。打印分辨率越高，就代表在单位面积中打印的点越多，打印出来图像效果就更清晰更细腻。一般需要打印的图像，其打印分辨率能达到 300 dpi 即可（即在一平方英寸的区域，能够打印出 300（水平点数）× 300（垂直点数）=90 000 个点。）

4. 电子图像清晰度筛选

日常生活中，人们能够接触到的图片基本都是位图图像，比如电子产品拍摄的照片、网上下载的普通图片等，而 PS 软件主要处理的也是位图图像。根据前面的描述得知：位图图像的清晰度，跟图像尺寸和图像分辨率成正比。因此，在挑选素材时，除了要符合设计主题、风格、配色等，还要尽量选用尺寸大的图片。当然，并不是所有大尺寸的照片，质量就一定好，也要剔除那些拍摄时造成的模糊不清或取景凌乱的图片，以及存储过程中，由于过度压缩而造成的低品质图片。

5. 图像存储格式的选择

在 PS 中，图像文件可以被存储成 20 多种图像格式。其中每种图像格式都有不同的优缺点，只有掌握了其各自的特点，才能在实际使用中，选择合适的存储格式。

（1）JPEG 格式：JPEG 格式支持绝大多数图像处理软件，适合于对图像质量要求不太高，而且需要在网络上传播的情况下使用。其特点是：文件较小，支持 24 位真彩色（数百万种色彩），能够描绘真实场景，也能表现色彩丰富细腻的图像，因此是目前网络上最流行的图片格式。JPEG 格式是利用一种最有效最基本的有损图像压缩方式，将图像压缩在很小的存储空间中。所谓有损，是指损失的是视觉不易察觉的那部分图像细节。如果需要进行高质量的输出打印，则尽量不要使用这种格式。另外，JPEG 格式不支持透明。JPEG 格式文件的扩展名可以是 JPG 或 JPEG。

（2）BMP 格式：BMP 格式是微软制定的图形标准，这种格式保真度非常高，可以轻松地处理 24 位真彩色的图像。其最大优点就是兼容度一流，就算不装任何看图软件，用 Windows 画图也可以查看。缺点就是不能对文件进行有效压缩，文件很大。BMP 格式不会丢失任何图像细节，适合用在对图像要求严格的行业中。

（3）GIF 格式：GIF 格式也是目前网络上很常见的图片格式。GIF 格式在压缩过程中，图像的像素资料不会丢失，只是通过减少颜色达到压缩目的，所以它最多只能存储 256 色。GIF 格式支持动画，也支持透明，但不支持半透明（即图片边缘和环境背景颜色相融合），并且提供了非常出色的几乎没有质量损失的图像压缩。因此 GIF 格式广泛应用于网页中。

（4）PNG 格式：PNG 格式使用了一种压缩效率很高的无损压缩技术，不仅有效减小了图像文件的尺寸，而且也可以制作出透明背景的效果，同时还可以保留矢量和文字信息。PNG 格式既支持索引模式，也支持 24 位真彩色，而且支持透明，也支持半透明。PNG 格式结合了 JPEG 和 GIF 的优点，对于网络图像的传送也非常有利，用户可以在短时间内获知图像的内容。近年来 PNG 格式的兼容性越来越好，未来它必将成为网络使用中的流行格式。

（5）TIFF 格式：TIFF 格式采用一种无损失压缩，能够保持原有图像的颜色及层次，但最多能压缩 2~3 倍，文件占用空间很大。TIFF 格式几乎被所有绘画、图像编辑和页面版面应用程序所支持，几乎所有的桌面扫描仪都可以生成 TIFF 格式的图像，因此 TIFF 格式常被应用于出版及印刷业中。由于其文件太大，极少用网络传播。

（6）PSD 格式：PSD 格式是 Photoshop 自带的格式，它可以存储 Photoshop 中所有的图层、通道、蒙版、剪辑路径、参考线、注释以及颜色模式等数据信息。如果图像文件还需要继续进行编辑修改，就必须将其存储为 PSD 格式。PSD 格式在保存图像时，也会将文件压缩以减少空间，但由于其中包含的信息太多，文件存储空间还是比其他格式大得多。另外，很多识图软件都不能直接打开它进行查看，因此，PSD 格式并不适合网络传播及日常浏览。PSD 格式的图像处理完成以后，还需要将其另存为占空间小且质量好的文件格式（如 JPEG 格式）才能进行传播。

任务实施

1. 不同存储格式，文件大小的对比（JPEG、PNG、BMP）

（1）在 PS 软件中，打开给定的图片“果实 .jpg”。

（2）先将文件另存为一个 BMP 格式的图片。

（3）再将文件另存为一个 PNG 格式的图片。

（4）使用 Windows 照片查看器打开这三张图片，观看其显示效果，几乎无差别。

（5）如图 1-25 所示，三张图片的尺寸相同，但 BMP 格式的文件较大，一般为几 MB，PNG 格式的文件相对较小，不到 1 MB，而 JPEG 格式的文件更小，一般为几百 KB。

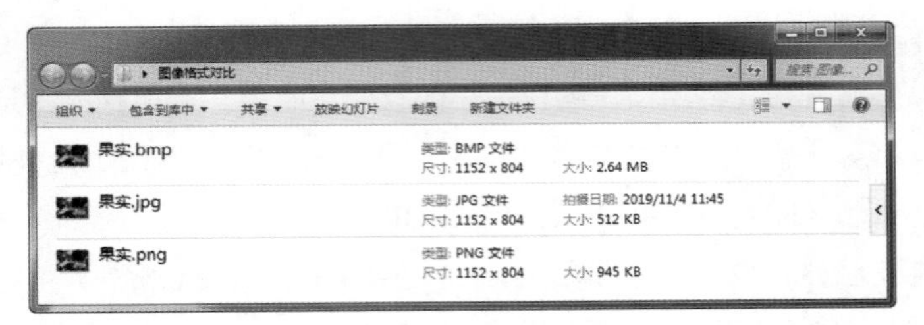

图 1-25　文件大小对比

由此可见，如果不是行业应用，只是作为普通网络传播或电子图像使用，将图片存储为 JPEG 格式或 PNG 格式即可。

2. 不同存储格式，透明效果的对比（JPEG、GIF、PNG）

（1）在 PS 中打开给定的文件“螃蟹水母 .psd”，如图 1–26 所示，螃蟹是完全不透明的，水母是半透明的，其他区域是完全透明的。

（2）先将文件另存为一个 JPEG 格式的图片。

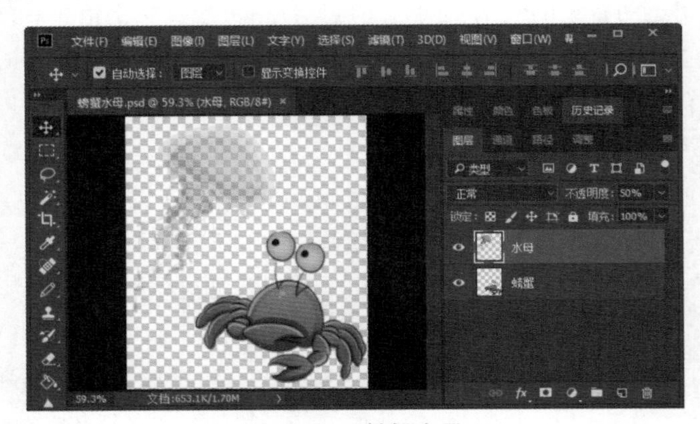

图 1–26　螃蟹水母

（3）再将文件另存为一个 PNG 格式的图片。

（4）执行菜单命令“文件”|“导出”|“导出为”，如图 1–27 所示，在弹出的对话框中将文件的“格式”设置为 GIF，单击“全部导出”按钮，即可将文件另存为一个 GIF 格式的图片。

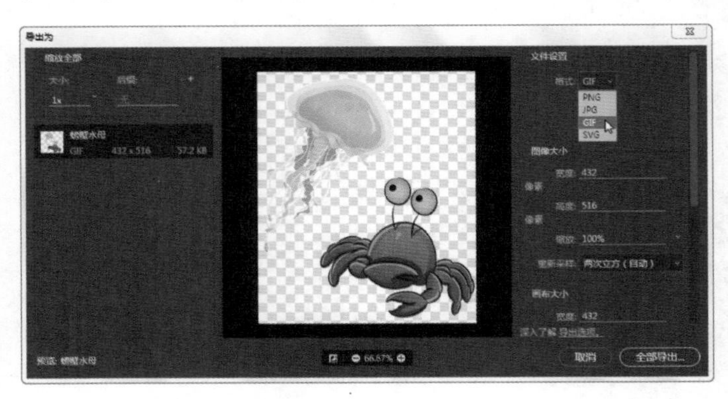

图 1–27　导出为 GIF 格式

（5）打开给定的 PPT 文件“海洋背景 .pptx”，其背景已经被设置成海洋效果了。

（6）在 PPT 中，分别插入以上三种格式的螃蟹水母图片，调整图片的大小和位置，观察显示效果的差异。

（7）如图 1–28 所示， JPEG 格式是不支持透明的，即使 PSD 源文件中有透明像素，只要把图片保存成 JPEG 格式，那么原先的透明区域也会被添上白底色，变成完全不透明的普通图片效果，因此大多数情况下，JPEG 图片与背景没有融合效果。GIF 格式虽然支持完全透明，但是不支持半透明，即 GIF 图片中所有半透明区域也被添加了白底色变成了不透明效果，只有完全透明区域才能保持透明效果，可以看到 GIF 图片与背景有融合但效果比较粗糙。PNG 格式既支持完全透明也支持半透明，因此水母身体可以透出背景中的鱼，图片与背景的融合效果最佳。

图 1–28　透明效果对比

因此，如果是不要求透明效果的普通图像，存储成 JPEG 格式最合适。如果需要支持透明并且对品质要求比较高，则存储成 PNG 格式更合适。如果对透明效果要求不高，或者想做成动态效果，那么存储成 GIF 格式比较合适。

3. 改变图像尺寸，降低图像品质，缩小文件令其适用于网络

打开素材图片“郁金香 .jpg”，如图 1–29 所示，图像的原始尺寸是 5 184 × 3 456 像素，文件大小为 5 MB。由于文件太大，不适合网络传播。要求使用 PS 将图片宽度设置为 1 024 像素，高度按照等比例缩放。然后，尝试降低图像品质增加压缩比率，缩小文件，令其适合在网络中传输使用。

图 1–29　原始图像

（1）在 PS 中打开图片，执行菜单命令“图像”|“图像大小”，弹出“图像大小”对话框，如图 1–30 所示。在对话框中将图像宽度修改为 1 024 像素。默认情况下，宽度和高度已经被锁定，因此，图像的高度会自动按照等比例缩放为 683 像素。完成后，单击“确定”按钮，PS 就会改变图片尺寸，并重新计算每个像素点的位置及颜色信息。

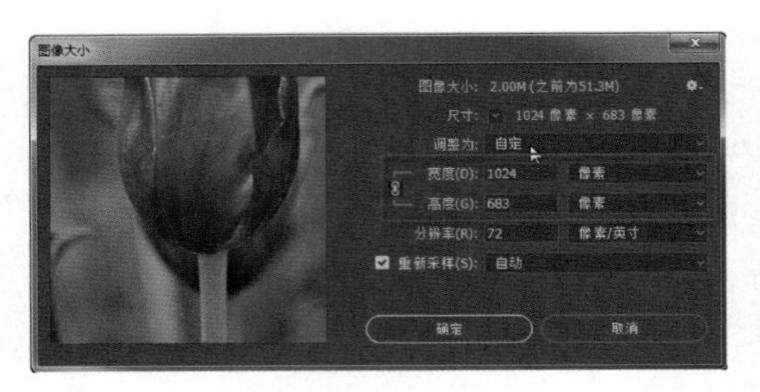

图 1–30　修改图像尺寸

（2）在 PS 中，执行菜单命令“文件”|“存储为”，弹出“另存为”对话框，修改文件名称等，单击“保存”按钮，弹出“JPEG 选项”对话框，如图 1–31 所示。在对话框中，将图像品质设置为“12，最佳”，单击“确定”按钮，即可完成图像保存。

图 1–31　最佳品质

（3）如果将图像品质设为最佳，仍然感觉文件太大，那么可以在“JPEG 选项”对话框中将图像品质适当调低，以增加压缩比率，从而缩小文件体积。

（4）郁金香原图、郁金香（最佳品质）、郁金香（高品质）这三张图片在文件尺寸及文件大小方面的对比效果，如图 1–32 所示。可以看到原图的尺寸最大，文件也最大。最佳品质和高品质的尺寸一样，都比原图小了很多，文件大小也小了很多，高品质的文件最小。

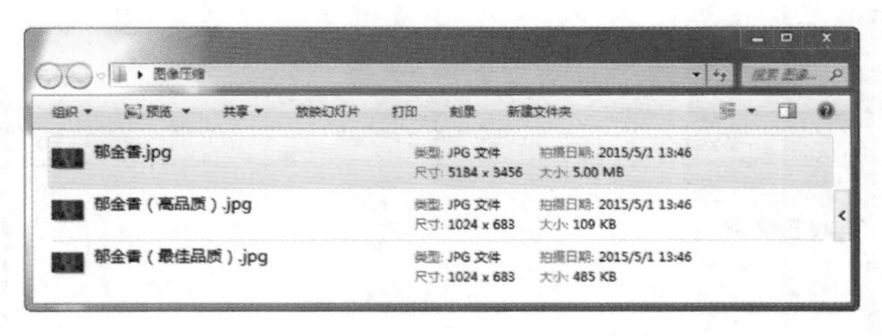

图 1–32　图像压缩

（5）使用 Windows 照片查看器打开这三张图片，观察其显示效果。相比较而言，原图效果最好，且放大很多倍后依然清晰。最佳品质的效果也不错，但放大到一定程度后品质下降。高品质的效果一般，稍微放大一些就能看到锯齿边缘失真。

由此可见，图像压缩比率越大，文件越小，但是图像品质也会越差。在实际应用中，可以根据需要适当调整，以利于网络传输，但不宜采用过高的压缩比率。

第2章 Photoshop制图基础

本章需要掌握的基础知识和技能主要包括：图层相关的知识及常用操作、基础抠图相关的工具及使用方法、变换变形相关的命令及操作、图像裁剪相关的工具及裁剪方式。

任务 1 图层操作

任务描述

Photoshop 图像处理离不开图层的操作。本任务将学习图层相关的知识及常用操作。

相关知识

1. 认识图层

图层，顾名思义就是用分层的形式来显示图像。每个单独的图层，都可以理解为是一层透明的玻璃纸，在这层玻璃纸上可以显示任何图像。图层是 PS 中最基础的操作单位。如图 2–1 所示，该图像文件是由 “米色背景”“树干”“树冠 1”“树冠 2”“小狮子”“猫头鹰”“小蓝鸟”等七个图层组成的。

图 2–1　认识图层

2. 图层的基本特性

（1）图层的先后顺序：在“图层”面板中，位于上层的图像可以遮挡下层的图像，如果改变图层的先后顺序，那么它们之间的遮挡关系也会随之改变。当然，如果上层是个空图层，那就相当于是一层空的透明玻璃纸，可以完全显示下层的图像。如图 2–2 所示，在上述文件中，将图层“小狮子”向下移动至图层“树干”的下面，小狮子的部分身体就会被树干和树冠遮挡住，变身为隐藏在树后。同样的，将图层“猫头鹰”向下移动至图层“树冠 2”的下面，猫头鹰的下半身就可以隐藏在树冠中了，效果更加逼真。

图 2–2　图层的先后顺序

（2）图层的相互独立：在 PS 中每个图层都是独立的，即对某个图层进行移动、修改、删除等操作，并不会影响到其他图层。如图 2–3 所示，对图层“树冠 2”进行编辑，修改其色相，令树冠变成蓝色，操作过程并不会影响其他图层。再对“猫头鹰”图层进行编辑，将其变大并移动位置，操作过程也不影响其他图层。

图 2–3　图层的相互独立

（3）图层的叠加融合：默认情况下，上层图像会遮挡下层图像。但是如果给图像设置了不同的透明度、图层混合模式、图层样式等，图层间就会产生神奇的叠加融合效果（图层混合模式、图层样式等技术，会在后续章节中学习）。在上述图像文件中，将图层“猫头鹰”的混合模式设置为“线性加深”，将图层“树冠 2”的混合模式设置为“溶解”，同时将其“不透明度”降低为“90%”，完成后，整体的图像叠加效果如图 2–4 所示。

图 2–4　图层的叠加融合

3. 图层面板的使用

与图层相关的大多数操作，都可以在“图层”面板中进行，如新建、复制、重命名、删除、锁定、解锁、隐藏、显示、设置不透明度、设置混合模式、添加蒙版、添加样式等。如图 2–5 所示，是“图层”面板的功能介绍。

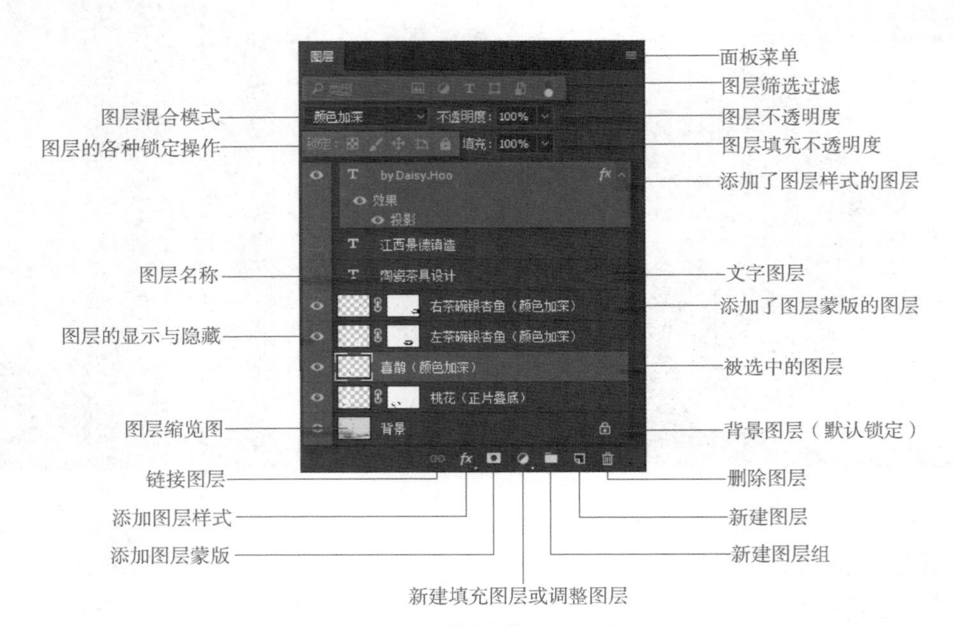

图 2–5　“图层”面板介绍

（1）新建图层：在“图层”面板中，单击“新建”按钮，即可新建一个空图层。

（2）选择单个图层：在“图层”面板中，单击某个图层，即可将其选中。

（3）选择多个不连续图层：按住【Ctrl】键的同时，在“图层”面板中，单击多个图层，即可将这些图层同时选中。如果要取消选择其中的某个图层，只需在按住【Ctrl】键的同时，再次单击那个图层，即可将其取消选中。

（4）选择多个连续的图层：在“图层”面板中，先选择一个图层，然后在按住【Shift】键的同时单击某个图层，即可将这两个图层间的所有图层同时选中。

（5）重命名图层：在“图层”面板中，双击图层名称，即可进入编辑状态，输入文字重新命名即可。

（6）复制图层：

第一种方法：在“图层”面板中，选中某个图层，按住鼠标将其拖动至“新建”按钮上，即可复制出该图层的一个副本图层。

第二种方法：选中图层后，用快捷键【Ctrl+J】，也可以复制图层（如果图层中有选区，则选区中内容会被复制为独立的图层）。

（7）删除图层：在“图层”面板中，选中某个图层，按住鼠标将其拖动至“删除”按钮上，即可删除该层。

（8）图层顺序的调整：在“图层”面板中，选中图层，用鼠标向上或向下拖动，即可完成图层顺序的调整。

（9）图层的隐藏与显示：默认情况下，图层都是正常显示的。在“图层”面板中，单击图层缩略图左侧的眼睛图标令其关闭，即可使该层图像隐藏。重新单击眼睛图标处，又可令图层内容重新显示。

（10）图层的锁定与解锁：在“图层”面板中，选中图层，然后单击面板中的“锁定全部”按钮，即可锁定该图层，这时图层名称的右侧会出现小锁头图标，这样就不会对该层内容造成误操作了。如果要解锁图层，则单击图层右侧的小锁头即可。另外，也可以根据实际需要，只对图层进行“锁定透明像素”“锁定图像像素”“锁定位置”“防止在画板内外进行嵌套”的锁定或解锁。

（11）背景层的转换：默认情况下，背景层是被锁定的，很多操作都是被限制的且不能向上移动只能在最底部。如果要对背景层进行移动等操作，可以先对其进行解锁。

第一种方法：双击背景层，在弹出的对话框中单击“确定”按钮，即可将其转换为普通图层，默认转换为“图层 0”。

第二种方法：在“图层”面板中，单击背景层右侧的小锁头图标，可以直接将其转换为普通图层，且图层名称自动被修改为“图层 0”。

（12）多个图层的链接与解除：有时候需要对多个图层中的图像进行统一操作，比如统一放大、缩小、移动位置等，为了避免遗漏，可以在“图层”面板中先把这些图层同时选中，然后单击“链接图层”按钮将其链接，方便进行统一操作。如果需要解除链接，则同时选中这些图层，再次单击“链接图层”即可将链接解除。

4. 图层的其他操作

（1）对齐与分布图层：如图 2-6 所示，同时选中多个图层，保持工具箱中选中的是“移动工具”，在工具选项栏中，单击相应的功能按钮，即可对图层进行各种方式的对齐或分布操作。

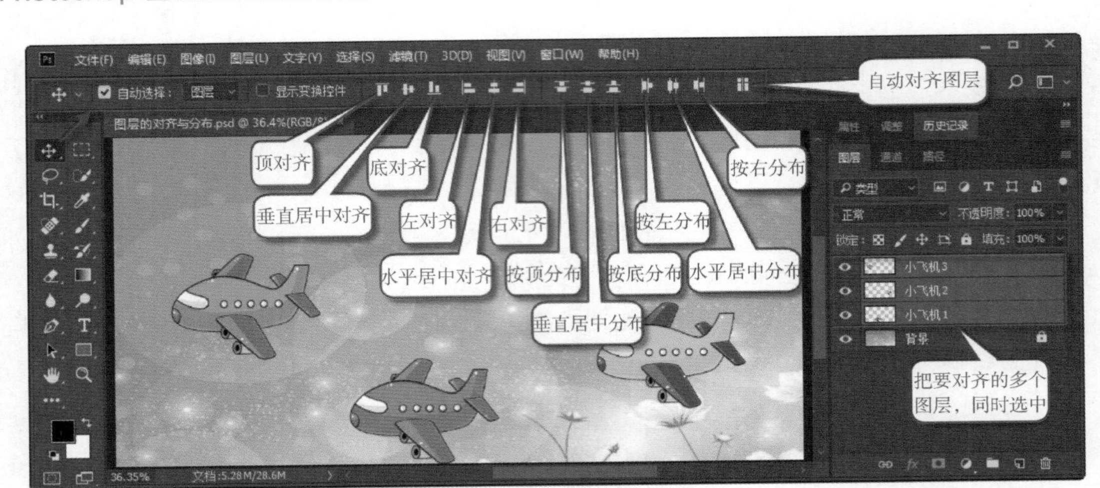

图 2-6 对齐与分布图层

（2）合并图层：如果需要将两个以上的图层合并成一个图层，那么就在“图层”面板中，同时选中这些需要合并的图层，如图 2–7 所示，右击图层名称处，在弹出的快捷菜单中选择“合并图层”命令，即可将这些图层合并成一个图层。

图 2-7 合并图层

（3）合并可见图层：同上，如果执行“合并可见图层”命令，即可将所有显示的图层合并到背景层中去，但隐藏的图层会单独留下来不会被合并。

（4）拼合图像：同上，如果执行“拼合图像”命令，也是将所有显示的图层合并到背景层中去，但是如果存在隐藏的图层，系统会弹出对话框询问是否删除隐藏图层，单击“确定”按钮即可将隐藏图层删除，单击“取消”按钮则会取消该合并操作。

（5）盖印图层：如果需要将某些图层合并，但是还想保留合并前的原始图层，就可以使用盖印图层功能（此功能只能用快捷键实现）。如图 2–8 所示，同时选中多个图层， 使用快捷键【Ctrl+Alt+E】，即可生成一个单独的合并图层，并保留原始图层。

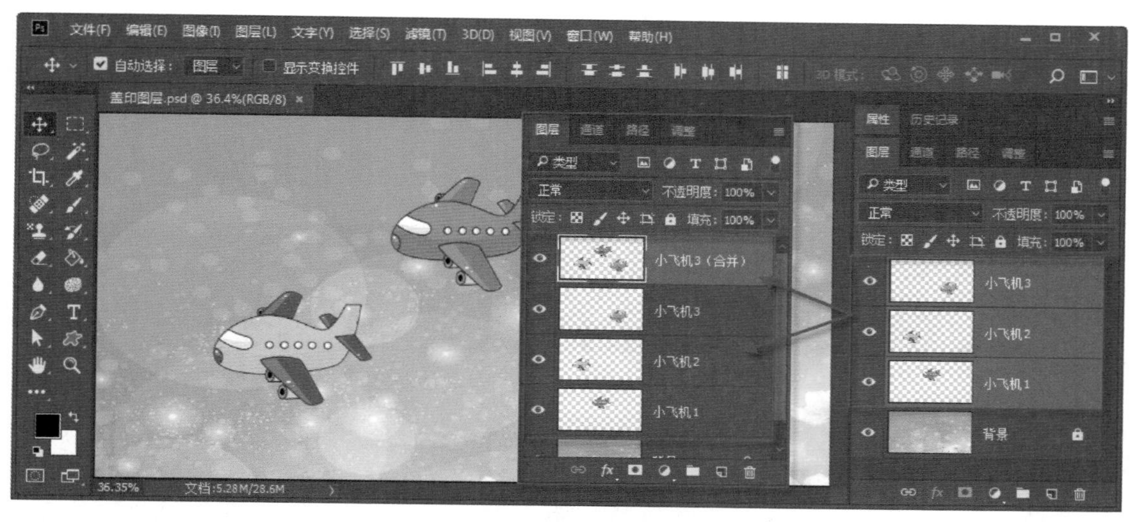

图 2-8　盖印图层

（6）栅格化图层：PS 中的文字图层、形状图层、智能对象、矢量蒙版等，都是包含矢量数据的图层，双击即可直接修改其相关参数。在前面章节讲过，矢量图形与像素分辨率无关，对其进行放大、缩小等操作也不会失真。而 PS 中的普通图层都是位图图像，其与像素分辨率有关。如果想把这些矢量图层转换为普通图层，就要用到图层的栅格化操作。如图 2-9 所示，在“图层”面板中，选中需要栅格化的图层，右击图层名称处，在弹出的快捷菜单中选择“栅格化文字”命令，即可将这些图层转换为普通图层。

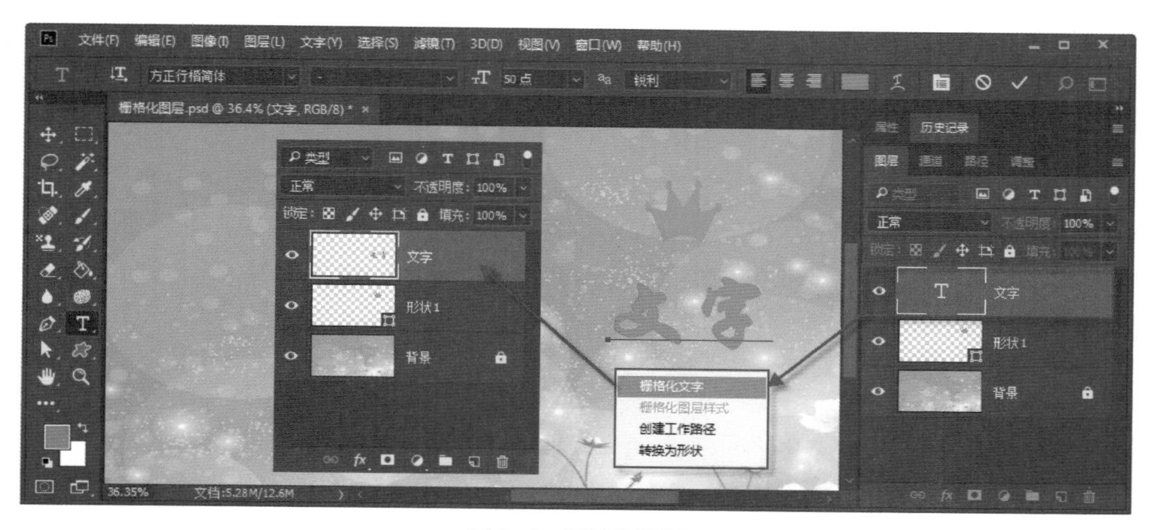

图 2-9　栅格化图层

5. 文件移动

在 PS 中可以同时打开多个图像文件，如果要将一个文件移动至另一个文件，就要用到“移动工具”。首先，单击某个文件的“标题选项卡”，切换至该文件窗口。然后，在工具箱中选择“移动工具”，用鼠标拖动该图像（或者该文件的某个图层），将其移动至另一个文件窗口内。如图 2–10 所示，此时被移动的图像，就会变成另一个文件中的图层。另外，按住【Shift】键的同时移动文件，可让图像以中心对齐方式移动到另一个文件中。

图 2–10　文件移动

6. 颜色设置

如果要对图像的某些部分进行颜色填充，那么首先就要设置前景色或背景色，这时就要用到“前景色”和“背景色”工具。

使用快捷键【X】，可以切换前景色和背景色。

使用快捷键【D】，可以将前景色和背景色切换回默认的黑、白色。

如图 2–11 所示，在工具箱中单击“前景色”工具，弹出“拾色器（前景色）”对话框。在对话框中，可以移动“颜色滑块”选择色相区域，然后在“色域”的某个部分单击，确认操作后，就可以将这一点上的颜色设置为新的前景色。或者，也可以在该对话框的下方相应位置，直接输入 RGB 的颜色值，单击“确定”按钮即可。另外，在对话框打开时，如果将光标移动至图像文件的某个地方，则可以直接拾取图像中的颜色，将其赋予前景色。背景色的设置与之类似，不再赘述。

7. 纯色填充

使用“油漆桶工具”，可以对选中的图层或选区等进行纯色填充。如图 2–12 所示，在工具箱中选择“油漆桶工具”，然后在选中的图层或区域内单击，即可使用前景色进行填充。或者使用快捷键【Alt+Delete】，直接对图层或选区填充前景色。

如果要用背景色进行填充，那么首先在工具箱中单击“切换前景色和背景色”按钮，再用“油漆桶工具”填充即可。或者使用快捷键【Ctrl+Delete】，即可直接对图层或选区等填充背景色。

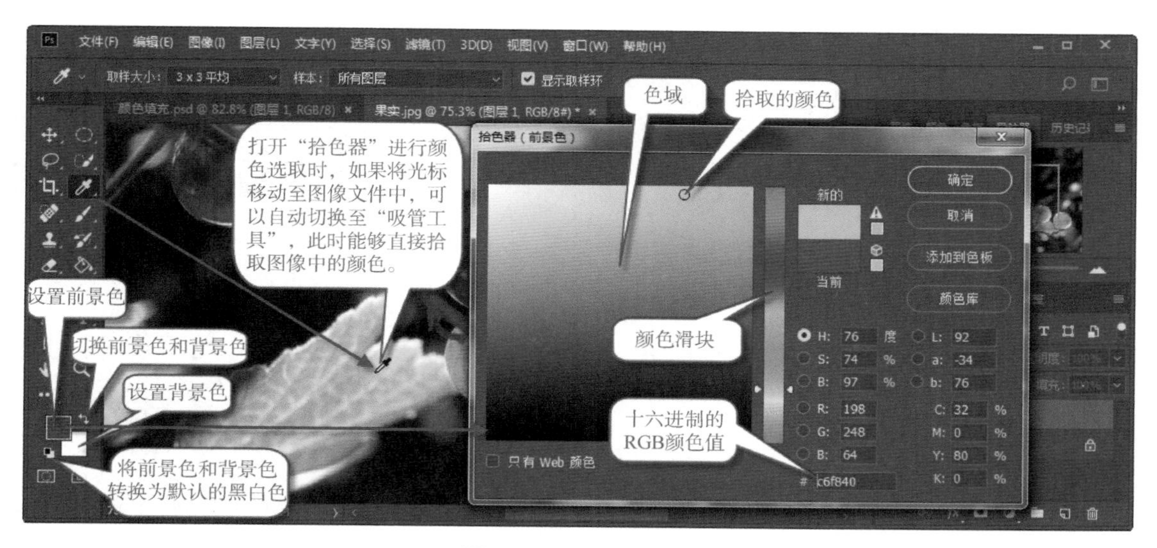

图 2-11　设置前景色

图 2-12　油漆桶工具

8. 渐变填充

使用“渐变工具”，可以对选中的图层或选区等进行渐变色填充。如图 2-13 所示，在工具箱中选择“渐变工具”，其默认渐变色就是前景色到背景色的渐变效果。根据需要在工具选项栏中选择渐变方式，使用鼠标在窗口中按照某个方向进行拖动，即可创建相应的渐变效果。

注意：根据鼠标拖动的方向、位置、路径长短等的不同，创建出来的渐变效果会有所不同。

如果对渐变颜色效果不满意，可以对其进行编辑。在工具选项栏中，单击“编辑渐变”按钮，弹出“渐变编辑器”对话框。如图 2-14 所示，在对话框上方选择系统给定的预设渐变效果，如果对效果依然不满意，可以继续在下面的渐变颜色条中添加或删除不透明度色标、颜色色标，还可以针对每个色标调整其不透明度或者颜色等，完成后单击“确定”按钮即可。

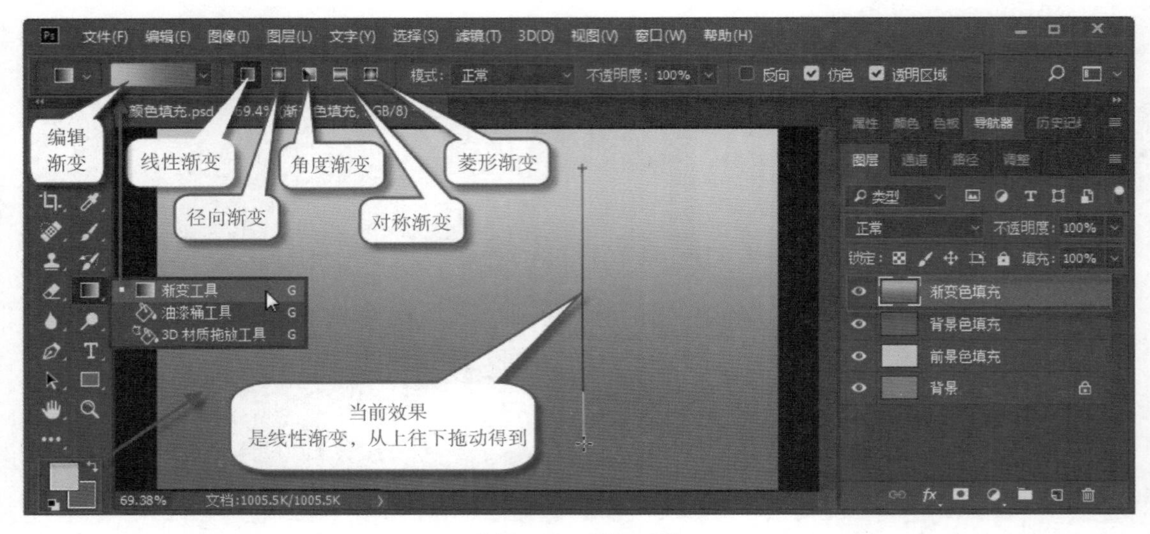

图 2-13　渐变工具

图 2-14　编辑渐变

任务实施

1. 动物与树

利用给定的各个素材图片，制作案例“动物与树 .psd”，并在其中练习图层的基础操作。

（1）在 PS 中，新建文档，各项参数设置如图 2-15 所示。文件创建后，将其存储为“动物与树 .psd”。

（2）找到给定的素材图片“树干 .png”“树冠 1.png”“树冠 2.png”“小狮子 .png”“猫头鹰 .png”“小蓝鸟 .png”，在 PS 中打开。

图 2-15　新建文档

（3）使用“移动工具”，将素材图片“树干 .png”移动至文件“动物与树 .psd”中。在“图层”面板中，将“图层 1”重命名为“树干”，如图 2-16 所示。同样的，把其他几张素材图片也分别移动至文件“动物与树 .psd”中，并给相应的图层重命名。完成后，将各个素材图片关闭即可，只保留文件“动物与树 .psd”。

图 2-16　树干层重命名

（4）在“图层”面板中，将其他图层全部隐藏，只显示“树干”和“背景”层。如图 2-17 所示，将这两层同时选中，在工具选项栏中单击“水平居中对齐”按钮和“底对齐”按钮，令二者在水平方向居中对齐，在垂直方向底部对齐。

（5）分别显示图层“树冠 1”和“树冠 2”，移动位置，令其正好遮挡住树枝。最后，再分别显示三个动物层，并将其移动至合适的位置，效果大致如图 2-18 所示。

（6）将“小狮子”层移动至“树干”层的下面，令树干遮挡住小狮子的部分身体。将“猫头鹰”层移动至“树冠 2”层的下面，让树叶遮挡住猫头鹰的半边身体，效果如图 2-19 所示。

图 2-17 树干与背景对齐

图 2-18 摆放位置

图 2-19 移动图层

（7）如图 2–20 所示，将“猫头鹰”层的“不透明度”降低，查看效果。

图 2–20　降低透明度

（8）如图 2–21 所示，在“工具箱”中将“前景色”设置为自己喜欢的某个颜色。在“图层”面板中保证选中“背景”层。然后使用“油漆桶工具”给“背景”层填充纯色。

图 2–21　纯色背景

（9）如图 2–22 所示，在“工具箱”中将“前景色”和“背景色”分别设置为自己喜欢的两个颜色。在“图层”面板中保证选中“背景”层。然后，选择“渐变工具”，在工具选项栏中选中“径向渐变”模式，使用鼠标从窗口中心向四周拖动，给“背景”层填充渐变色。

（10）查看“背景”层，发现其不能移动位置，只能在底层。如果想要移动背景层，可以在“图层”面板中双击“背景”层，如图 2–23 所示，单击“确定”按钮，将其转换成普通图层。完成后，就可以对其自由操作了。

（11）完成后，将文件另存成 JPEG 格式，并保存其 PSD 格式，以备将来再次编辑。

2. 外星飞船

利用给定的各个素材图片，制作案例“外星飞船 .psd”，并在其中练习图层的相关操作。

（1）在 PS 中打开给定的素材图片“飞船 1.png”“飞船 2.png”“飞船 3.png”“飞船 4.png”“星空背景 .jpg”。

图 2-22　渐变背景

图 2-23　转换成普通层

（2）将图片“飞船 1.png”“飞船 2.png”“飞船 3.png”“飞船 4.png”分别移动至图片“星空背景 .jpg”中，如图 2-24 所示，分别将对应的图层命名为“飞船 1”“飞船 2”“飞船 3”“飞船 4”，将该文件存储为“外星飞船 .psd”。

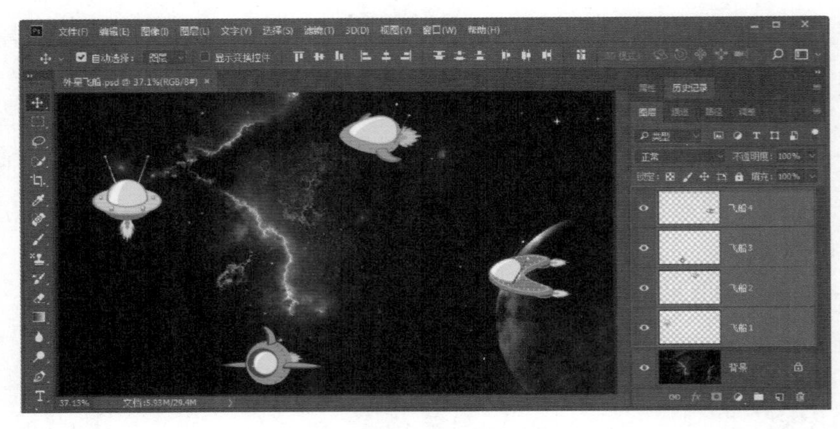

图 2-24　外星飞船

（3）如图 2–25 所示，将四个飞船层同时选中，工具箱中保持选中“移动工具”，在工具选项栏中，分别单击各个对齐或分布按钮，查看飞船的摆放情况。注意：根据各个飞船起始位置的不同，单击按钮的顺序不同，其对齐与分布的效果也会有所不同，可以尝试不同的起始位置和按钮顺序的组合，体会对齐与分布功能的使用。

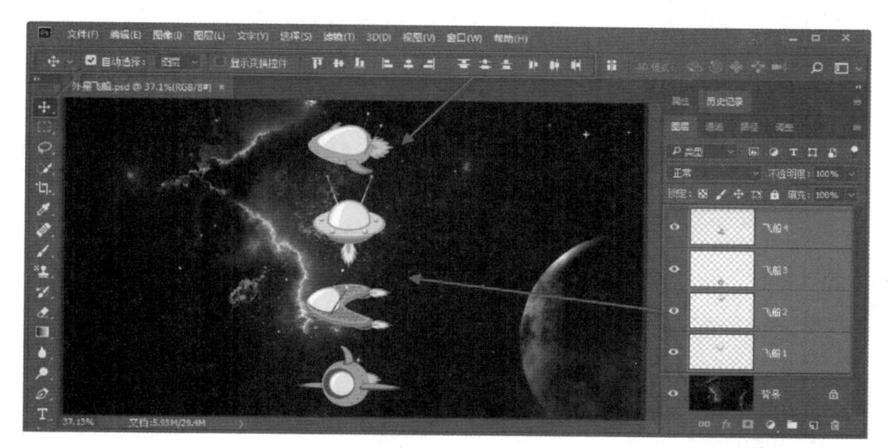

图 2–25　对齐与分布

（4）如图 2–26 所示，将某几个飞船层同时选中，右击图层名称处，在弹出的快捷菜单中选择“合并图层”命令，合并后使用“移动工具”移动合并后的某个飞船，可以看到合并的飞船已经变成一个整体，移动其中任何一个，其他也跟着移动了。

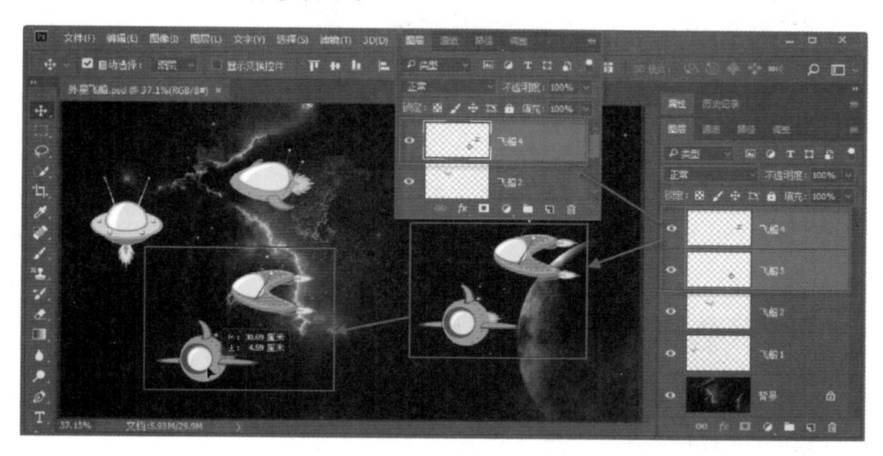

图 2–26　合并图层

（5）在“历史记录”面板中，回退到合并图层之前的状态。如图 2–27 所示，将某个或某几个飞船层隐藏，右击图层名称处，在弹出的快捷菜单中选择“合并可见图层”命令，可以看到隐藏图层会被单独留下来，其他图层被合并。

（6）在“历史记录”面板中，回退到合并图层之前的状态。如图 2–28 所示，将某个或某几个飞船层隐藏，右击图层名称处，在弹出的快捷菜单中选择“拼合图像”命令，系统会弹出对话框提示，单击“确定”按钮即可将隐藏图层删除，而其他图层被合并至背景层中。

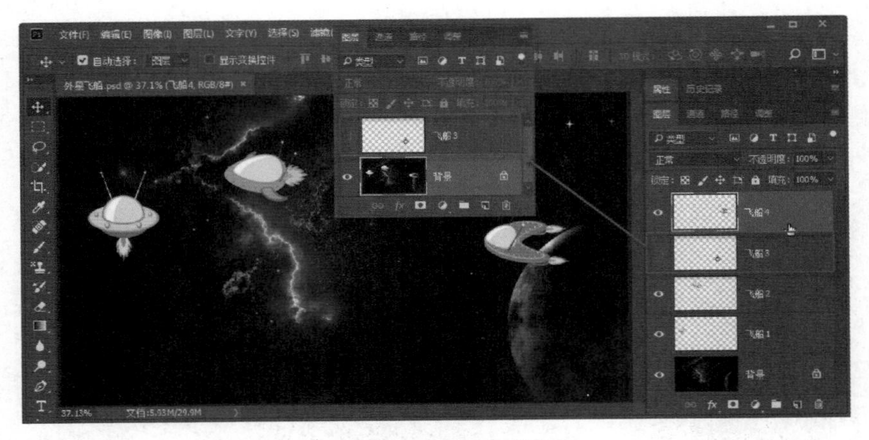

图 2-27 合并可见图层

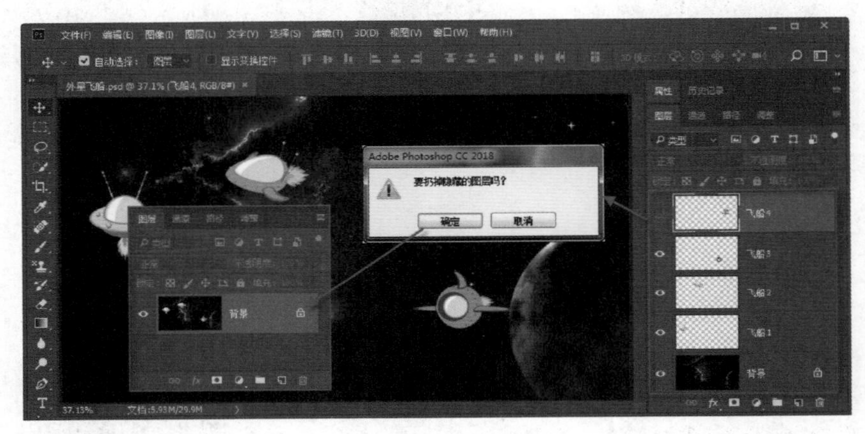

图 2-28 拼合图像

（7）在“历史记录”面板中，回退到合并图层之前的状态。如图 2-29 所示，将四个飞船层同时选中，使用快捷键【Ctrl+Alt+E】盖印图层。可以看到，盖印后生成了一个单独的合并图层，并且原始的四个图层也都进行了保留。

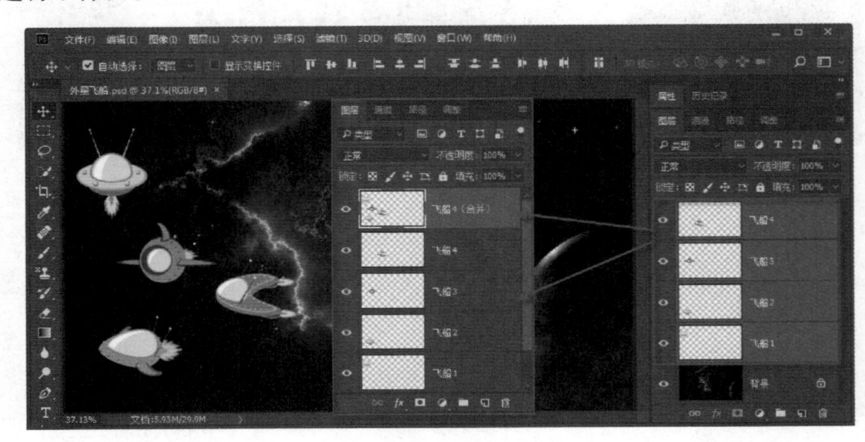

图 2-29 盖印图层

（8）完成后，将文件另存成 JPEG 格式，并保存其 PSD 格式，以备将来再次编辑。

任务 2　抠图基础

任务描述

如果想单独处理图像中的某一部分，就需要创建选区。选区建立后，就可以对其进行移动、复制等多种操作，而不影响其余图像。将选定的图像与背景分离，就是通常所说的“抠图”。PS 中提供了大量的工具和技术，用于设置选区，以便于适应各种不同类型图像的抠选。本任务先学习几种基础的选区工具及其使用方法，主要包括：选框类工具、套索类工具、快速选择工具、魔棒工具及选区相关的各类操作。

相关知识

1. 选框工具组

选框工具组是用来创建规则形状选区的，包括：矩形选框工具、椭圆选框工具、单行选框工具、单列选框工具。根据使用工具的不同，可以创建出矩形选区、正方形选区、椭圆形选区、正圆形选区、横线形选区、竖线形选区等。

（1）矩形选框工具：如图 2-30 所示，在工具箱中，选择“矩形选框工具”，在上面的工具选项栏中，可以设置“选区运算模式”和“羽化”等参数。在创建选区前，设置好羽化像素的数量，就可以创建一个带有模糊边缘效果的选区。

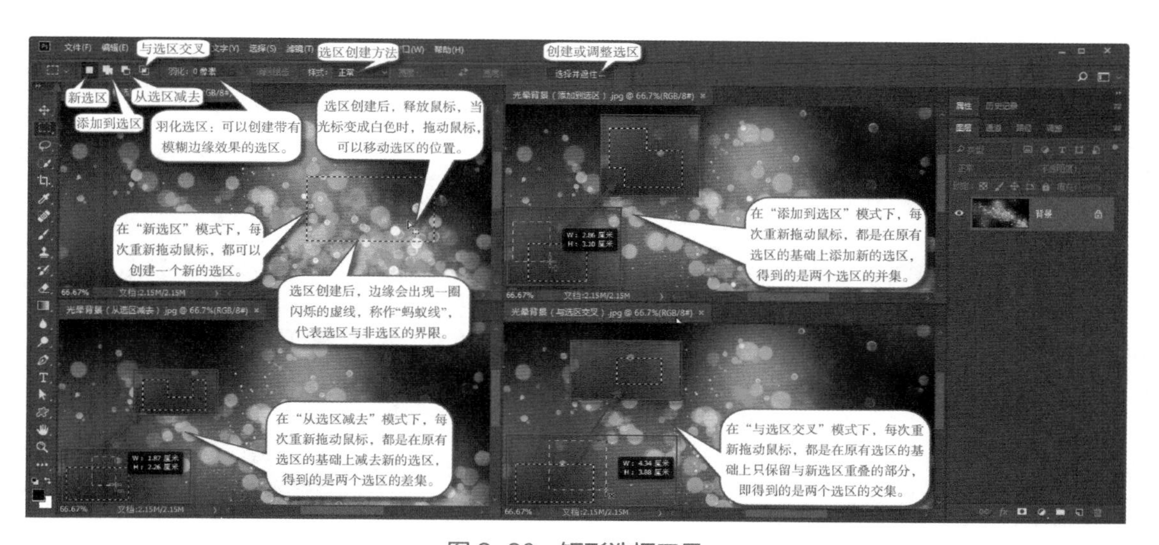

图 2-30　矩形选框工具

参数设置好后，在文档窗口中直接拖动鼠标，可以创建矩形选区，如果按住【Shift】键拖动鼠标，可以创建正方形选区。选区创建后，释放鼠标，当光标变成白色时，拖动鼠标，可以移动选区的位置。选区创建后，边缘会出现一圈闪烁的虚线，称作“蚂蚁线”，代表选区与非选区的界限。根据“选区运算模式”设置的不同，每次重新拖动鼠标后，可能得到的是一个新的选区，或是选区的并集、差集、交集等。

（2）椭圆选框工具：如图 2-31 所示，在工具箱中，选择“椭圆选框工具”，其“选区运算模式”和“羽化”参数的设置与“矩形选框工具”相同。如果勾选“消除锯齿”复选框，可以令选区边缘比较平滑。

图 2-31 椭圆选框工具

参数设置好后，在文档窗口中直接拖动鼠标，可以创建椭圆形选区，如果按住【Shift】键拖动鼠标，可以创建圆形选区。与“矩形选框工具”类似，根据“选区运算模式”设置的不同，每次重新拖动鼠标后，可能得到的是一个新的选区，或是选区的并集、差集、交集等。

（3）单行选框工具：如图 2-32 所示，在工具箱中，选择“单行选框工具”，在文档窗口中单击，即可创建一条高度为 1 像素的横线形选区。其“选区运算模式”和“羽化”参数的设置同上。

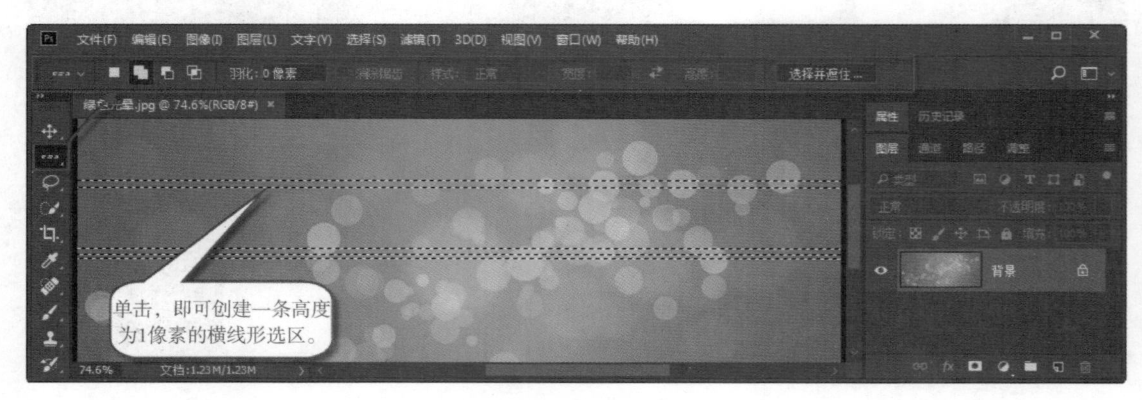

图 2-32 单行选框工具

（4）单列选框工具：如图 2–33 所示，在工具箱中，选择“单列选框工具”，在文档窗口中单击，即可创建一条宽度为 1 像素的竖线形选区。其“选区运算模式”和“羽化”参数的设置同上。

图 2–33 单列选框工具

2. 选区相关的各类操作

（1）全选画面：快捷键【Ctrl+A】。

（2）取消选区：快捷键【Ctrl+D】。

（3）复制选区：快捷键【Ctrl+C】。

（4）粘贴选区：快捷键【Ctrl+V】。

（5）反选选区：快捷键【Ctrl+Shift+I】。

（6）自由变换选区：快捷键【Ctrl+T】。

（7）扩展选区：执行菜单命令“选择”|“修改”|“扩展”。

（8）收缩选区：执行菜单命令“选择”|“修改”|“收缩”。

（9）羽化选区：执行菜单命令“选择”|“修改”|“羽化”。

（10）存储选区：执行菜单命令“选择”|“存储选区”。

（11）载入选区：执行菜单命令“选择”|“载入选区”。

3. 套索工具组

套索工具组是用来创建不规则选区的，包括：套索工具、多边形套索工具、磁性套索工具。

（1）套索工具：用于自由绘制不规则形状的选区。如图 2–34 所示，在工具箱中，选择“套索工具”，参数设置同上。按住鼠标左键，在窗口中自由拖动，释放鼠标后，系统会自动连接起点和终点，创建一个不规则形状的选区。

（2）多边形套索工具：用于绘制各条边线均为直线的多边形选区。如图 2–35 所示，在工具箱中，选择“多边形套索工具”，参数设置同上。在窗口中单击，即可创建多边形的起点，移动鼠标并再次单击，即可在两点之间创建直线，依此类推。最后，如果终点与起点重合，则光标右下角会呈现“小圆圈”标志，此时单击即可创建一个多边形选区。而如果终点与起点不在同一个位置，只需双击，系统会自动连接起点和终点，创建一个多边形选区。如果绘制过程中有误操作，在键盘上按一次【Delete】

键，即可删除最后创建的那个锚点，如果多次按【Delete】键，能够从后向前，依次删除之前创建的多个锚点。按【Esc】键，则可直接取消本次选取操作。

图 2-34　套索工具

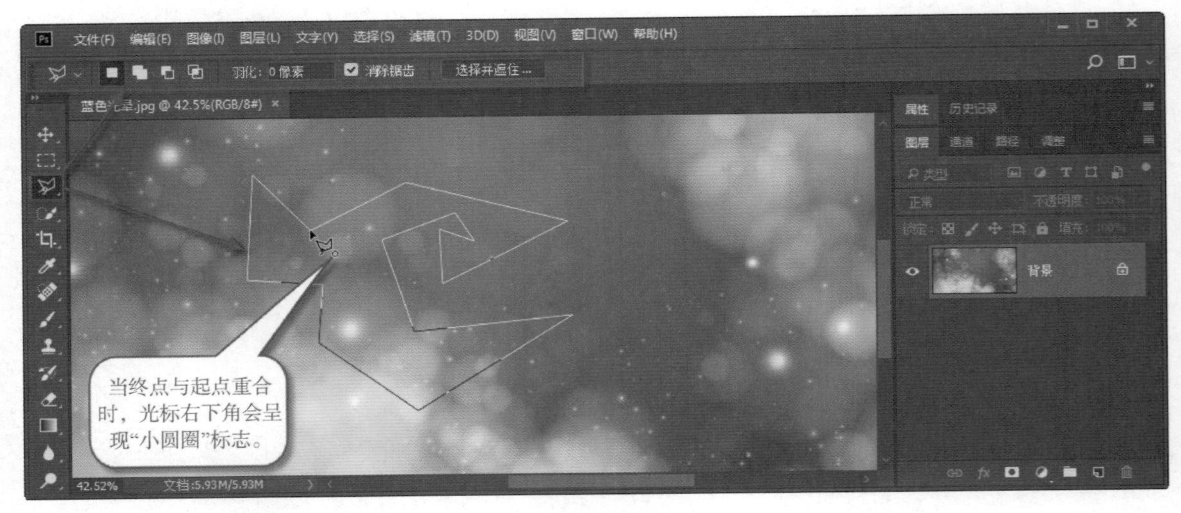

图 2-35　多边形套索工具

（3）磁性套索工具：能够以颜色的差异自动识别对象的边界，适用于边缘比较复杂且与背景颜色对比强烈的对象的选取。如图 2-36 所示，在工具箱中，选择“磁性套索工具”，其“选区运算模式”“羽化”“消除锯齿”等参数的设置同上。参数“宽度”：用于设置选取时光标两侧的检测宽度，取值范围为 0~256 像素，数值越小，检测范围越小，选取也就越精确，但同时鼠标也更难控制，稍有不慎就可能会移出图像边缘。参数“对比度”：用于控制选取时的敏感度，取值范围为 1%~100%，数值越大，对颜色反差的敏感程度越低。参数“频率”：用于设置自动插入的节点数，取值范围为 0~100，值越大，生成的节点数越多。参数“钢笔压力”：若计算机配有数位板和压感笔，可以单击该按钮，PS 会根据压感笔的压力自动调整工具的检测范围。

图 2-36　**磁性套索工具**

使用磁性套索工具，在要选取的对象边缘单击，创建选区的起点，然后沿着对象的边缘移动鼠标，系统会自动检测出对象边缘，并吸附着对象边缘创建锚点，沿对象移动鼠标环绕一周，最后回到起点处，当终点与起点重合时，光标右下角会呈现“小圆圈”标志，此时单击，即可创建这个对象的选区。在绘制选区的过程中，如果遇到拐角，系统识别不太精确，可以手动单击，创建锚点。另外，如果绘制过程中有误操作，可以按【Delete】键，从后向前，删除之前创建的一个或多个锚点。按【Esc】键，可以取消本次选取操作。

4. 快速选择工具

快速选择工具，能够调整画笔的参数并通过鼠标拖动绘制选区，系统会自动选取出与当前点颜色信息相近且与其他显色区域相差较大的区域。这是一种基于色彩差异并通过画笔拖动，就可以查找到对象边缘的、智能的创建选区的方式。

如图 2-37 所示，在工具箱中，选择“快速选择工具”，其参数“选区运算模式”与上述工具类似，只是按钮的外观不一样，另外去掉了“与选区交叉”模式。参数“画笔设置”：可以调整画笔的笔尖大小、硬度等参数，用于控制鼠标拖动区域的大小、边缘效果等。参数“对所有图层取样”：如果勾选，可以从所有图层的复合图像显示效果中进行选取，而不仅是针对当前图层；如果取消勾选，则是只针对当前图层创建选区。参数“自动增强”：如果勾选该项，系统会自动降低选区边缘的粗糙度和区块感，令复制出来的选区更加自然。

根据需要设置画笔的大小等参数，按住鼠标左键在对象内拖动，如果对象边缘清晰，就会被自动识别并选取出来。如果对象边缘不清晰，也可以手动设置“选区运算模式”，修改“画笔设置”，再对选区进行增选或减选，直到满意为止。在实际操作中，可以根据情况，直接选取主体，也可以先选出主体以外所有区域，再用快捷键【Ctrl+Shift+I】反选出主体。

图 2-37 快速选择工具

5. 魔棒工具

魔棒工具是 PS 提供的一种非常便捷的抠图工具。对于一些分界线比较明显且颜色比较单一的区域，使用“魔棒工具”在其上单击，系统就会自动识别出所有类似的颜色区域，并一次性将其选取出来。

在工具箱中，选择“魔棒工具”，其中前几个参数与上述工具类似。参数“取样大小”：用于设置取样范围大小。参数“容差”：用于控制选区的颜色精度及范围，取值范围为 0~255，数值越大，选区的颜色差异越大、范围越广；数值越小，选区的颜色差异越小，范围也越小。参数“连续”：用于控制被选区域是否相连接。如图 2-38 所示，是设置了不同“容差”值和是否勾选“连续”参数的效果对比。

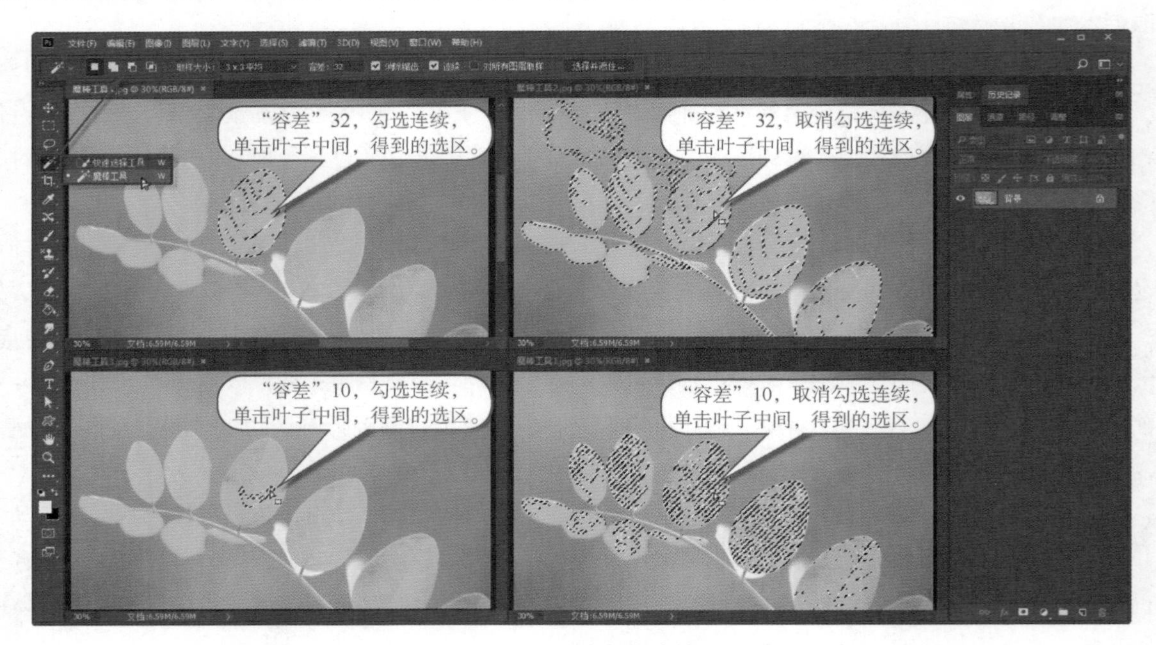

图 2-38 容差与连续

如图 2–39 所示，使用“魔棒工具”时，要先观察主体和环境，看哪个区域的颜色比较单一，就在那个区域中单击，系统会一次性将所有颜色相近的区域选取出来。如果选取的是周围环境，后面再用快捷键【Ctrl+Shift+I】反选出主体即可。

图 2–39　魔棒工具

任务实施

1. 太空探险

使用给定的素材图片，结合相关选区工具及抠图技术，对主体进行抠选，制作太空探险图，效果如图 2–40 所示。

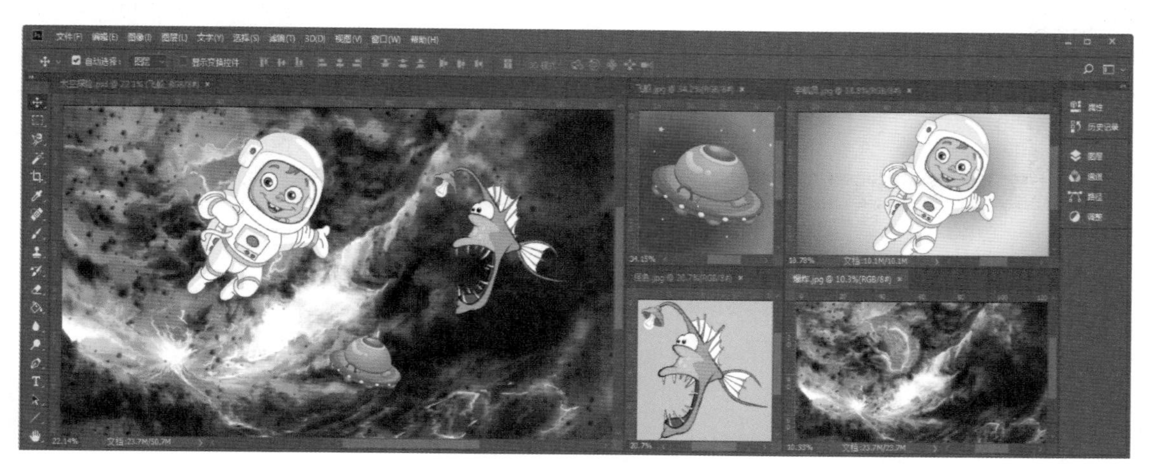
图 2–40　太空探险

（1）在 PS 中打开图片“宇航员 .jpg”“怪鱼 .jpg”“飞船 .jpg”“爆炸 .jpg”。

（2）如图 2–41 所示，在图片“宇航员 .jpg”中，使用“磁性套索工具”将宇航员抠选出来。

图 2–41 抠选宇航员

（3）如图 2–42 所示，在带有选区的情况下，使用快捷键【Ctrl+J】将抠选出来的宇航员复制一份。

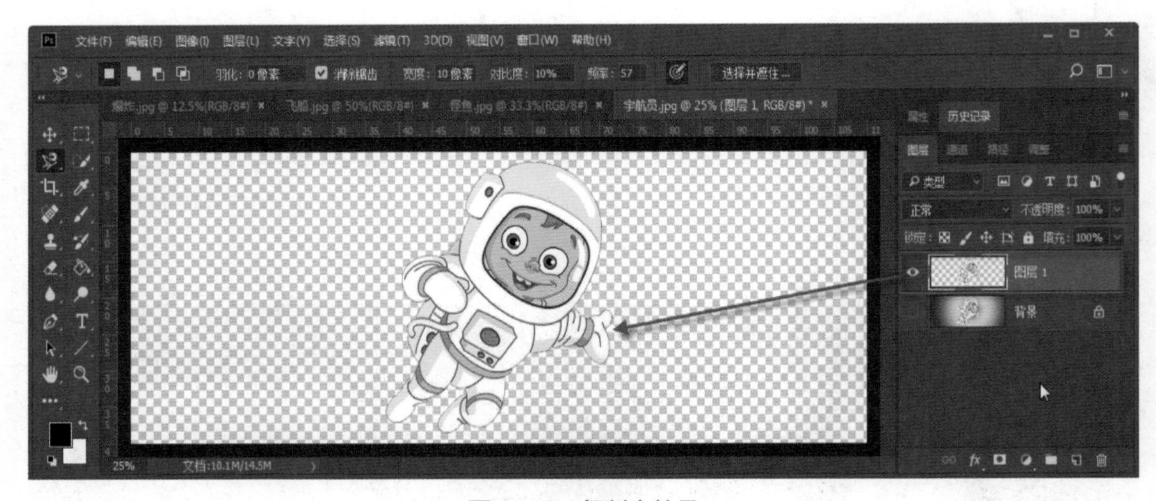

图 2–42 复制宇航员

（4）如图 2–43 所示，使用“移动工具”将复制出来的宇航员移动至图片“爆炸 .jpg”中去，将该图层命名为“宇航员”，并摆放好位置。然后，把这个文件另存为“太空探险 .psd”。

（5）如图 2–44 所示，在图片“怪鱼 .jpg”中，使用魔棒工具，取消勾选“连续”。在怪鱼的外面单击，将周边环境选取出来，然后使用快捷键【Ctrl+Shift+I】将主体怪鱼反选出来。在带有选区的情况下，使用快捷键【Ctrl+J】将怪鱼复制一份。

（6）如图 2–45 所示，使用“移动工具”将复制出来的怪鱼移动至图片“爆炸 .jpg”中去，将该图层命名为“怪鱼”，并摆放好位置。

图 2-43　移动宇航员

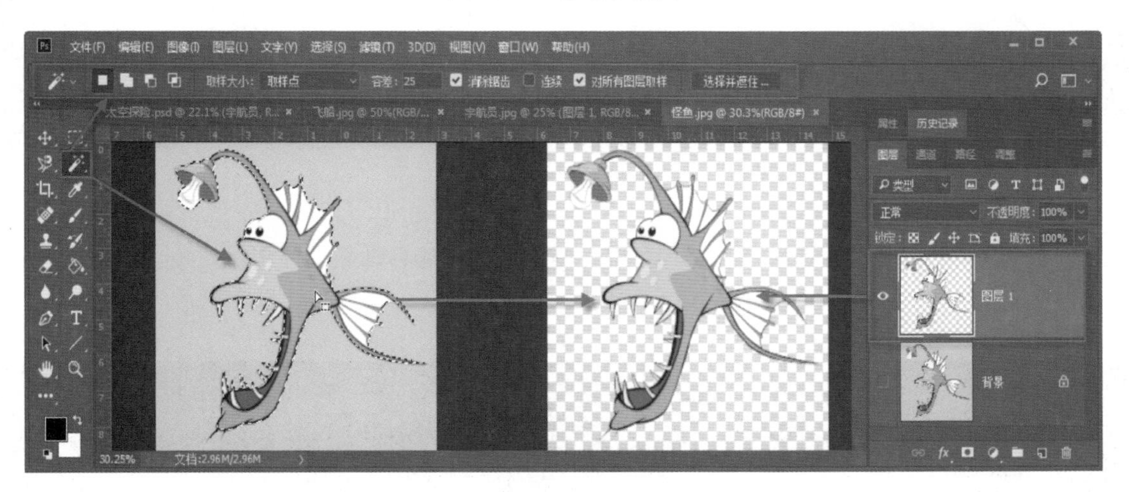

图 2-44　抠选怪鱼

图 2-45　移动怪鱼

（7）如图 2–46 所示，在图片“飞船 .jpg”中，使用“快速选择工具”，调整“画笔设置”，在飞船内部拖动鼠标，将飞船选取出来。选取过程中，可以调整参数，对选区进行加选或减选，直到满意。在带有选区的情况下，用快捷键【Ctrl+J】，将飞船复制一份。

图 2–46 抠选飞船

（8）如图 2–47 所示，使用“移动工具”将复制出来的飞船移动至图片“爆炸 .jpg”中去，将该图层命名为“飞船”，摆放好位置。

图 2–47 移动飞船

（9）完成后，将文件另存成 JPEG 格式，并保存其 PSD 格式，以备将来再次编辑。

2. 相册效果

使用给定的素材图片，结合相关选区工具及抠图技术，制作相册效果，如图 2–48 所示。

图 2-48　相册效果

（1）在 PS 中打开图片“相册背景 .jpg”“女孩背影 .jpg”“女孩正脸 .jpg”。

（2）如图 2-49 所示，在图片“女孩正脸 .jpg”中，使用“矩形选框工具”，将参数“羽化”设置为 150 像素，拖动鼠标将女孩头部区域选取出来。

图 2-49　选取女孩头部区域

（3）在图片“女孩正脸 .jpg”中，按快捷键【Ctrl+C】复制选区。如图 2-50 所示，进入图片“相册背景 .jpg”中，按快捷键【Ctrl+V】将选区粘贴过来，将该图层命名为“女孩正脸”，使用“移动工具”将女孩移动至背景图左侧合适的位置，将该文件另存为“相册效果 .psd”。

（4）如图 2-51 所示，在图片“女孩背影 .jpg”中，使用“椭圆选框工具”，将参数“羽化”设置为 150 像素，拖动鼠标将女孩选取出来。

图 2-50　相册左侧效果

图 2-51　选取区域

（5）在图片“女孩背影 .jpg”中，按快捷键【Ctrl+C】复制选区。如图 2-52 所示，进入文件“相册效果 .psd”中，按快捷键【Ctrl+V】将选区粘贴过来，将该图层命名为“女孩背影”，使用“移动工具”将女孩背影移动至背景图右侧合适的位置。

（6）在文件“相册效果 .psd”顶部，新建图层，命名为“随机竖线”。为了防止误操作，先把其他图层锁定。使用“单列选框工具”。将其选区计算模式设置为“添加到选区”。如图 2-53 所示，在相册的中间区域单击，随机绘制几个疏密相间的竖线形选区，将“前景色”设置为画面中的某种颜色，并保证选中的是图层“随机竖线”，使用快捷键【Alt+Delete】给选区填充前景色。完成后按【Ctrl+D】取消选区，查看相册整体效果。

图 2-52　移动女孩背影至合适位置

图 2-53　绘制随机竖线

（7）完成后，将文件另存成 JPEG 格式，并保存其 PSD 格式，以备将来再次编辑。

任务 3　变形变换

任务描述

在制图过程中，很多时候需要对图像、图层或选区等进行旋转、扭曲、变形等操作。本任务主要学习图像变形变换相关的命令及使用方法。

相关知识

1. 画布大小

“画布大小”命令可以调节整体画面的大小，所有图层都受影响。执行菜单命令“图像”|“画布大小”，弹出“画布大小”对话框，如图 2-54 所示，在其中根据需要，重新设置画布的尺寸、扩展或收缩的方向、扩展或收缩的距离、扩展区域的底色等参数。

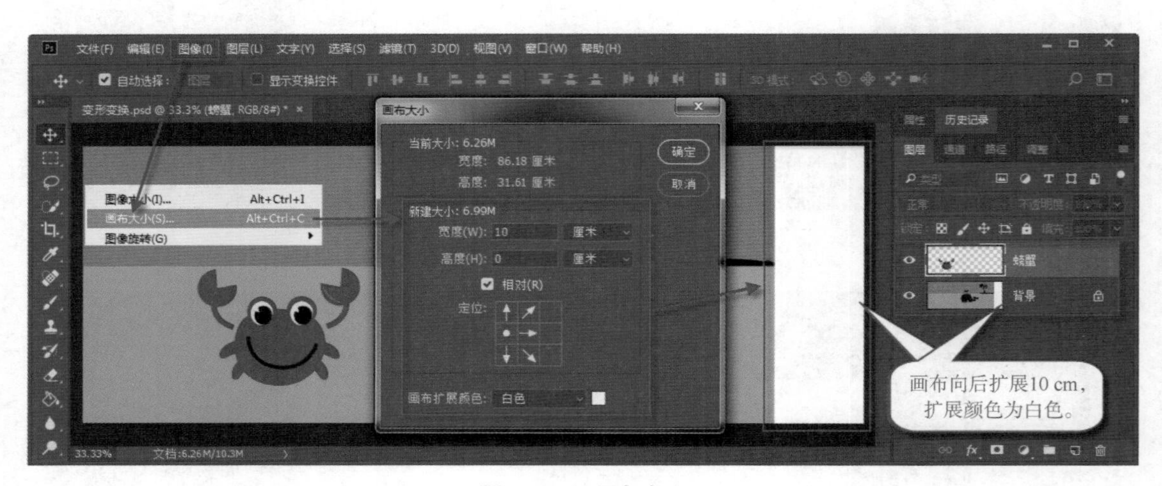

图 2-54 画布大小

2. 图像旋转

“图像旋转”命令可以对整体画面进行旋转，所有图层都受影响。如果手机拍摄的照片导入计算机后方向是歪倒的，就可以使用该命令旋转照片方向。如图 2-55 所示，执行菜单命令“图像”|“图像旋转”，在弹出的下级菜单中选择旋转或翻转的方式即可。

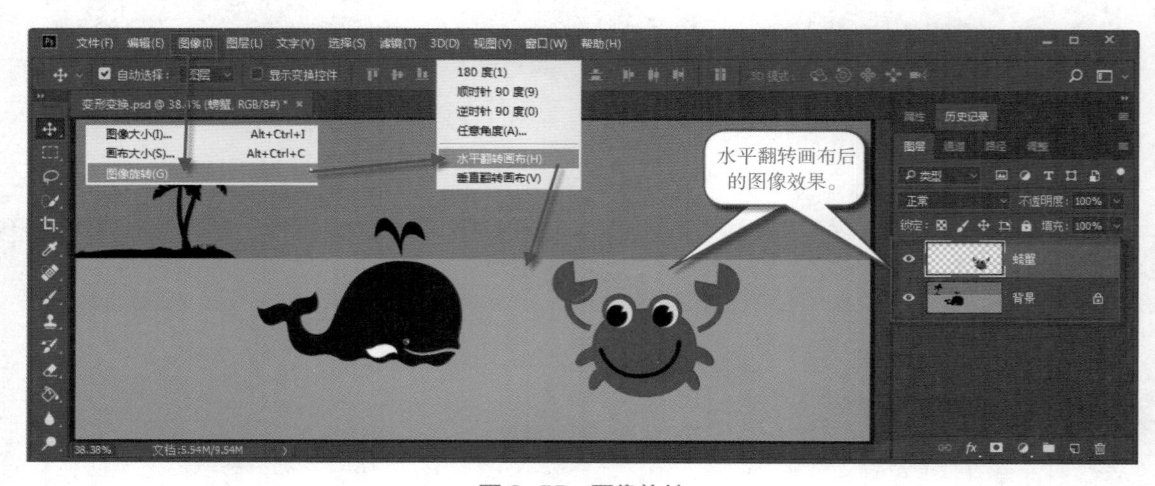

图 2-55 图像旋转

3. 局部图像的变形操作

下面学习各种变形变换命令，都是针对图层或者选区的，而不是针对整体画面的。如图 2–56 所示，选中图层，执行菜单命令“编辑”，即可看到变形变换相关的命令选项，根据需要进行选择即可。

图 2–56　变形变换

4. 自由变换

“自由变换”是最常用的变形命令，用它可以对图层或选区等进行放大、缩小、旋转角度等操作。使用自由变换，可以执行菜单命令“编辑”|“自由变换”，也可以使用快捷键【Ctrl+T】。

如图 2–57 所示，在“图层”面板中，选中图层“螃蟹”，使用快捷键【Ctrl+T】进行自由变换，这时在图像的周围会出现矩形定界框。按住鼠标拖动任何一个边框，都可以改变图像的大小。如果按住【Shift】键的同时拖动矩形框的任何一个角，即可保持图像原始的宽高比例进行缩放。将鼠标移动至矩形定界框的某个角上，当光标变成弧形双箭头标志时，可以对图像进行角度旋转。完成后，单击工具选项栏中的“确认”按钮，或者直接按【Enter】键，或者直接在定界框内部双击，都可以确认变换操作。

图 2–57　自由变换

5. 斜切

如图 2-58 所示，选中“螃蟹”层，执行菜单命令“编辑”|“变换”|“斜切”，或者在自由变换的状态下右击，在弹出的快捷菜单中选择“斜切”命令。进入斜切状态后，光标会变成白色箭头标志，此时按住鼠标左键拖动控制点，即可看到相应的斜切效果。

图 2-58 斜切

6. 扭曲

如图 2-59 所示，选中“螃蟹”层，执行菜单命令“编辑”|“变换”|“扭曲”，或者在自由变换的状态下右击，在弹出的快捷菜单中选择“扭曲”命令。进入扭曲状态后，光标会变成白色箭头标志，此时按住鼠标左键拖动上下边框的中心控制点，即可对图像进行水平方向的扭曲，而按住鼠标左键拖动左右边框的中心控制点，则可对图像进行垂直方向的扭曲。

图 2-59 扭曲

7. 透视

如图 2–60 所示，选中“螃蟹”层，执行菜单命令“编辑”|“变换”|“透视”，或者在自由变换的状态下右击，在弹出的快捷菜单中选择“透视”命令。进入透视状态后，光标会变成白色箭头标志，按住鼠标左键拖动一个控制点，就会有对应的另一个控制点跟着移动，形成近大远小的透视效果。

图 2–60　透视

8. 变形

如图 2–61 所示，选中“螃蟹”层，执行菜单命令“编辑”|“变换”|“变形”，或者在自由变换的状态下右击，在弹出的快捷菜单中选择“变形”命令。进入变形状态后，会出现网格和线条曲率的控制点，用鼠标拖动控制点或者拖动网格，都可以令图像发生变形。

图 2–61　变形

9. 旋转

如图 2–62 所示，选中“螃蟹”层，执行菜单命令“编辑”|“变换”，然后选择“旋转 180 度”或者“顺时针旋转 90 度”或者“逆时针旋转 90 度”命令，图像即可旋转相应角度。

图 2-62　旋转

10. 翻转

如图2-63所示，选中“螃蟹”层，执行菜单命令“编辑”|“变换”，然后选择“水平翻转”或“垂直翻转”命令，图像即可进行相应的翻转操作。

图 2-63　翻转

11. 复制并重复上一次变换

“复制并重复上一次变换”功能，可以制作一系列规律变换的效果。首先，要设定一个变换规律，以供后续操作使用，具体操作为：选中“螃蟹”层，使用快捷键【Ctrl+Alt+T】调出矩形定界框，如图2-64所示，对螃蟹进行缩小操作，(这时会发现，与之前的所有变形操作不同，此时螃蟹自动出现了一个拷贝层)，然后用鼠标左键按住螃蟹的“变形控制的中心点”，将其移动至螃蟹的右下角（这样以后的旋转变形等操作，就不再以图像中心为基准，而是以图像右下角为基准了）。接着将光标移动至定界框的角上，为螃蟹旋转一定的角度。完成后，按【Enter】键，确认变形。

图 2-64 设定变换规律

然后，多次按快捷键【Shift+Ctrl+Alt+T】，如图 2-65 所示，系统会自动按照上面设定的变换规律，每次出现一个变换的拷贝层，最终得到一系列规律变换的效果。

图 2-65 系列规律变换

12. 内容识别缩放

有时候想用自己的照片做桌面壁纸，但其宽度不够，又不想被系统设置直接拉宽或扯长改变视觉效果。这时若直接使用 PS 的“自由变换”功能，虽然能够改变图像的宽高比例，但是其中的主体人物在比例上也会随之发生改变，并不是我们想要的效果。而使用“内容识别缩放”功能，就可以在自由变换的基础上，保护主体人物不随背景变形。如图 2-66 所示，将背景拷贝层中的原始图像区域选中，执行菜单命令“编辑”|“内容识别缩放”，调出矩形定界框，与“自由变换”类似，用鼠标拖动图像区域的边缘，令其能够覆盖新的画布区域，完成后，双击或者按【Enter】键确认操作。可以看到画面中的蓝天、白云、大海都被拉宽了，但主体人物几乎没有变化。该命令比较适合于背景为蓝天、白云、大海、草原、森林、山脉等环境相对不那么复杂的图像的缩放。

图 2-66　内容识别缩放

13. 操控变形

“操控变形”命令能够在图像中显示可视网格，然后通过添加控制图钉并拖动的方式，对图像进行扭曲变形。在图像中添加一个图钉并拖动，可以移动图像，但达不到变形效果。在图像中添加两个图钉，拖动其中一个图钉，图像就会以另一个图钉处为轴进行扭曲变形。可以根据需要给图像不同位置添加图钉，用以固定这些位置，令其在变形时不发生变化。图钉位置设置的不同，也会影响到变形的效果。另外，在进行操控变形时，最好将变形的图层，先转换为智能对象，这样所做的操控变形就可以被记录下来，以供下次继续编辑。

如图 2-67 所示，在“图层”面板中，选中需要变形的企鹅层，右击其图层名称处，在弹出的快捷菜单中选择“转换为智能对象”命令。在该层执行菜单命令“编辑”|“操控变形”，这时整个企鹅身上都会显示可视网格。可以在企鹅身体的不同位置处分别添加几个控制图钉，用以固定位置。然后在左侧翅尖处，添加一个图钉并向上拖动，这个翅膀就会以翅根处的图钉为轴，向上旋转扭曲。完成后，按【Enter】键确认操作。如果想删除或取消所有图钉，可以右击变形主体，根据需要在弹出的快捷菜单中选择“删除图钉”或“移去所有图钉”等命令即可。由于将图层转换成了智能对象，所以执行“操控变形”命令后，“图层”面板中会显示相关的“智能滤镜”和“操控变形”选项。如果要修改变形效果，可以重新执行菜单命令“编辑”|“操控变形”，这时之前设置的图钉和变形效果都在，直接在上面修改即可。

图 2-67　操控变形

任务实施

1. 宝露露一家

对给定的素材图片，进行抠图及变形操作，制作宝露露一家三口效果，如图 2–68 所示。

图 2–68　宝露露一家

（1）在 PS 中打开图片“宝露露 .jpg”，将文件另存为“宝露露一家 .psd”。

（2）如图 2–69 所示，使用“快速选择工具”将宝露露选取出来。在带有选区的情况下，按两次快捷键【Ctrl+J】，将宝露露复制两份。将新复制出来的两个图层分别命名为“妈妈”和“宝宝”。

图 2–69　抠取宝露露

（3）如图 2–70 所示，先将“宝宝”层隐藏。选中“妈妈”层，执行菜单命令“编辑”|“变换”|“水平翻转”，将宝露露水平翻转。再使用快捷键【Ctrl+T】对宝露露进行自由变换，在按住【Shift】键的同时将其等比例缩小。最后使用“移动工具”将其向左移动至合适的位置。

图 2-70　制作妈妈

（4）如图 2-71 所示，显示“宝宝”层。选中“宝宝”层，使用快捷键【Ctrl+T】对宝露露进行自由变换，在按住【Shift】键的同时将其等比例缩小。最后使用“移动工具”将其向左移动至合适位置，制作宝露露一家的效果。

图 2-71　制作宝宝

（5）完成后，将文件另存成 JPEG 格式，并保存其 PSD 格式，以备将来再次编辑。

2. 户外广告牌

将给定的素材图片进行扭曲变形，制作户外广告牌效果，如图 2-72 所示。

（1）在 PS 中打开图片“城市夜景 .jpg”“广告牌 .jpg”。

（2）使用“移动工具”将“城市夜景 .jpg”移动至“广告牌 .jpg”中去，并将这个新文件另存为“户外广告牌 .psd”。

图 2-72　户外广告牌

（3）如图 2-73 所示，使用快捷键【Ctrl+T】对夜景层进行自由变换，在按住【Shift】键的同时将其等比例缩小至合适的尺寸。

图 2-73　自由变换

（4）如图 2-74 所示，为了能够看清楚广告牌的轮廓，可以临时把夜景层的“不透明度”降低一点。保持自由变换的状态，右击夜景，在弹出的快捷菜单中选择“扭曲”命令，然后使用鼠标逐个拖动图像的四角，将其分别移动至广告牌的四个角上去。完成后，按【Enter】键，确认操作。最后，把夜景层的“不透明度”再改回“100%”。

（5）完成后，将文件另存成 JPEG 格式，并保存其 PSD 格式，以备将来再次编辑。

3. 拓宽背景图

将给定的素材图片扩展画布，然后在保持主体人物基本不变的情况下，拓宽其背景图，效果如图 2-75 所示。

图 2–74　扭曲变形

图 2–75　拓宽背景图

（1）在 PS 中打开图片“拓宽背景图 .jpg”，将其另存为“拓宽背景图（完成）.psd”。

（2）使用快捷键【Ctrl+J】将背景图复制两份，并将其分别命名为“自由变换”和“内容识别缩放”。

（3）如图 2–76 所示，执行菜单命令“图像”|“画布大小”，弹出“画布大小”对话框，设置参数，令画布向左侧扩展 40 cm。

（4）如图 2–77 所示，首先将“内容识别缩放”层隐藏。然后在按住【Ctrl】键的同时单击“自由变换”层的缩略图，将原始图像区域选取出来。在该层，使用快捷键【Ctrl+T】对图像进行自由变换，在调出矩形定界框后，使用鼠标向左侧拖动图像边缘，令其完全覆盖扩展出来的区域，完成后按【Enter】键确认操作。可以看到：不仅背景画面被拓宽了，连主体人物也被拓宽了，这并不是我们想要的效果。

图 2-76　扩展画布

图 2-77　自由变换

（5）如图 2-78 所示，隐藏“自由变换”层，显示“内容识别缩放”层。然后在按住【Ctrl】键的同时单击“内容识别缩放”层的缩略图，将原始图像区域选取出来。在该层，使用菜单命令“编辑”|“内容识别缩放”，在调出定界框后，使用鼠标向左侧拖动图像边缘，令其完全覆盖扩展出来的区域，完成后按【Enter】键确认操作。可以看到：只有背景画面被拓宽了，主体人物几乎不发生改变。

（6）完成后，将文件另存成 JPEG 格式，并保存其 PSD 格式，以备将来再次编辑。

图 2–78　内容识别缩放

4. 长颈鹿骑车

使用给定的素材图片，将长颈鹿抠选出来，结合操控变形，制作长颈鹿骑车效果，如图 2–79 所示。

图 2–79　长颈鹿骑车

（1）在 PS 中新建长、宽均为 1 500 像素的图像文件，将其保存为“长颈鹿骑车 .psd”。

（2）在 PS 中打开素材图片“儿童车 .png”“长颈鹿 .png”，使用“移动工具”分别将其移动至文件“长颈鹿骑车 .psd”中，并将图层分别命名为“儿童车”“长颈鹿”，将图层“长颈鹿”放在图层“儿童车”上面。

（3）如图 2-80 所示，在“图层”面板中，右击“长颈鹿”层的图层名称处，在弹出的快捷菜单中选择“转换为智能对象”命令。然后，按快捷键【Ctrl+T】给长颈鹿旋转一定的角度，令其坐在儿童车上，完成后，按【Enter】键确认操作。

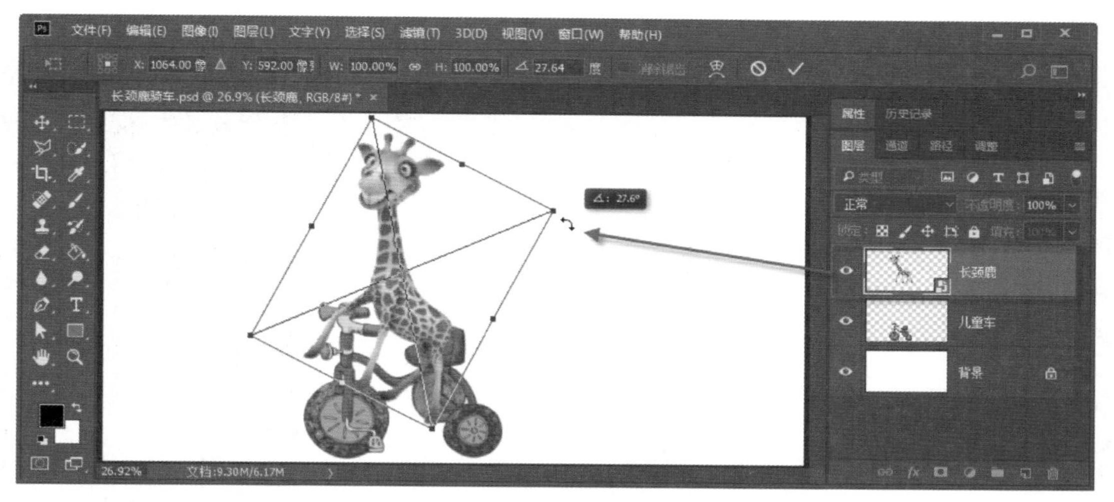

图 2-80　调整长颈鹿角度

（4）如图 2-81 所示，在“长颈鹿”层，执行菜单命令“编辑”|“操控变形”，首先在长颈鹿身体部分添加几个控制图钉，以固定身体不变部位。然后根据需要添加或删除图钉，调整长颈鹿身体各部位的姿势，将里侧前腿放在喇叭上，将外侧前腿放在外侧把手上，将外侧后腿放在外侧的脚蹬上，将里侧后腿先放在前轮部位即可。根据需要再调整尾巴、肚皮、脖子、脑袋等的姿势和位置，完成后，按【Enter】键确认操作。制作过程中，如果需要对长颈鹿姿势进行修改，可以再次执行命令“编辑”|“操控变形”，根据需要添加图钉、删除图钉、调整图钉位置等，直到满意为止。

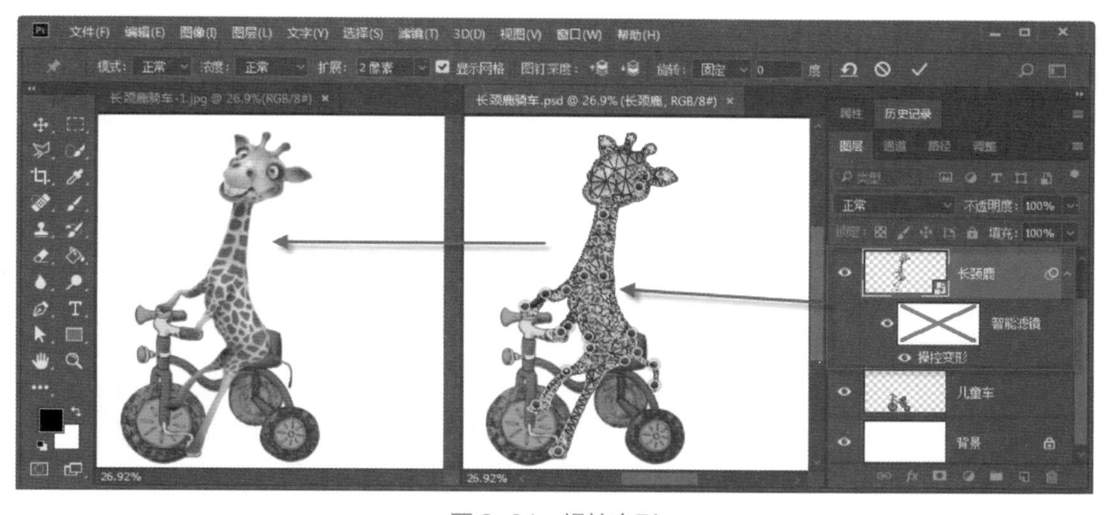

图 2-81　操控变形

（5）为了让画面更加逼真，需要将长颈鹿里侧的后腿藏到自行车里面去。将图层“儿童车”拷贝一份，将拷贝层移动至“长颈鹿”层的上面。

（6）根据需要，使用“套索工具”或者其他选择工具，在“儿童车 拷贝”层中圈选出不要的部分，按【Delete】键删除，只保留自行车中间部分，令其遮盖住长颈鹿里侧的后腿即可，完成后效果如图 2-82 所示。

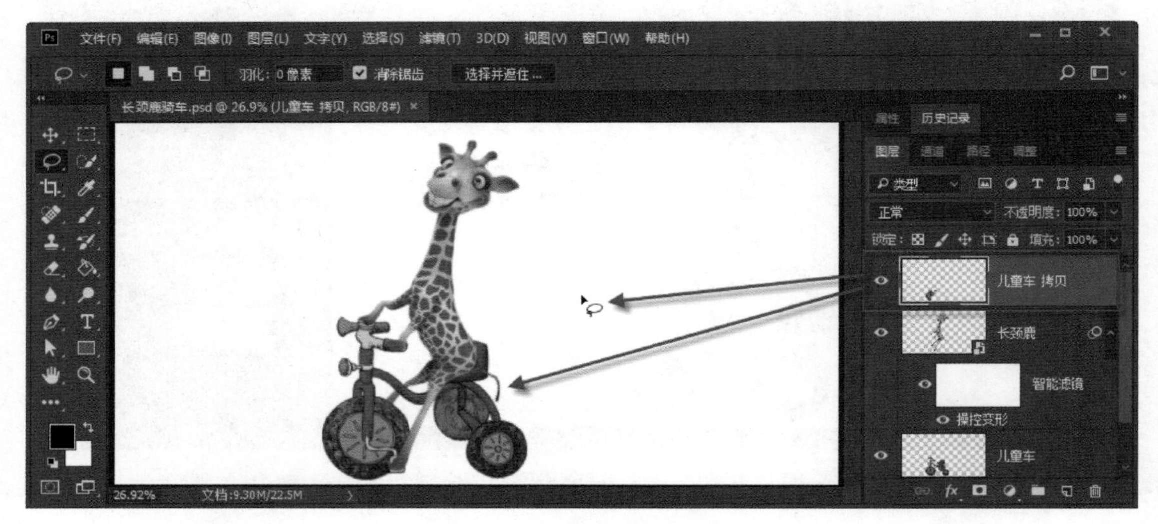

图 2-82　“儿童车拷贝”图层

（7）完成后，将文件另存成 JPEG 格式，并保存其 PSD 格式，以备将来再次编辑。

任务 4　图像裁剪

任务描述

很多时候，图像的画面结构、比例、效果等无法达到理想状态，这时可以利用 PS 中的裁剪技术进行处理。本任务将学习图像裁剪的几种常用技术：画面裁剪、旋转裁剪、透视裁剪、证件照裁剪。

相关知识

1. 裁剪工具

如果图像的画面构图、尺寸比例等不能满足实际需求，可以借助裁剪工具对图像进行裁剪，删除画面中的多余部分，重新定义画布的尺寸。另外，裁剪工具还可以对图像进行旋转角度裁剪。

如图 2-83 所示，在工具箱中选择“裁剪工具”，上方就会显示其工具选项栏，在这里可以对裁剪区域的尺寸、宽高比例、分辨率等进行详细设置。选择裁剪工具后，文档窗口中就会出现矩形定界框，此时拖动鼠标可以调整定界框的大小和位置。当把光标移动至定界框的四角时，它会变成弧形双箭头标志，这时拖动鼠标能够旋转图像。完成后，按【Enter】键或者在工具选项栏中单击“确认”按钮，即可确认当前裁剪，将定界框外面的图像裁掉，只保留定界框内部的图像。如果在工具选项栏中单击“取消”按钮，可以取消当前裁剪操作。在工具选项栏中单击“复位”按钮，则可复位当前裁剪操作。

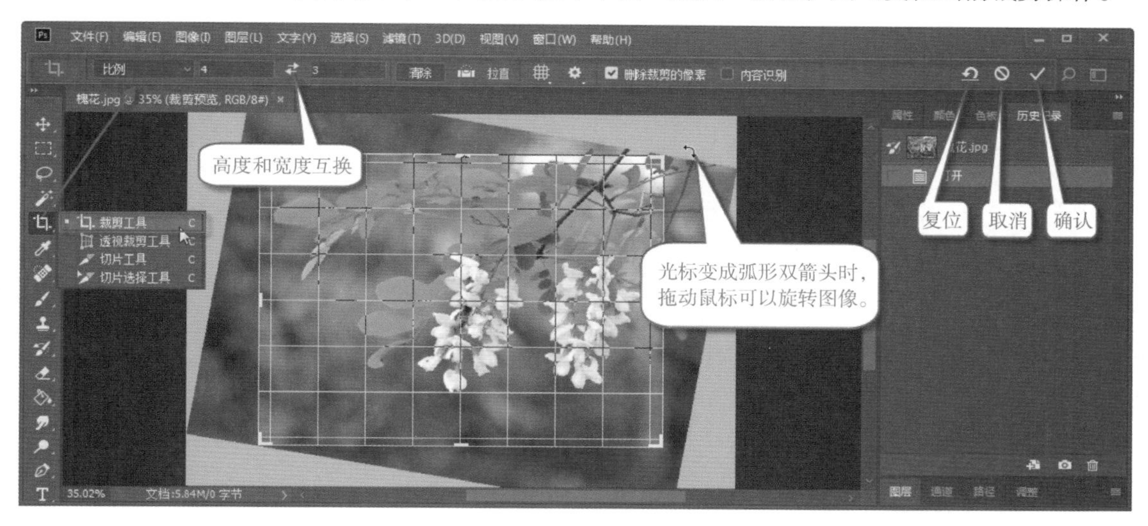

图 2-83　裁剪工具

2. 透视裁剪工具

根据拍摄方位和距离的不同，被拍摄物体会呈现出近大远小的透视变形。透视裁剪工具，可以对产生透视畸形的图像进行矫正，去除图像的透视感。

如图 2-84 所示，在工具箱中，右击“裁剪工具组”，选择“透视裁剪工具”，上方的工具选项栏中会显示对应的工具选项，其参数与“裁剪工具”类似。在文档窗口中拖动鼠标，绘制出一个矩形定界

图 2-84　透视裁剪工具

框，然后逐个移动每个控制点的位置，即可规划出一个裁剪定界框（或者，也可以在窗口中先单击创建第一个控制点，然后移动鼠标再单击创建第二个控制点，依此类推，共创建四个控制点，规划出裁剪定界框）。完成后，按【Enter】键或者在工具选项栏中单击“确认”按钮，即可确认当前裁剪，去除图像的透视感。而在工具选项栏中单击“取消”按钮，则可取消当前透视裁剪。

3. 证件照

（1）证件照：各种证件上用来证明身份的照片。

（2）证件照的用途：身份证、驾驶证、结婚证、医保卡、毕业证、工作证、护照、各国签证、各类技术证书、各种考试报名等。

（3）证件照的背景：一般有蓝色、白色、红色三种。

（4）证件照的尺寸：大多为一寸或二寸。但根据用途的不同，具体标准也会有差别，制作过程中需按实际要求进行裁剪。

（5）证件照的拍摄：应尽量着正装，衣服挺括没有明显皱痕，衣服颜色不要与背景色雷同。面容要整洁，精神要饱满。可以化淡妆，但不要化浓妆、不要染发、不要戴帽子及头饰，以免影响真实面貌。要拍人物正面，照片上需要显示出人物的两耳轮廓和相当于男士喉结处的地方。

（6）证件照的裁剪：画面中要保留人像的头部及半胸，且人像头顶与照片顶部之间要留有适当距离。

任务实施

1. 画面裁剪

找到素材图片，原始图片是宽度大于高度，现要求按照图片的原始比例将宽高互换进行裁剪，去掉两侧多余画面，如图 2-85 所示。

图 2-85　裁剪图片

（1）在 PS 中打开素材图片“宫灯 .jpg”。

（2）在工具箱中，选择“裁剪工具”。

（3）在工具选项栏的“比例”下拉列表中选择“原始比例”。

（4）如图 2–86 所示，单击“高度和宽度互换”按钮，将裁剪区域的宽高互换。

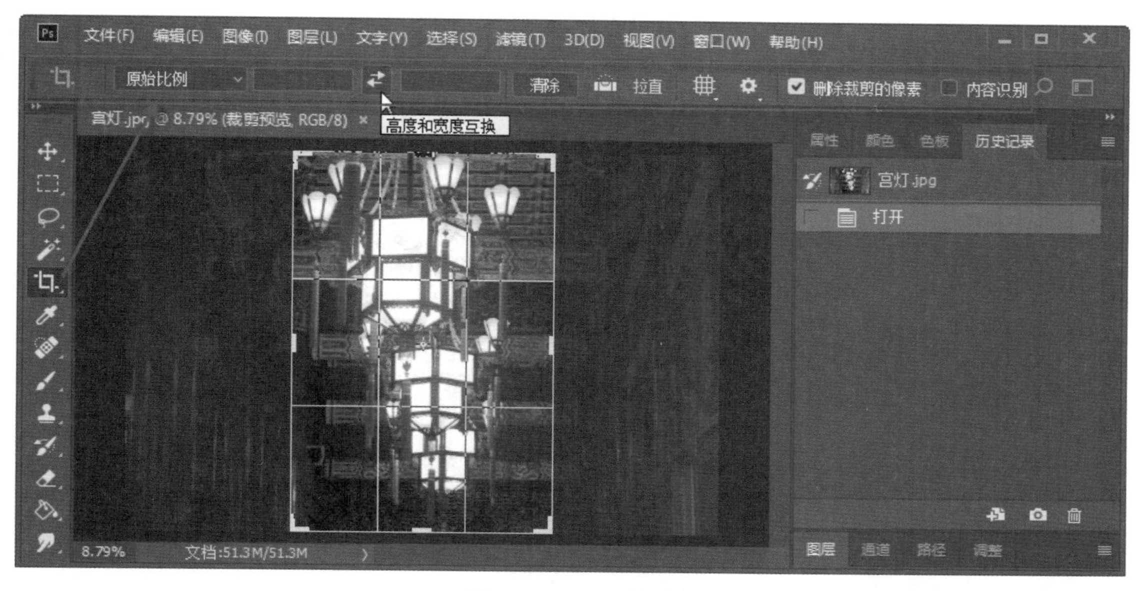

图 2–86　画面裁剪

（5）根据需要调整裁剪定界框的位置和大小等，完成后，确认剪裁。

（6）为保证不破坏原始文件，将图片另存成 JPEG 格式，并为其重命名。

2．旋转裁剪

找到素材图片，因为拍摄角度问题，图片是斜的。现要求将图片角度调正，并按照 4∶3 的宽高比例进行裁剪，效果如图 2–87 所示。

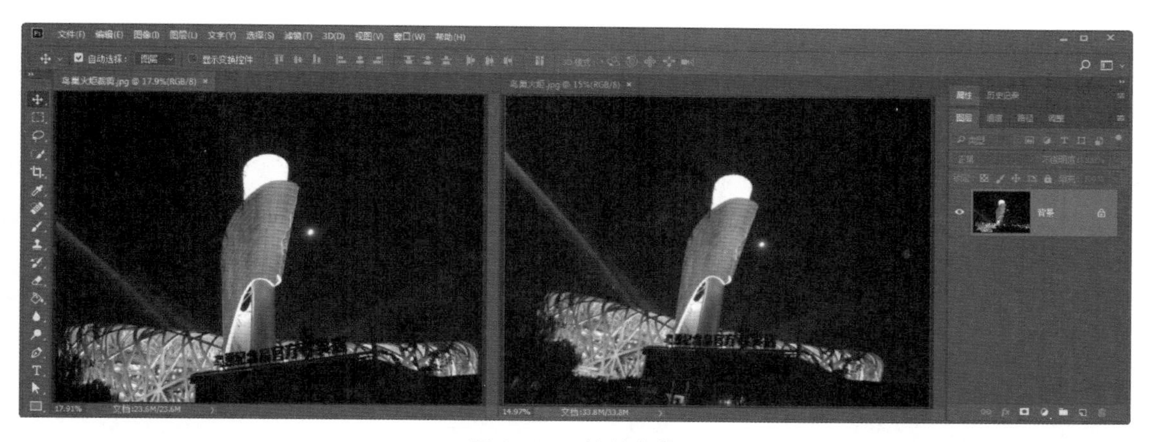

图 2–87　旋转裁剪

（1）在 PS 中打开素材图片“鸟巢火炬 .jpg”。

（2）在工具箱中，选择“裁剪工具”。

（3）如图 2–88 所示，在工具选项栏的“宽度”文本框中输入“4”，“高度”文本框中输入“3”。将光标移动至裁剪定界框的右上角，当其变成弧形双箭头标志时，旋转角度将图像摆正。适当调整定界框的位置和大小（注意：尽量不要让定界框内部出现多余的空白区域），完成后，确认裁剪。

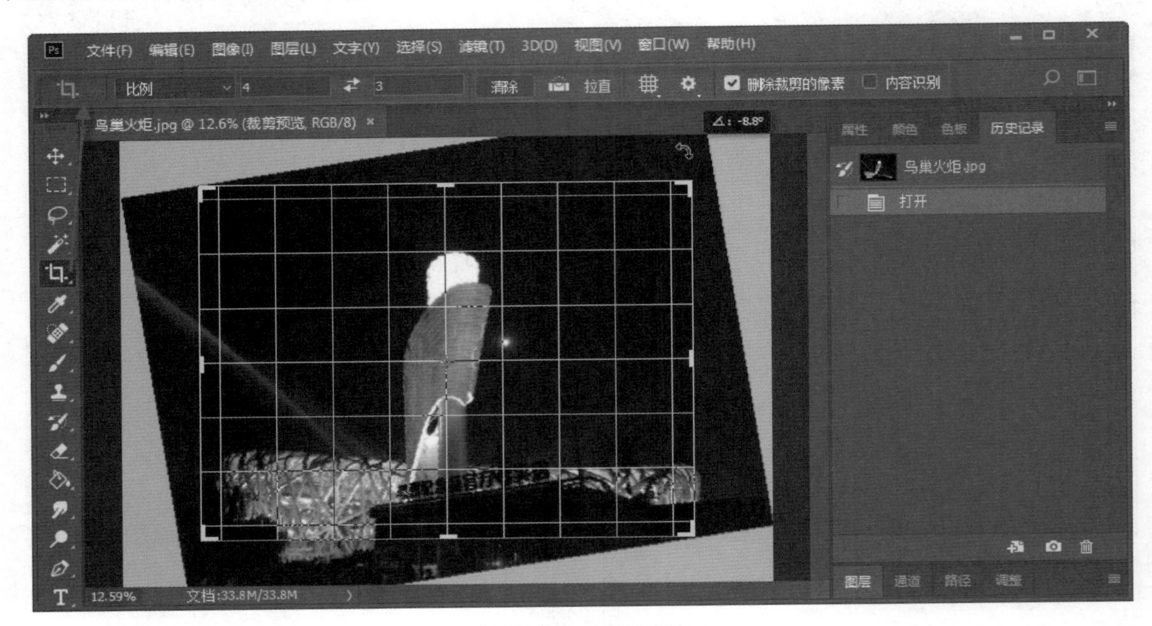

图 2–88　旋转裁剪

（4）为保证不破坏原始文件，将图片另存成 JPEG 格式，并为其重命名。

3. 透视裁剪

找到素材图片，由于拍摄方位问题，里面的画幅都出现了近大远小的透视效果。现要求将右侧第 2 幅画裁剪出来，并去除透视变形，显示原画效果，如图 2–89 所示。

图 2–89　透视裁剪

（1）在 PS 中打开素材图片“画展 .jpg”。

（2）在工具箱中，选择“透视裁剪工具”。

（3）如图 2–90 所示，在文档窗口中拖动鼠标，先绘制一个矩形定界框，然后逐个调整定界框的顶点，令其分别对应到第 2 幅画的四个顶点上。完成后，确认裁剪。

图 2–90　透视裁剪

（4）为保证不破坏原始文件，将图片另存成 JPEG 格式，并为其重命名。

4. 证件照裁剪

某培训机构的证书上需要粘贴一寸证件照，照片尺寸要求为：2.5 cm × 3.6 cm，分辨率为 300 像素 / 英寸。找到人物的大幅照片，按要求将其裁剪成一寸照片进行洗印，如图 2–91 所示。

（1）在 PS 中打开素材照片。

（2）在工具箱中，选择“裁剪工具”。

（3）如图 2–92 所示，在工具选项栏的“比例”下拉列表中选择“宽 × 高 × 分辨率”。

（4）在“宽度”文本框中输入“2.5 厘米”，在“高度”文本框中输入“3.6 厘米”，在“分辨率”文本框中输入“300”，将“分辨率单位”选择为“像素 / 英寸”。

（5）调整裁剪定界框的位置及大小，让照片中只保留人物头部及半胸，左右对称，并让头部与上边框之间保持适当距离，完成后，确认裁剪。

（6）为保证不破坏原始文件，将图片另存成 JPEG 格式，并为其重命名。

注意：本例中的证件照，是要裁剪出来再去照相馆洗印的。现实应用中，还有一种证件照片，就是需要在网络上传的电子版证件照，电子证件照除了对照片宽高有要求外，对文件大小也有要求，比如要求文件不超过多少 KB。裁剪照片的步骤与本例类似，唯一不同的，就是在裁剪工具的选项栏中直接输入要求的宽度和高度尺寸值即可。完成后，文件要存储成 JPEG 格式，才能上传至网络。另外，如果文件的体积超标，那么可以参考第 1 章中相关内容，适当降低图像质量进行存储，将文件体积缩小至要求范围内即可。

图 2-91 证件照裁剪

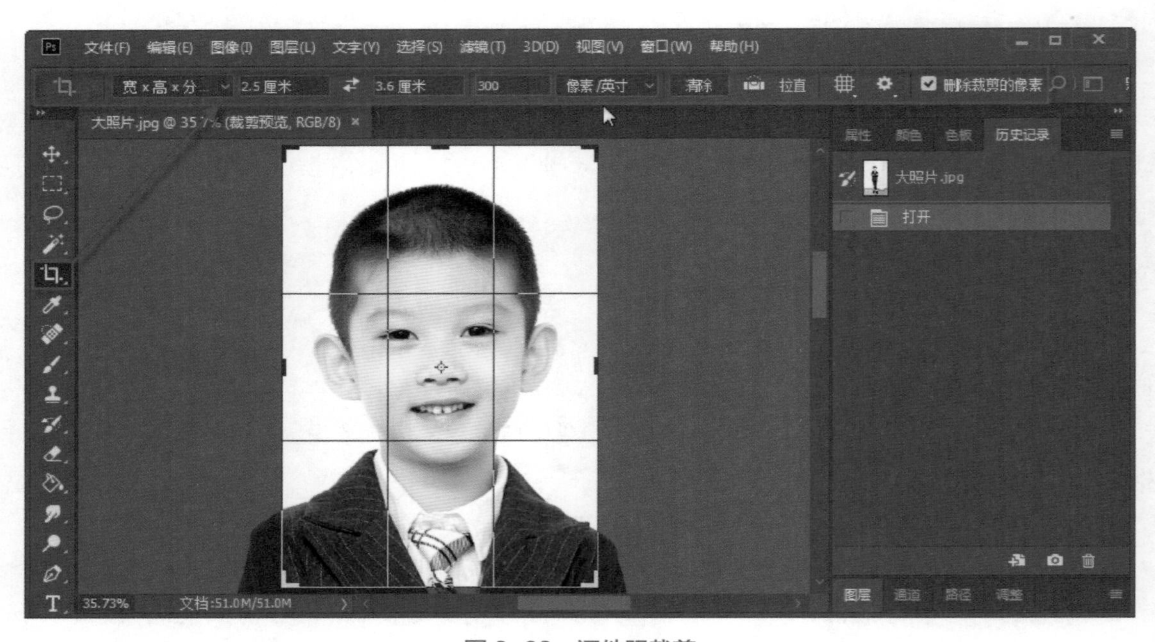

图 2-92 证件照裁剪

第3章 Photoshop图像修复克隆

照片免不了存在瑕疵，比如：人的面部有斑痕、粉刺、蚊子包、小伤口，衣物上有污渍，环境中有树叶、废纸等，都需要修复。画面中存在多余的人或物，需要剔除。暗处拍摄开闪光灯造成的红眼效果，需要修正。有些时候，还需要对已有图像进行移动、克隆或修改，制作新的画面效果等。本章学习图像修复、克隆相关的工具和技术。

任务 1 瑕疵修复

任务描述

本任务将学习瑕疵修复相关的工具及其使用技巧，主要包括：污点修复画笔工具、修复画笔工具、修补工具、内容感知移动工具、红眼工具等。

相关知识

1. 画笔工具

在学习修瑕克隆技术之前，先来学习 PS 中的“画笔工具”。因为掌握好“画笔工具”的设置与使用，是学习 PS 中橡皮擦类工具、污点修复类工具、图章类工具的基础。

使用“画笔工具”可以绘制出各种各样具有艺术效果的图像。如图 3–1 所示，在工具箱中，选择“画笔工具”，在其工具选项栏中，可以设置画笔的笔尖形状、大小、模式、不透明度、流量、平滑等基本参数。如果要详细设置画笔参数，可以进入画笔和“画笔设置”面板。画笔设置完成后，根据需要选择“前景色”，然后在文档窗口中拖动鼠标，即可进行涂鸦绘制。

注意：在用画笔绘画时，最好是在新建的空白图层中进行，而不要在原始图像上直接操作，这样即使出错也不会对原始图像造成影响。

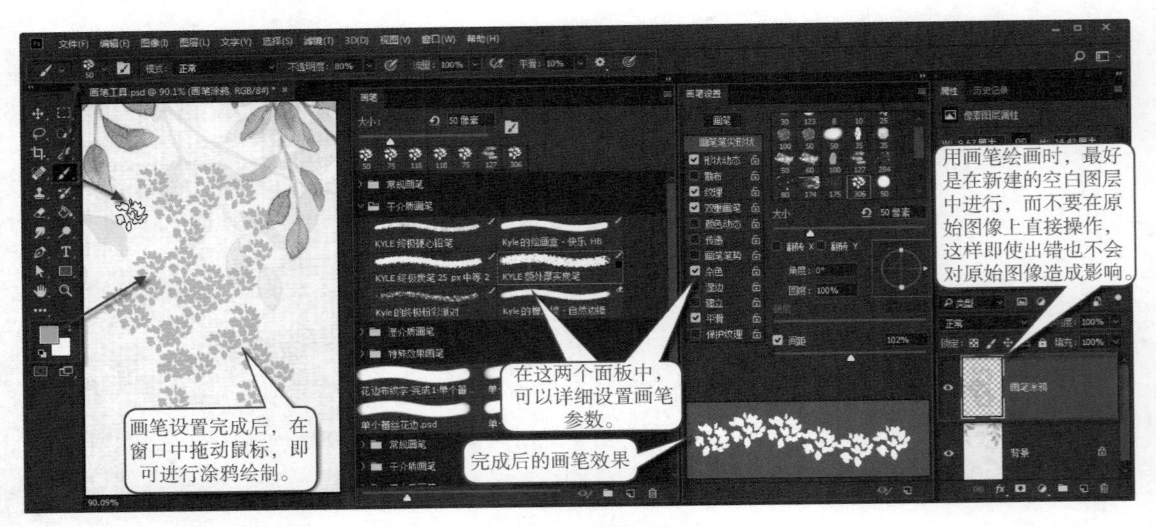

图 3–1 设置画笔工具

新版 PS 中预设画笔的类型比较少，如果需要可以单击“画笔”面板右上角的按钮，如图 3–2 所示，在快捷菜单中选择“旧版画笔”命令，然后在对话框中单击“确定”按钮，即可恢复旧版画笔预设列表。

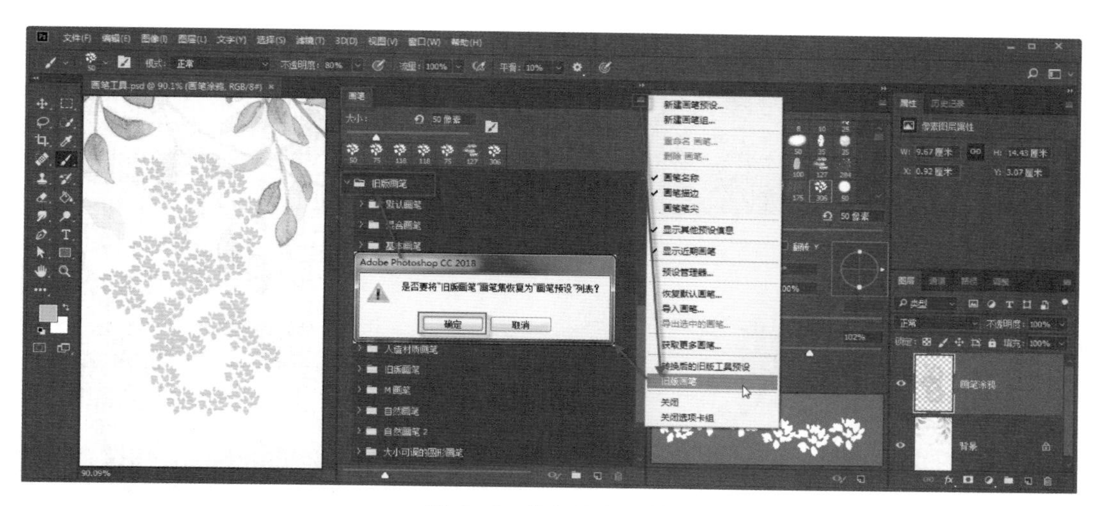

图 3–2　恢复旧版画笔

如果之前为画笔设置了很多自定义的参数，而当前应用只想用到最基本的画笔效果，可以将画笔笔尖形状设置为基本的“柔边圆”或“硬边圆”，但是观察“画笔设置”面板，即可看出很多自定义的参数依然存在。如图 3–3 所示，这时可以单击“画笔设置”面板右上角的按钮，在快捷菜单中选择“复位所有锁定设置”命令，即可取消之前自定义的那些画笔设置，恢复到基础画笔设置状态。

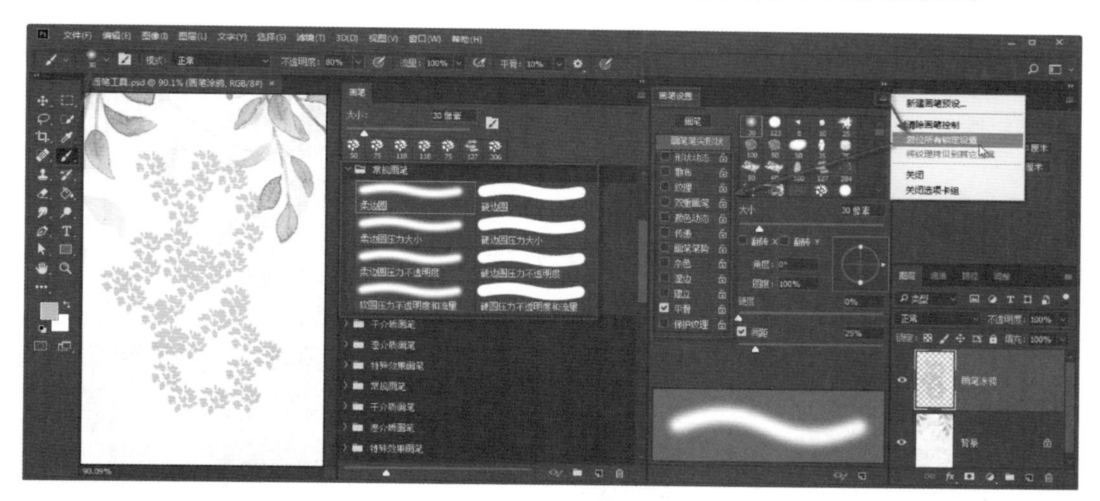

图 3–3　复位所有锁定设置

2. 污点修复画笔工具

功能：可以快速消除画面中的瑕疵，并能使被修复区域与周围区域完美融合。

用法：只需在有瑕疵的地方单击或拖动鼠标，即可将其消除（通常，画笔大小设置得比瑕疵稍大即可）。

在“修补工具组”上右击，选择“污点修复画笔工具”，工具选项栏中会显示相关参数，如图 3–4 所示，其中“笔尖大小”“硬度”“模式”等参数的设置与“画笔工具”类似，不再赘述。而参数“类型”，可以用来设置瑕疵修复的方法。默认情况下，“类型”设置为“内容识别”，即使用选区周围的像素来修复它。如果将“类型”设置为“创建纹理”，就是用选区中的所有像素创建一个用于修复该区域的纹理。而“类型”设置为“近似匹配”，则是指使用选区边缘周围的像素来查找要用作选定区域修复的图像区域。

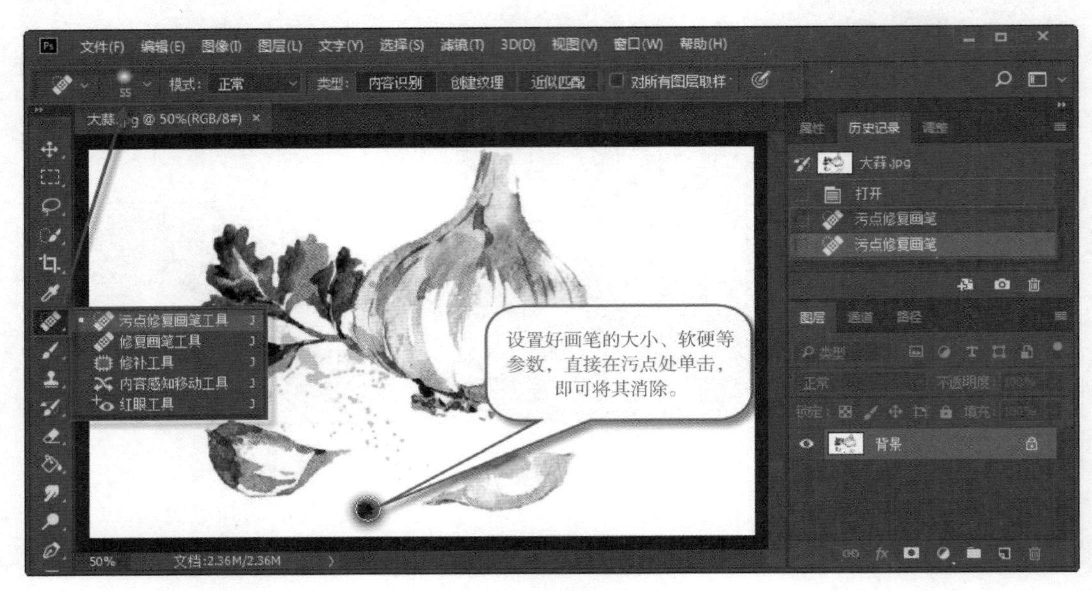

图 3-4 污点修复画笔工具

3. 修复画笔工具

功能：可以从图像中取样，对瑕疵部位进行修复。与“污点修复画笔工具”不同的是，修复画笔工具需要手动定义取样点。

用法：先按住【Alt】键单击画面某处进行取样，释放【Alt】键后，再在瑕疵处单击或拖动鼠标，即可将其消除。

如图 3-5 所示，在“修补工具组”上右击，选择“修复画笔工具”，其新参数介绍如下：

参数“源”：用来设置取样方式。它有两种选项，默认情况下是“取样”，就是直接从图像中取样来修复瑕疵。如果将其设置为“图案”，则可使用选定的图案修复瑕疵部位。

图 3-5 修复画笔工具

参数“对齐”：若勾选此项，则拖动鼠标时，取样点会与修复点始终保持一定的对齐关系。鼠标拖动时，取样点会显示为“+”标志。若取消勾选此项，则在不重新设置取样点的情况下，每次重新单击，将一直从初始取样点处复制图像来消除瑕疵。

参数“样本”：用来设置取样的图层。默认为“当前图层”，表示取样点只能从当前图层获得。如果选择“当前和下方图层”，则表示取样点可以从当前图层及下方的可见图层中获得。如果选择“所有图层”，就可以从所有可见图层中取样。

4. 修补工具

功能：可以修复图像中的瑕疵，其作用、原理、效果与“修复画笔工具”类似。不同的是，修补工具在修复图像前先制作选区，再将选区移动至合适的位置进行替代修复。

用法：按住鼠标左键，沿着缺陷画面的边缘拖动一周，完成后释放鼠标，即可得到一个源图像选区。将光标放到选区内，按住鼠标向画面中其他位置拖动，到目标区域后释放鼠标，稍等片刻，即可完成修补。

如图 3–6 所示，在“修补工具组”上右击，选择“修补工具”，其参数介绍如下：

参数“建立选区的模式”：包括“新建”“增加”“删除”“重叠”等模式。

图 3–6　修补工具

参数“修补”：包含两种选项。默认为“正常”，表示所修补的区域会增加一点模糊及微暗效果。选择“内容识别”，可以清晰地将混合区域的周边融入进去。

参数“源”：默认是勾选该项。如果将源图像选区拖动至目标区域，源图像会被目标图像覆盖，并与周围的像素自然融合。

参数“目标”：若勾选该项，就表示将选定区域作为目标区域，去覆盖要修补的区域。

参数“透明”：表示源选区与目标选区，以透明方式叠加。

参数“使用图案”：可以使用选定的图案来修补图像。

5. 内容感知移动工具

功能：可以将图像中的某部分，整体移动至其他位置，再智能填补原位置中的图像。

用法：按住鼠标左键，沿着选定的图像边缘拖动一周，完成后释放鼠标，即可绘制出一个图像的选区。接着将该图像选区移动至其他位置（在确认操作前可以对其进行变形操作），确认操作后，该图像即可与新位置自然融合，原先位置会被智能填补上。

如图 3-7 所示，在“修补工具组”上右击，选择“内容感知移动工具”，参数介绍如下：

参数“建立选区的模式”：包括“新建”“增加”“删除”“重叠”等模式。

图 3-7　内容感知移动工具

参数“模式”：包括“移动”和“扩展”模式。在“移动”模式下，选区中的图像会被移动至其他位置，原先位置会空出来，并被智能填补上。在“扩展”模式下，选区中的图像会被复制到其他位置，原先位置中的图像依然存在。

6. 红眼工具

功能：可以修复闪光灯拍摄时造成的红眼。

用法：直接单击红眼处即可。

如图 3-8 所示，在“修补工具组”上右击，选择“红眼工具”，参数介绍如下：

参数“瞳孔大小”：用于设置修复瞳孔范围的大小。

参数“变暗量”：用于设置修复范围的颜色亮度。

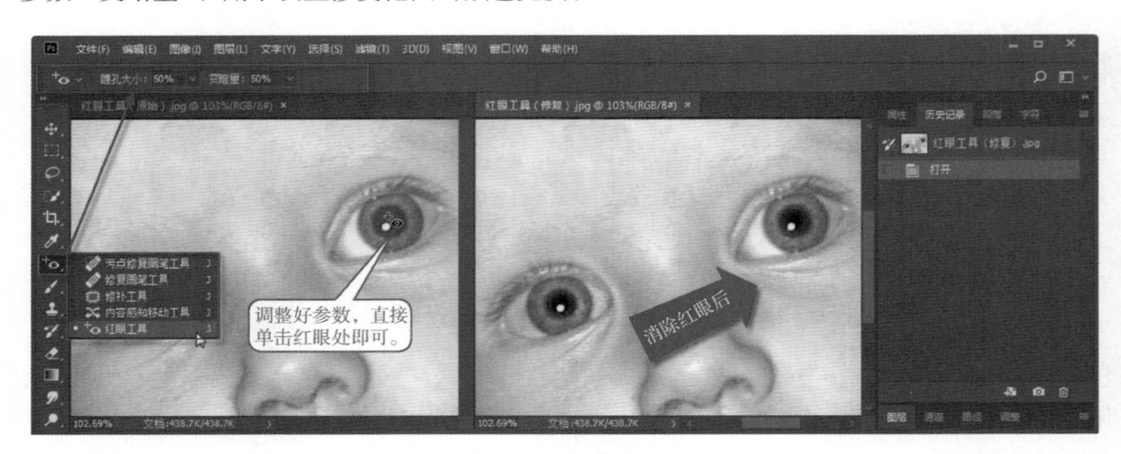

图 3-8　红眼工具

任务实施

1. 祛斑去污

祛斑去污

找到素材图片，使用“污点修复画笔工具”，去除人物脸上的蚊子包和衣服上的各处印渍，效果如图 3-9 所示。注意：给人物面部修瑕的时候（尤其是证件照片），尽量不要祛除其面部具有代表性的痕迹，如明显的痦子、痣、疤痕等。

图 3-9　祛斑去污效果

（1）在 PS 中打开素材图片“祛斑去污 .jpg”。为防止误操作破坏原图，最好先将“背景”层拷贝一份，然后在拷贝层中进行瑕疵修复。

（2）缩放窗口的画面比例，保证能清楚地看到瑕疵部位。如图 3-10 所示，在工具箱中，选择“污点修复画笔工具”，在工具选项栏中，根据需要调整画笔的“笔尖大小”“硬度”等参数，画笔“模式”选择“内容识别”即可。

（3）使用“污点修复画笔工具”，在拷贝图层中单击画面的瑕疵部位，将其消除。使用过程中，可根据需要随时调整画笔参数。重复操作，直至所有瑕疵消除。

（4）完成后，将文件另存成 JPEG 格式，并为其重命名。

2. 淡化皱纹

找到素材图片，使用“修复画笔工具”，将鱼尾纹和眼睛下面的皱纹进行淡化处理，效果如图 3-11 所示。

淡化皱纹

（1）在 PS 中打开素材图片“淡化皱纹 .jpg”，并先将“背景”层拷贝一份。

（2）在工具箱中，选择“修复画笔工具”，根据需要调整画笔的“笔尖大小”和“硬度”等参数。

（3）如图 3-12 所示，使用“修复画笔工具”，在拷贝图层中选择眼睛附近合适的区域取样，消除眼部鱼尾纹。再选择合适的区域取样，消除眼睛下面的皱纹。注意，修复过程中要顺着皮肤的纹理方向移动鼠标。

图 3-10　祛斑去污操作

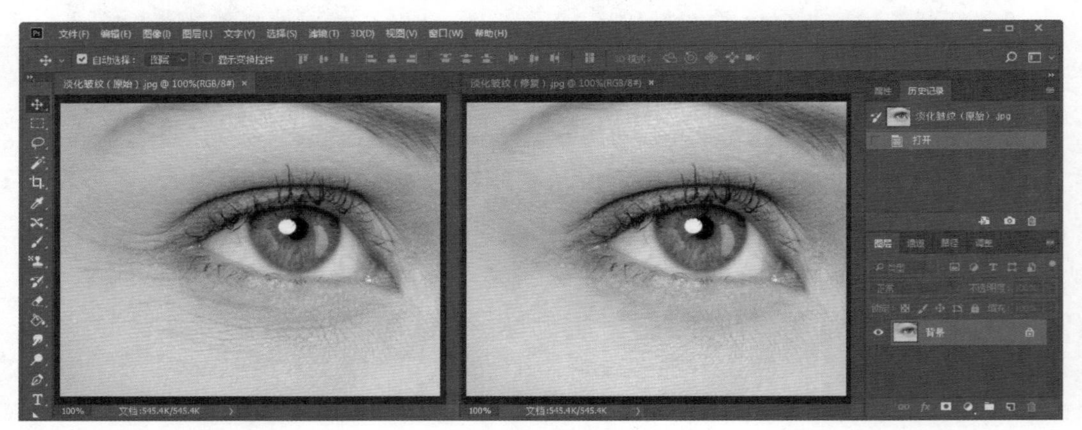

图 3-11　淡化皱纹效果

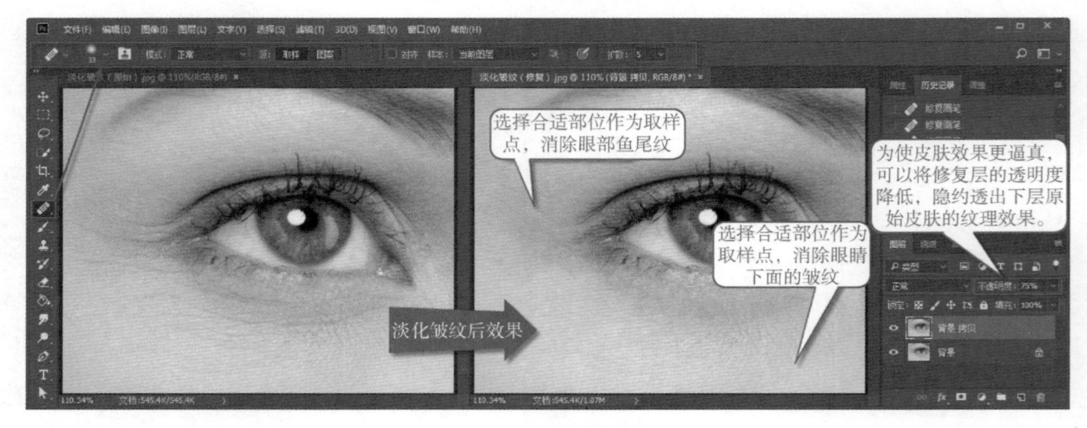

图 3-12　淡化皱纹操作

（4）为了使皮肤的纹理效果更加逼真，可以将修复层的不透明度降低，这样就能隐约透出下层原始皮肤的纹理效果。

（5）完成后，将文件另存成 JPEG 格式，并为其重命名。

3. 去除岛屿

去除岛屿

找到素材图片，使用“修补工具”，将右侧的岛屿用左侧海岸线进行修补，制作统一海岸线，效果如图 3-13 所示。

图 3-13　去除岛屿效果

（1）在 PS 中打开素材图片“去除岛屿 .jpg”。

（2）为防止误操作，可以先将“背景”层拷贝一份。如图 3-14 所示，在工具箱中，选择“修补工具”，在拷贝图层中，绘制出岛屿所在的源图像选区。将光标放到选区内，按住鼠标向画面左侧拖动，在释放鼠标前要注意对齐海岸线，确定目标位置后，释放鼠标，稍等片刻，即可完成修补。

图 3-14　去除岛屿操作

（3）完成后，将文件另存成 JPEG 格式，并为其重命名。

年年有鱼

4. 年年有鱼

找到素材图片，使用“内容感知移动工具”，改变锦鲤的数量、大小、角度等，根据自己的喜好重新组织画面，效果如图 3–15 所示。

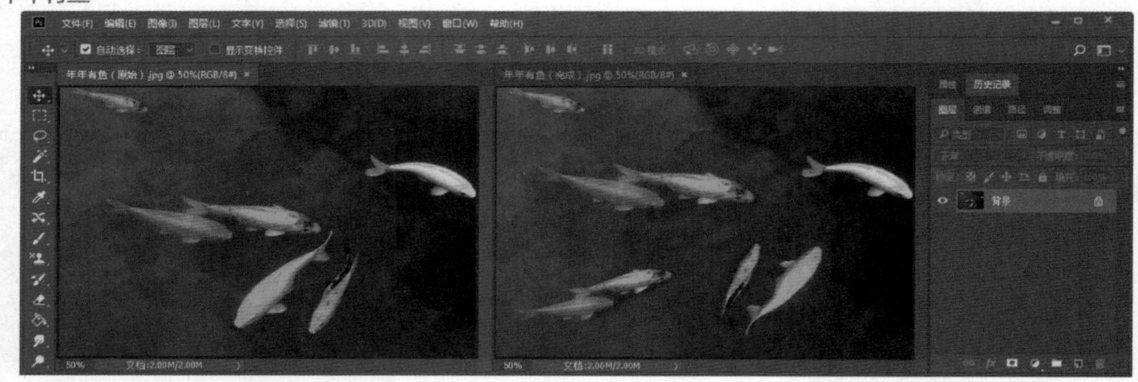

图 3–15 年年有鱼效果

（1）在 PS 中打开素材图片“年年有鱼 .jpg”。

（2）为防止误操作，可以先将“背景”层拷贝一份。如图 3–16 所示，在工具箱中，选择“内容感知移动工具”。在拷贝图层中，选择某条或某几条锦鲤作为目标，使用鼠标绘制目标选区，根据需要选择“移动”模式或“扩展”模式，以便移动目标或者复制目标，在操作过程中可改变目标图像的大小、角度等。重复操作，直至满意。

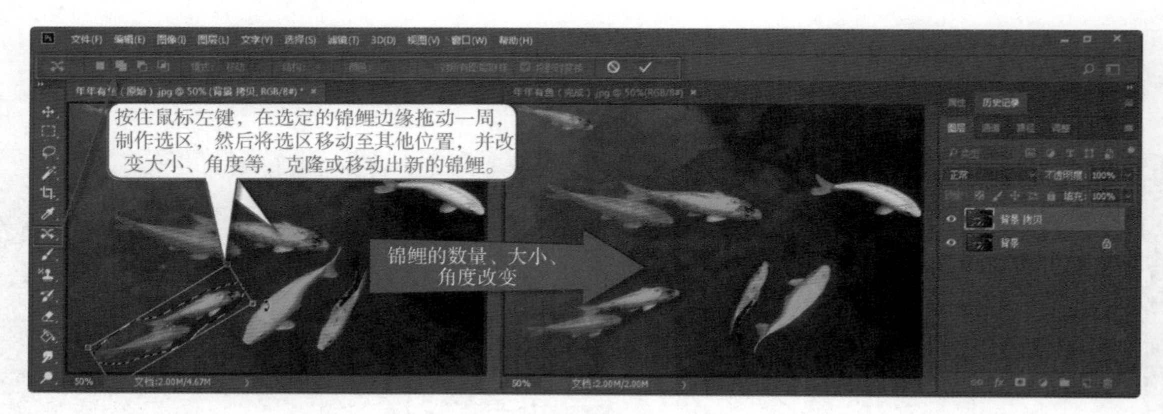

图 3–16 年年有鱼制作

（3）如果对智能填补的边缘区域效果不满意，可以使用“污点修复画笔工具”等其他修复工具，对画面进行完善。

（4）完成后，将文件另存成 JPEG 格式，并为其重命名。

消除红眼

5. 消除红眼

找到素材图片，使用“红眼工具”，消除红眼。

（1）在 PS 中打开素材图片“消除红眼 .jpg”。

（2）如图 3-17 所示，在工具箱中，选择“红眼工具”，根据需要调整参数，直接单击红眼处将其消除。

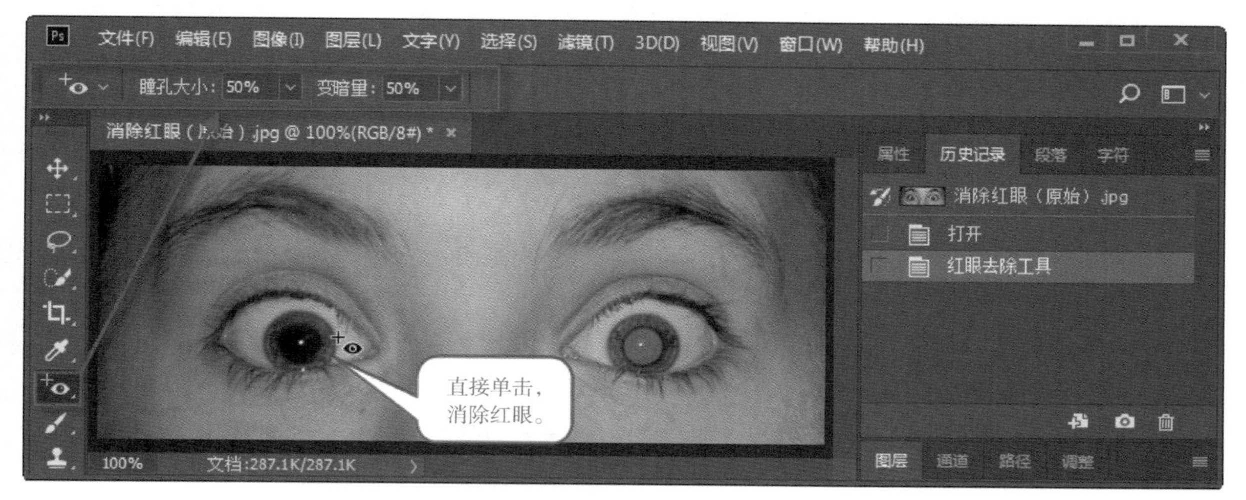

图 3-17　消除红眼

（3）完成后，将文件另存成 JPEG 格式，并为其重命名。

任务 2　图案克隆

任务描述

本任务将学习两种图案克隆的工具及其使用技巧：仿制图章工具、图案图章工具。

相关知识

1. 仿制图章工具

功能：可以将画面中的部分图像，复制到其他部位，或者将其复制到另一幅图像中。可以用它克隆图像，也可以用它修复图像中的瑕疵或者修补图像中的缺失部分。

用法：在使用过程中，也需要手动定义取样点。先按住【Alt】键单击画面某处进行取样，释放【Alt】键后，再在其他地方单击或拖动鼠标，即可在其他地方克隆出此处图像。

如图 3-18 所示，在“图章工具组”上右击，选择“仿制图章工具”，其参数设置与“画笔工具”及“修复画笔工具”类似，不再赘述。

图 3-18 仿制图章工具

2. 图案图章工具

功能：使用系统自带图案或用户自定义图案，在选定的图像区域内进行涂抹绘制。

用法：选择系统自带图案，或者自定义图案，在选区内进行涂抹即可。

自定义图案的方法：如图 3-19 所示，打开自己的图案文件，执行菜单命令“编辑”|“定义图案”，将其定义为可用图案。

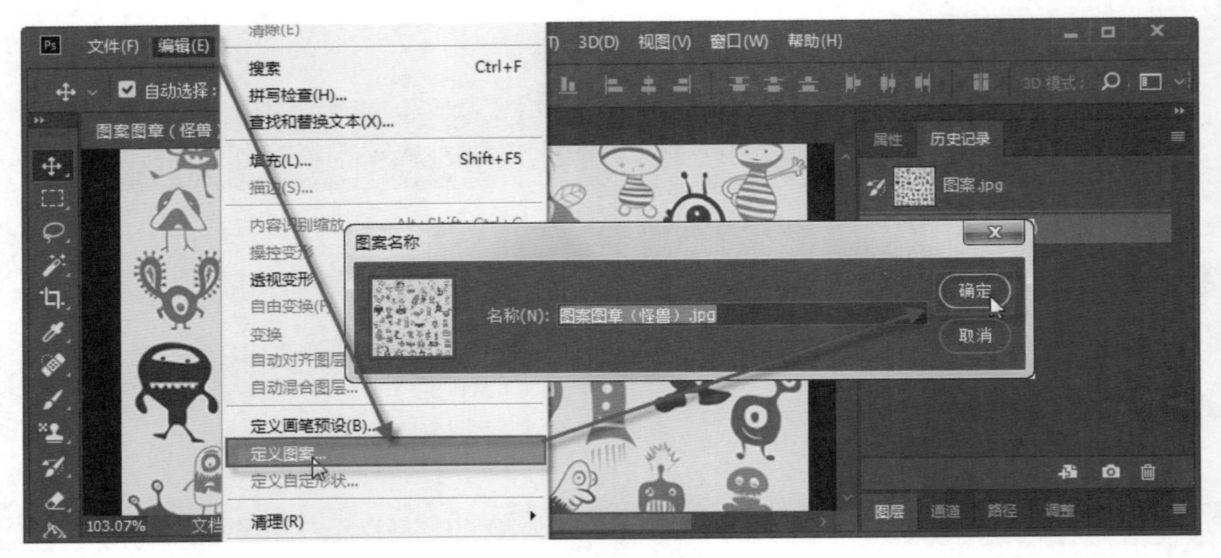

图 3-19 定义图案

在“图章工具组”上右击，选择“图案图章工具”，其大多数参数在其他工具中都已经学习过，不再赘述。在参数“图案”中，可以下拉选择系统自带的图案，也可以选择自定义图案。根据需要，先用相关工具制作出选区。如图 3-20 所示，使用“图案图章工具”在选区内涂抹，即可在选区内制作纹饰效果（为了不破坏原始图像，最好在新建图层中进行涂抹绘制）。

图 3-20　图案图章工具

任务实施

1. 克隆鸭子

克隆鸭子

找到素材图片，使用“仿制图章工具”，首先去除草地上的树叶杂质，然后克隆出多只小鸭子，效果如图 3-21 所示。

图 3-21　克隆鸭子

（1）在 PS 中打开素材图片“克隆鸭子 .jpg”。

（2）为防止误操作，先将“背景”层拷贝一份。在工具箱中，选择“仿制图章工具”，在其工具选项栏中，根据需要调整画笔的“笔尖大小”和“硬度”等参数。如图 3-22 所示，在拷贝图层中选择干净的草坪区域取样，去除草地上的树叶杂质。

图 3-22 去除草地杂质

（3）如图 3-23 所示，调整画笔参数，选择某个小鸭子进行取样，将其克隆到其他位置上。重复操作，克隆出多只小鸭子。

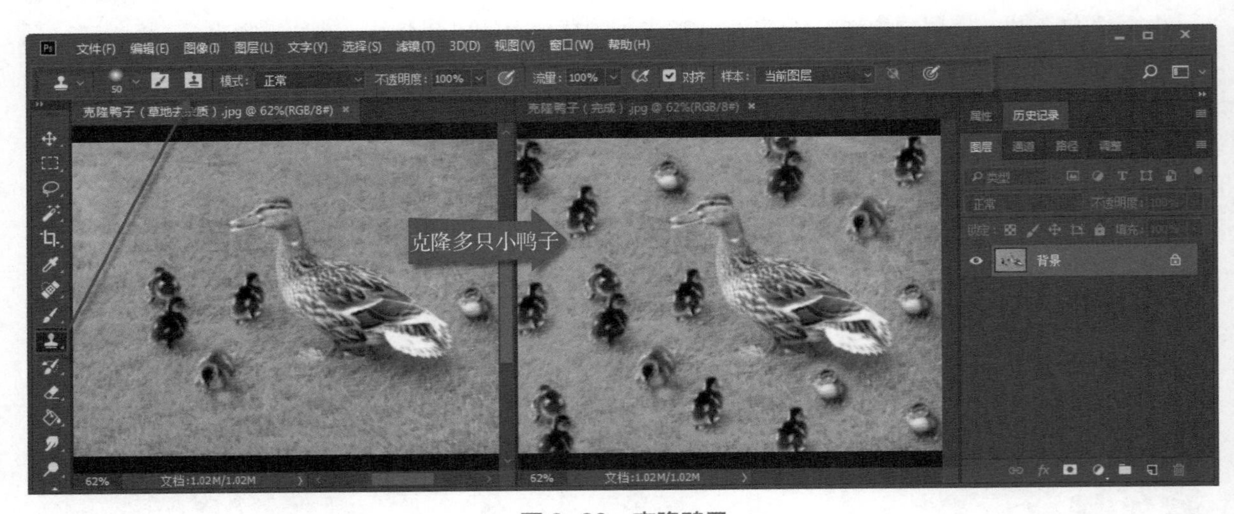

图 3-23 克隆鸭子

纹饰大象

（4）完成后，将文件另存成 JPEG 格式，并为其重命名。

2. 纹饰大象

找到素材图片，先将两个纹饰均定义为可用图案，再用“图案图章工具”，分别对两头大象进行纹饰绘制，效果如图 3-24 所示。

图 3-24　纹饰大象

（1）在 PS 中打开素材图片“简笔大象 .jpg”“纹饰 1.jpg”“纹饰 2.jpg”。

（2）在图片“纹饰 1.jpg”中，执行菜单命令“编辑”|“定义图案”，将其定义为可用图案。以同样的方法将“纹饰 2.jpg”也定义为可用图案。

（3）切换至图片“简笔大象 .jpg”中，首先将其另存为“纹饰大象 .psd”。

（4）在“图层”面板中，新建一个图层，并将其命名为“左侧纹饰”。再新建一个图层，命名为“右侧纹饰”。

（5）在背景层，使用“魔棒工具”单击左侧大象的身体部分（不选外框线），制作左侧大象选区，如图 3-25 所示。

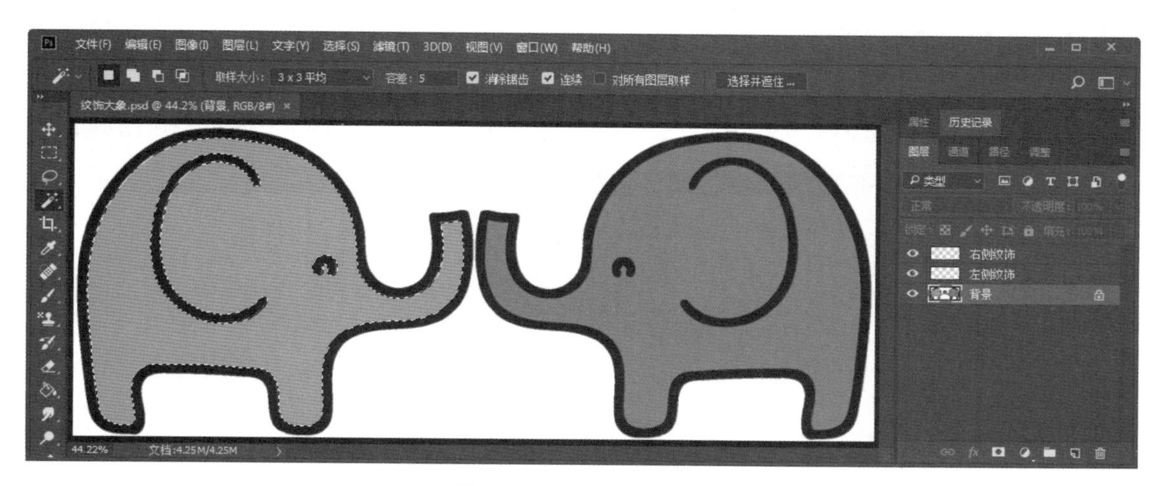

图 3-25　左侧大象选区

（6）如图 3–26 所示，根据需要设置“图案图章工具”的“笔尖大小”和“硬度”等参数，并将其“图案”参数设置为“纹饰 1”。为了不破坏原始图像，在“图层”面板中选择“左侧纹饰”层，使用“图案图章工具”在选区内涂抹，制作左侧大象的纹饰效果。完成后按快捷键【Ctrl+D】取消选区。

图 3–26 绘制左侧纹饰

（7）如图 3–27 所示，用同样的方法，在“右侧纹饰”层使用“纹饰 2”制作右侧大象的纹饰效果。完成后按快捷键【Ctrl+D】取消选区。

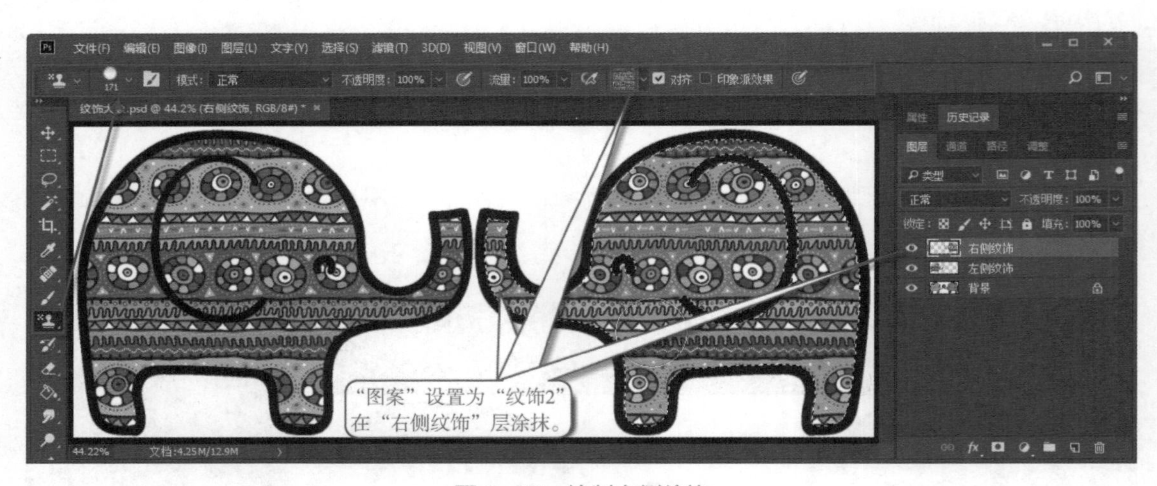

图 3–27 绘制右侧纹饰

（8）完成后，将文件另存成 JPEG 格式，并保存其 PSD 格式，以备将来再次编辑。

第4章 Photoshop文字形状路径

前面提到过PS中主要处理的是位图图像，但也有部分工具可以创建编辑矢量图形。本章主要介绍PS中几个矢量工具的使用，包括：文字工具、形状工具、钢笔工具、路径选择工具等。

任务 1 文字涂鸦

任务描述

现代生活，大家都喜欢给自己的图片添加一点涂鸦效果或文字说明等，或定格美好，或渲染情绪，或彰显个性，或传达力量，或弘扬文化，或推广产品，等。本任务将学习为图片添加文字、涂鸦效果的相关技术，主要包括：字体的下载及安装、文字工具的使用、形状工具的使用等。

相关知识

1. 字体的下载与安装

在图文设计过程中，往往需要用到很多不同风格的字体。而系统自带的字体风格有限，通常不能满足特定需求。这时可以去网上搜索并下载字体。在搜索引擎中，输入关键字 “字体下载” 等，即可检索出很多字体下载的网站，如图 4–1 所示，选择一个网站进入，在站内可以进行字体的分类查找及下载等操作。

图 4–1 下载字体

字体下载后就可以进行安装使用了。在 Windows 7 及以后的高级版本中，可以直接双击字体文件，如图 4–2 所示，在弹出的对话框中单击 “安装” 按钮，即可将字体安装至系统中。

如果需要一次性安装多个字体，单个进行双击安装会很麻烦。这时可以将需要安装的字体文件全部选中，如图 4–3 所示，复制后粘贴到系统文件夹 “C:\Windows\Fonts” 中即可（此方法也适用于 Windows 7 以前的系统版本）。

图 4-2　安装单个字体

图 4-3　安装多个字体

2. 文字工具

给图片添加文字，当然要用到文字工具。

（1）如图 4–4 所示，在工具箱中，找到“文字工具组”，其中“横排文字工具”和“直排文字工具”可以用来添加横排文本和纵向文本，而“直排文字蒙版工具”和“横排文字蒙版工具”是用来创建文字形状选区的。在工具箱中选择“横排文字工具”或“直排文字工具”后，在屏幕中单击即可输入文字，此时“图层”面板中会自动创建相应的文字图层。在工具选项栏中，显示出了文本编辑时的常用参数，在这里可以切换文字方向、设置字体、大小、颜色、对齐方式等，也可以对文字进行变形操作，还可以创建 3D 效果等。

在文本的编辑过程中，如果需要用到一些不太常用的功能，而这些功能没有显示在工具选项栏中，就可以打开“字符”面板和“段落”面板，在其中进行更加详尽的设置。如图 4–5 所示，是“字符”面板和“段落”面板的详细功能介绍。

（2）根据输入时操作的不同，文字可分为“点文字”和“段落文字”。下面以“横排文字工具”为例进行说明，“直排文字工具”与之类似。

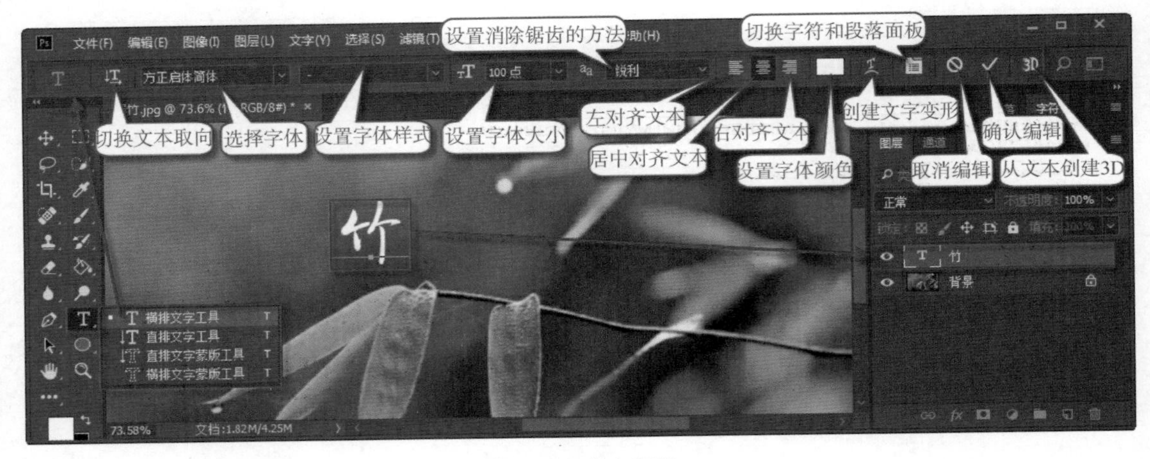

图 4-4　文字工具

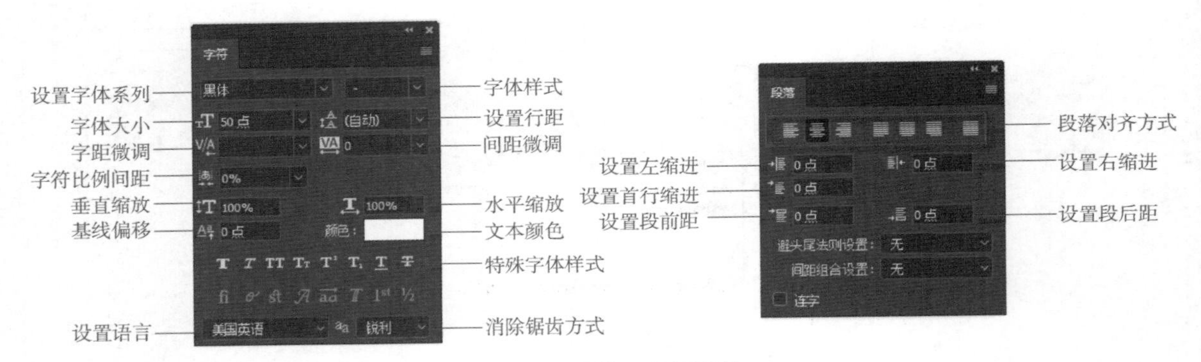

图 4-5　字符、段落面板

点文字：使用“横排文字工具”直接在文档窗口中单击，即可创建点文字。如图 4-6 所示，点文字的文字行宽度会随着文本内容的增多而不断变大（甚至会超出文档窗口），但不会自动换行。如果需要换行，必须按【Enter】键，对其强制换行。

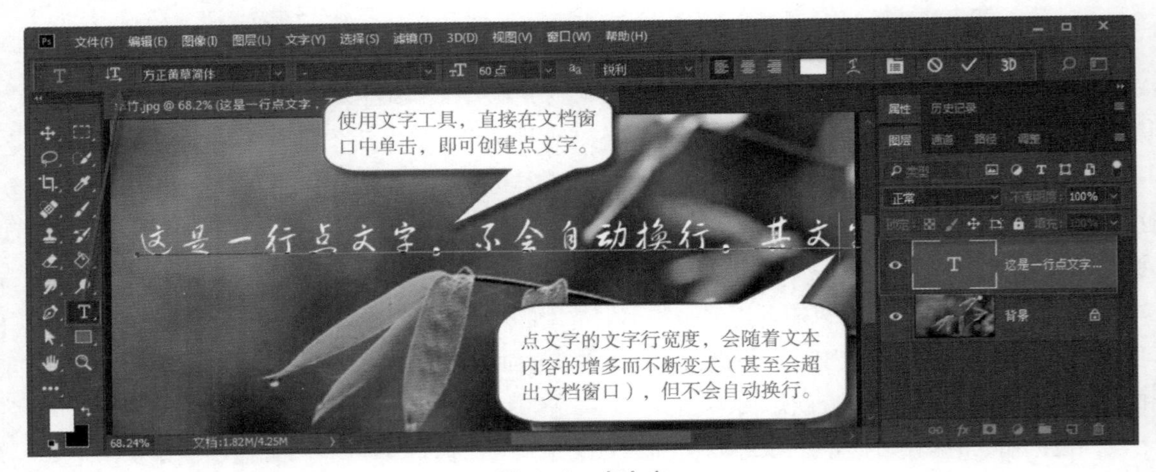

图 4-6　点文字

段落文字：如图 4–7 所示，使用“横排文字工具”，首先在文档窗口中拖动鼠标，绘制出一个矩形文本框，文本框的边界即为段落文字的显示边界。当文本内容增多并超出文本框的宽度时，文字会自动换行，依此类推。但当文字足够多，并且超出文本框的高度时，多余的文字不显示。可以通过调整文本框的宽、高，调整需要显示的文本区域。

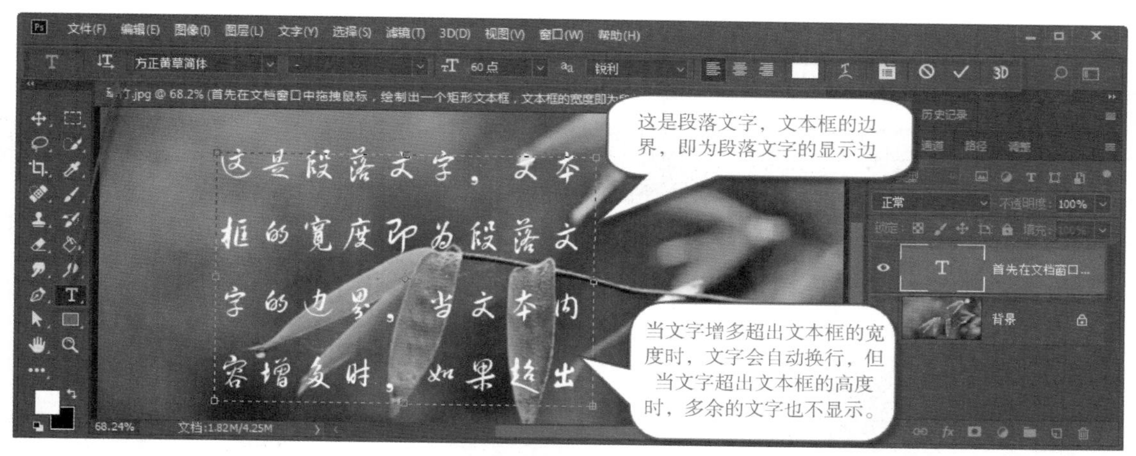

图 4–7　段落文字

实际操作时，根据需要选择创建点文字或者段落文字。一般来说，如果输入的文字个数比较少，或者不想让文字的显示受限制，那就直接单击窗口创建点文字即可，然后根据需要按【Enter】键手动换行。

（3）如图 4–8 所示，输入文字后，单击工具选项栏中的“创建文字变形”按钮，即可打开“变形文字”对话框，在这里可以设置文字变形的样式、方向等各项参数。

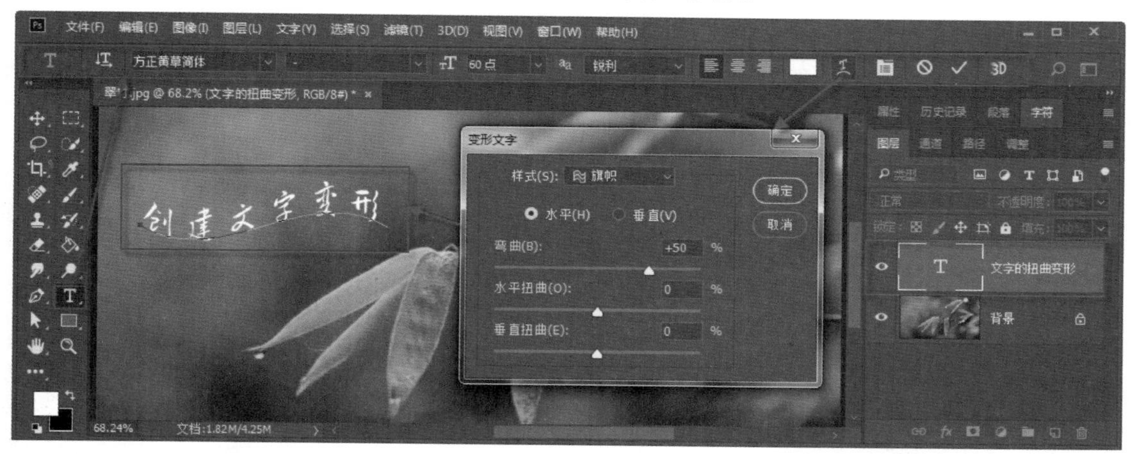

图 4–8　创建文字变形

3. 形状工具

在工具箱中，找到“形状工具组”，使用这组工具，可以绘制各式各样的形状。

（1）下面以“多边形工具”为例，来学习形状工具的设置及使用，其他形状工具如“矩形工具”“圆角矩形工具”“椭圆工具”的使用与之类似。在工具箱中，选择“多边形工具”，在其工具选项栏中，可以设置各类参数，如选择工具模式、设置填充颜色、描边颜色、描边宽度、描边类型、宽度、高度、路径操作、路径对齐方式等。

根据选择工具的不同，在使用过程中，如果按住【Shift】键的同时再绘制形状，可以绘制出正方形、圆、正多边形等，而如果是“直线工具”，则可以让绘制出来的直线角度为 45° 的倍数。如图 4-9 所示，是两个设置了不同参数的多边形效果。

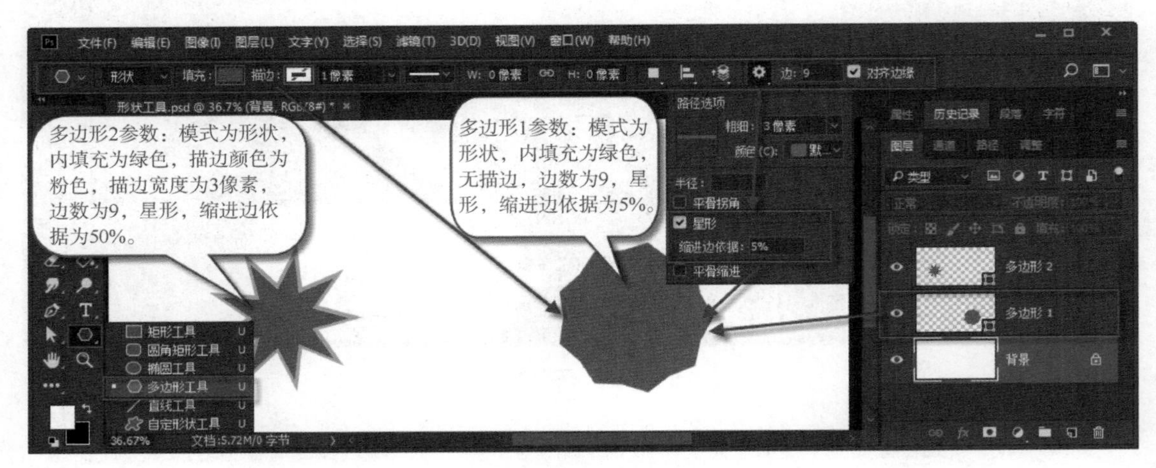

图 4-9　多边形工具

（2）如图 4-10 所示，形状工具的工具模式主要分为三种：

①形状模式：在该模式下绘制形状，会在“图层”面板中自动创建一个相应的形状图层，此时绘制的形状既有填充效果，也有工作路径，在“路径”面板中可以查看，也可以使用“路径选择工具”和“直接选择工具”对路径进行编辑改变其形状。该模式下创建的是矢量图形。

②路径模式：在该模式下绘制形状，没有填充效果，在“图层”面板中没有对应图层，只有形状的路径。

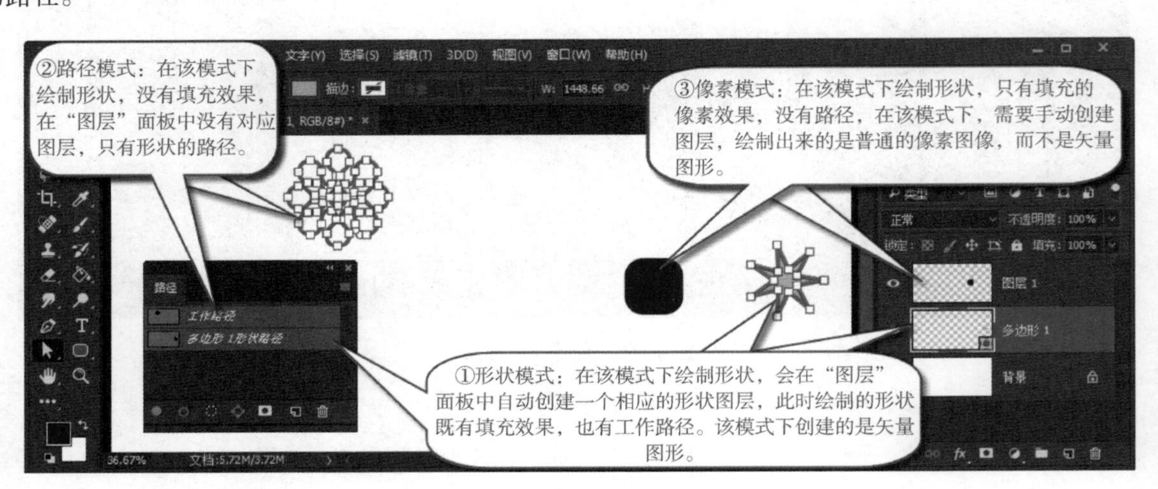

图 4-10　工具模式

③像素模式：在该模式下绘制形状，只有填充的像素效果，没有路径，在该模式下，需要手动创建图层，绘制出来的是普通的像素图像，而不是矢量图形。

（3）如图 4-11 所示，选择“自定义形状工具”，在其工具选项栏中会出现自定义形状选项，默认情况下其中的形状不够多，可以在下拉菜单右上角，单击“设置”按钮，选择“全部”或“载入形状”或其他命令。

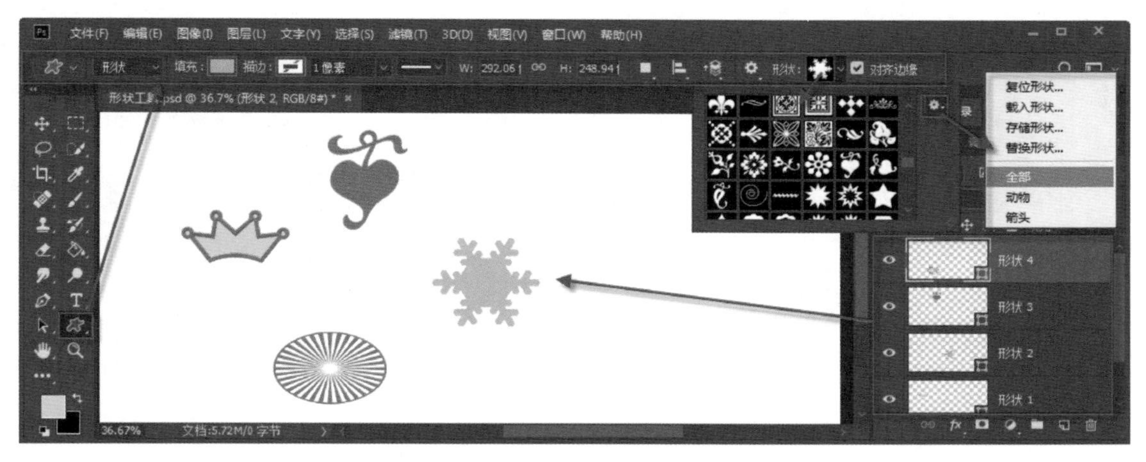

图 4-11　自定义形状工具

任务实施

1. 表情涂鸦

表情涂鸦

给素材图片“宠物原图 .jpg”添加表情涂鸦，效果如图 4-12 所示。

图 4-12　表情涂鸦

（1）在 PS 中打开素材图片，然后先将文件另存为“表情涂鸦 .psd”。

（2）在“图层”面板中，新建图层，命名为“腮红”。如图 4–13 所示，在工具箱中，先将“前景色”设置为“浅粉色”，然后使用“画笔工具”，在工具选项栏中下拉“画笔预设”，将“画笔笔尖形状”设置为“常规画笔”中的“柔边圆”，然后根据需要设置“画笔大小”。在图层“腮红”中，用设置好的画笔，在狗狗脸上绘制两个腮红效果。

图 4–13 绘制腮红

（3）在“图层”面板中，新建图层，命名为“曲线”。如图 4–14 所示，在工具箱中，先将“前景色”设置为“白色”，然后使用“画笔工具”，在工具选项栏中下拉“画笔预设”，将“画笔笔尖形状”设置为“常规画笔”中的“硬边圆”，然后根据需要设置“画笔大小”。为了防止误操作，可以先将图层“腮红”锁定。在图层“曲线”中，用设置好的画笔，在腮红上面绘制曲线效果。

图 4–14 绘制曲线

（4）在“图层”面板中，新建图层，命名为“左眉”。如图 4–15 所示，保持画笔的其他参数不变，只微调一下“画笔大小”。为了防止误操作，将“曲线”层也锁定。在图层“左眉”中，用设置好的画笔，给猫咪绘制左侧的皱眉效果。

（5）在“图层”面板中，新建图层，命名为“右眉”。将“左眉”层锁定。保持画笔设置不变，在“右眉”层中，给猫咪绘制右侧的皱眉效果，如图 4–16 所示。

图 4-15　绘制左眉

图 4-16　绘制右眉

（6）在工具箱中，选择“自定义形状工具”。如图 4-17 所示，在工具选项栏中，将“选择工具模式”设置为“形状”，将“填充”颜色设置为“白色”，将“描边”设置为“无”，然后，在“形状”选项中载入“全部”形状，并找到形状【思索 1】。拖动鼠标，分别在狗狗和猫咪旁边绘制思索形状，并调整形状的大小、位置等。

图 4-17　绘制思索形状

（7）使用“横排文字工具”，在屏幕空白处输入文字“偶最可耐”，如图 4–18 所示，设置好字体、大小、字距、颜色等参数。完成后，将文字摆放到狗狗旁边的形状中。

图 4–18　文字设置

（8）使用“横排文字工具”，在屏幕空白处输入文字“呵呵 你高兴就好”，中间用【Enter】键换段。如图 4–19 所示，设置好字体、大小、字距、颜色等参数，将文字摆放到猫咪旁边的形状中。

（9）完成后，将文件另存成 JPEG 格式，并保存其 PSD 格式，以备将来再次编辑。

图 4–19　文字设置

早安心语

2. 早安心语

给素材图片“早安背景 .jpg”扩展画布，并添加文字、形状等效果，制作早安心语图，效果如图 4–20 所示。

（1）在 PS 中打开素材图片，然后先将文件另存为“早安心语 .psd”。

（2）执行菜单命令“图像”|“画布大小”，如图 4–21 所示，首先将图像向上扩展 100 像素，然后再将图像向下扩展 400 像素。

（3）使用“横排文字工具”，在屏幕中输入文字“早”，如图 4–22 所示，根据需要设置文字的字体、大小、颜色等。完成后，将文字摆放在屏幕左上侧。

图 4-20　早安心语

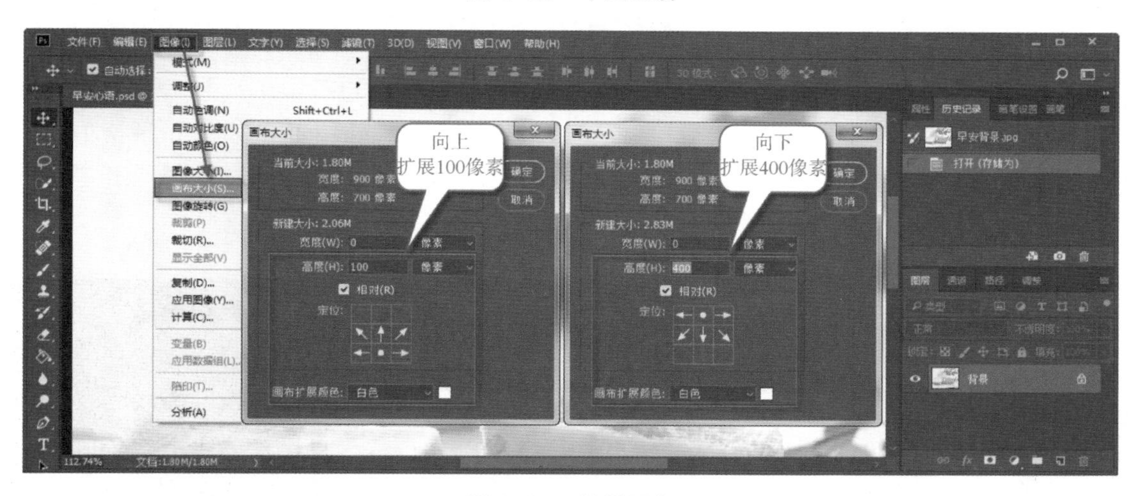

图 4-21　扩展画布

图 4-22　文字设置

（4）使用“矩形工具”，在工具选项栏中将“选择工具模式”设置为“形状”，按住【Shift】键的同时在屏幕中绘制一个正方形，如图 4-23 所示，设置其宽度和高度，并将其填充颜色设置为背景图中的浅绿色。

图 4-23　矩形设置

（5）在“图层”面板中，将图层“矩形 1”移动至文字层“早”的下面。如图 4-24 所示，在工具箱中，选中“移动工具”，然后将这两层同时选中，设置其对齐方式为“水平居中对齐”和“垂直居中对齐”。完成后，将“文字颜色”修改为“白色”。

图 4-24　对齐图层

（6）在“图层”面板中，同时选中 “矩形 1” 层和文字层“早”，使用鼠标拖动至“新建图层”按钮上，将二者均拷贝一份，将拷贝的矩形层重命名为“矩形 2”，双击进入拷贝的文字层，将其文字修改为“安”。将两个拷贝层同时选中，按【↓】键垂直移动一小段距离。

（7）使用“横排文字工具”，在屏幕中输入文字“Good Morning”，在工具选项栏中，单击“切换文本取向”按钮，将文字方向转换为纵向。如图 4-25 所示，根据需要设置文字的字体、大小，文字颜色设置为与矩形一样的浅绿色。完成后，将文字摆放到合适的位置。

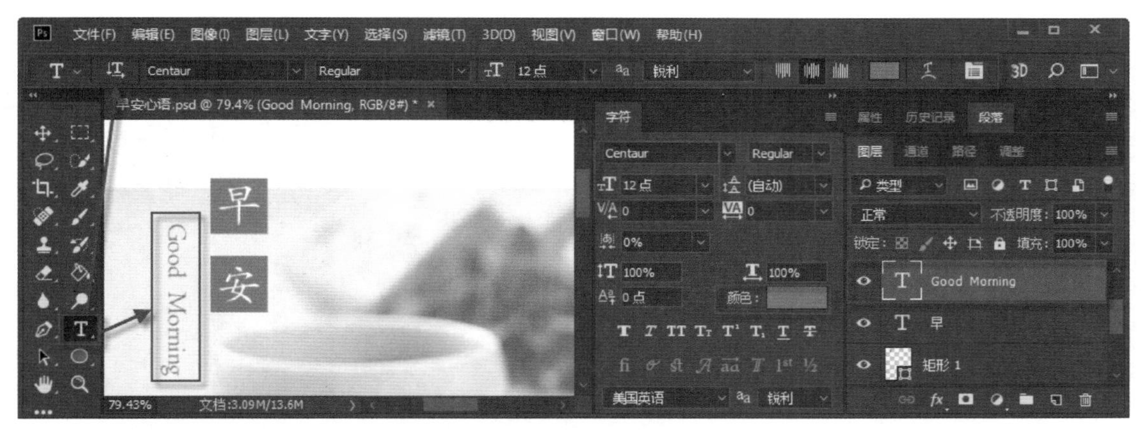

图 4-25　文字设置

（8）在工具箱中，选择“直线工具”，如图 4-26 所示，在工具选项栏中将“选择工具模式”设置为“形状”，将“填充”颜色设置为与矩形一样的浅绿色，按住【Shift】键的同时在屏幕中绘制一条垂直的线，在工具选项栏中为其设置合适的宽度和高度。完成后，摆放位置。

图 4-26　直线设置

（9）在工具箱中，选择“椭圆工具”，如图 4-27 所示，在工具选项栏中将“选择工具模式”设置为“形状”，将“填充”设置为“无”，将“描边”颜色设置为与矩形一样的浅绿色，按住【Shift】键的同时在屏幕中绘制一个圆，在工具选项栏中为其设置合适的描边宽度、宽度及高度。完成后，为其摆放位置。

（10）微调各个文字层及形状层之间的相互位置，直到满意为止。完成后，将这些文字层和形状层同时选中，如图 4-28 所示，在“图层”面板中单击“链接图层”按钮，将其链接起来，这样就可以同时操作了。使用“移动工具”将其统一移动至合适的位置。

（11）使用“横排文字工具”，在屏幕中输入文字，如图 4-29 所示，在合适的位置按住【Enter】键换段。首先，根据需要设置文字的字体、大小，文字颜色从背景图中选取深点的绿色。然后，将文本的“段落对齐方式”设置为“文字右对齐”。完成后，将其摆放在屏幕右下角。

图 4-27　圆设置

（12）完成后，将文件另存成 JPEG 格式，并保存其 PSD 格式，以备将来再次编辑。

图 4-28　链接图层

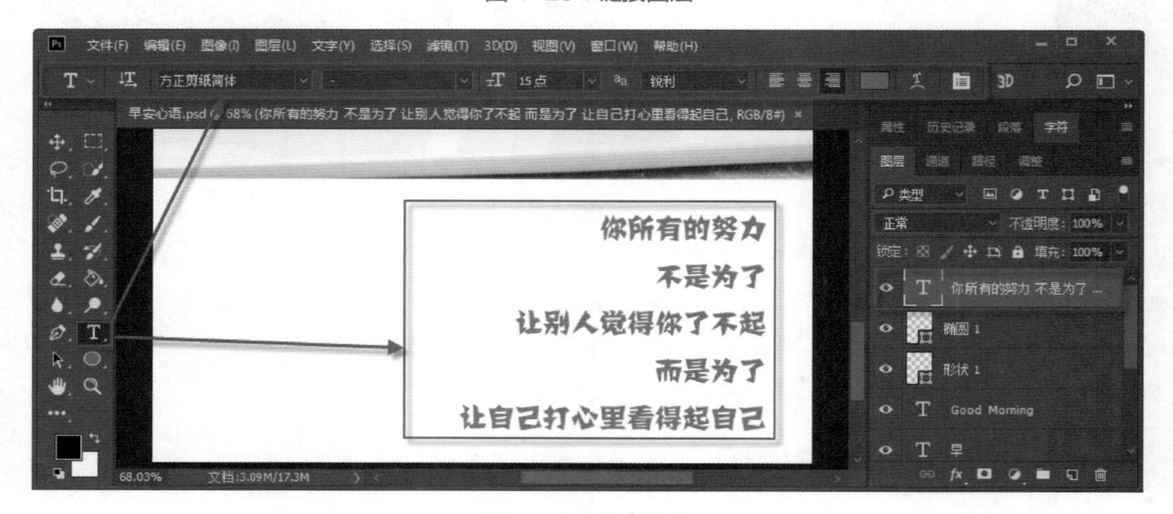

图 4-29　文字设置

3. 小满节气

对素材图片“杨梅背景 .jpg”进行水平翻转，并为其添加文字等效果，制作小满节气图，效果如图 4-30 所示。

图 4-30　小满节气

小满节气

（1）在 PS 中打开素材图片，然后先将文件另存为“小满节气 .psd”。

（2）执行菜单命令“图像”|“图像旋转”|“水平翻转画布”，完成杨梅背景的翻转。

（3）使用“直排文字工具”，在屏幕中输入文字“小满”。如图 4-31 所示，根据需要设置文字的字体、大小、颜色等。完成后，将文字摆放在屏幕左上侧。

图 4-31　文字设置

（4）取消选中文字“小满”。继续使用“直排文字工具”，输入文字“【每年 5 月 20 日到 22 日之间】”，如图 4–32 所示，根据需要设置文字的字体、大小、颜色等。完成后，将文字摆放在屏幕左侧。

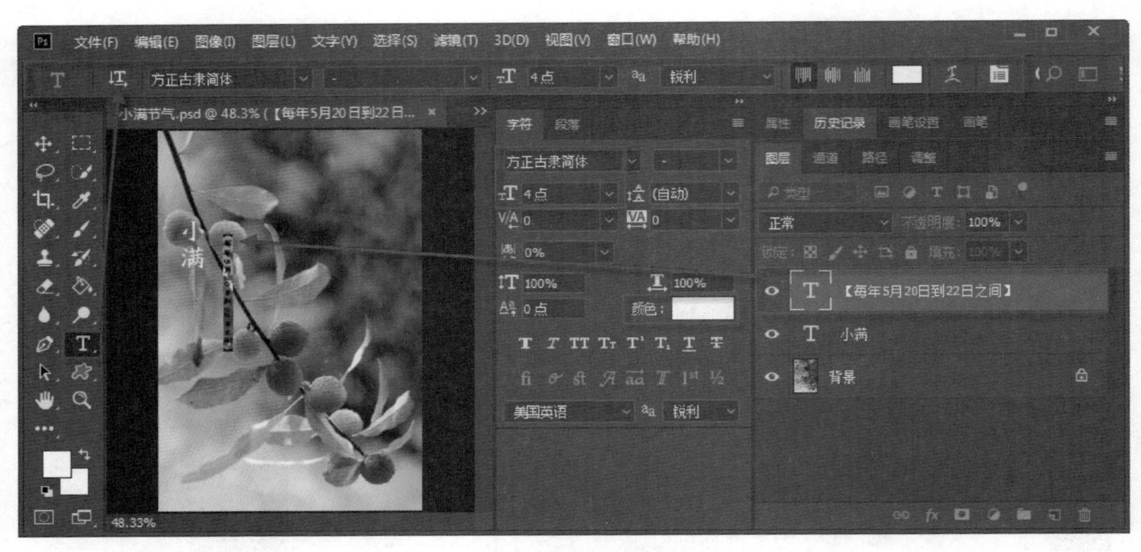

图 4–32 文字设置

（5）在“图层”面板中，将文字层“【每年 5 月 20 日到 22 日之间】”复制一层，将拷贝层中的文字，修改为“【小满者，物致于此小得盈满】”，将其位置向右下方微调。

（6）使用“横排文字工具”，输入文字“中国传统二十四节气”，如图 4–33 所示，根据需要设置文字的字体、大小、颜色、字距等。完成后，将文字摆放在屏幕上方。

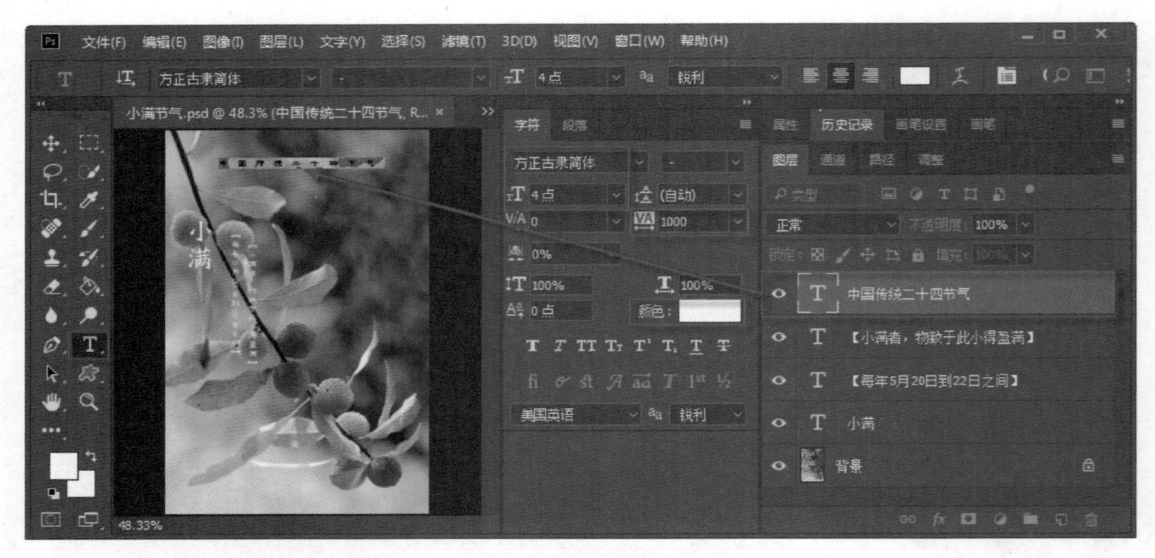

图 4–33 文字设置

（7）在工具箱中，选择“矩形工具”，如图 4–34 所示，在工具选项栏中将“选择工具模式”设置为“形状”，将“填充”设置为“白色”，将“描边”设置为“无”。在屏幕中绘制一个矩形，令其刚好能盖住文字“中国传统二十四节气”。在“图层”面板中，将“矩形 1”层，移动至文字层“中国传统二十四节气”的下面，作为文字的背景。然后，将“矩形 1”图层的透明度降低为“20%”，制作透明薄纱效果。

图 4-34　矩形设置

（8）精确定位“矩形 1”和“中国传统二十四节气”：在“图层”面板中，按住【Ctrl】键的同时单击这两层将其同时选中在工具选项栏中，单击“垂直居中对齐”按钮，让这两层在垂直方向居中对齐。然后，再同时选中“矩形 1”层、“中国传统二十四节气”层和“背景”层，在工具栏选项中单击“水平居中对齐”按钮，让这三层在水平方向居中对齐，如图 4-35 所示。

图 4-35　对齐图层

（9）绘制印章背景效果：在“图层”面板中，新建图层，并命名为“印章背景”。使用“画笔工具”，如图 4-36 所示，在“画笔”面板中选择需要的画笔样式，在“画笔设置”面板中设置画笔的笔尖形状、笔尖大小等参数。然后，在图层“印章背景”中绘制一个不规则形状的印章背景，令其刚刚盖过文字“小满”所在区域即可。

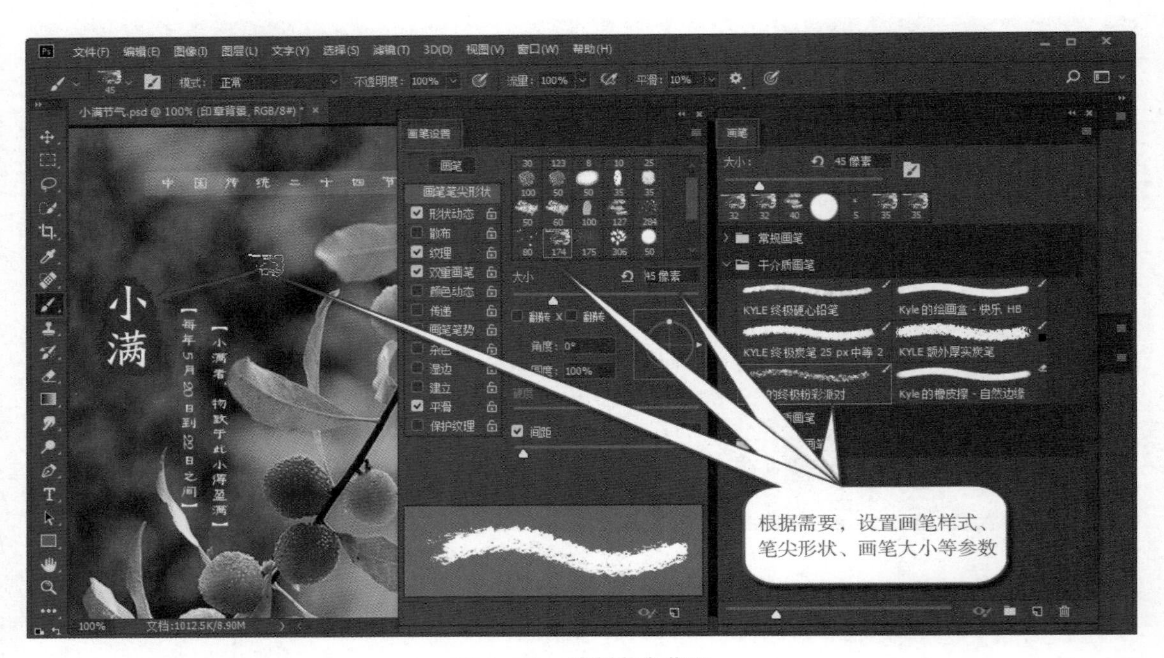

图 4-36　绘制印章背景

（10）最后，微调文字层及印章层的位置，直到满意为止。

（11）如果需要添加版权信息，可以用“横排文字工具”，输入作者信息或者公司版权等，如图 4-37 所示，调整文字的方向、字体、大小、颜色等，再根据构图需要，将其摆放在合适的位置。

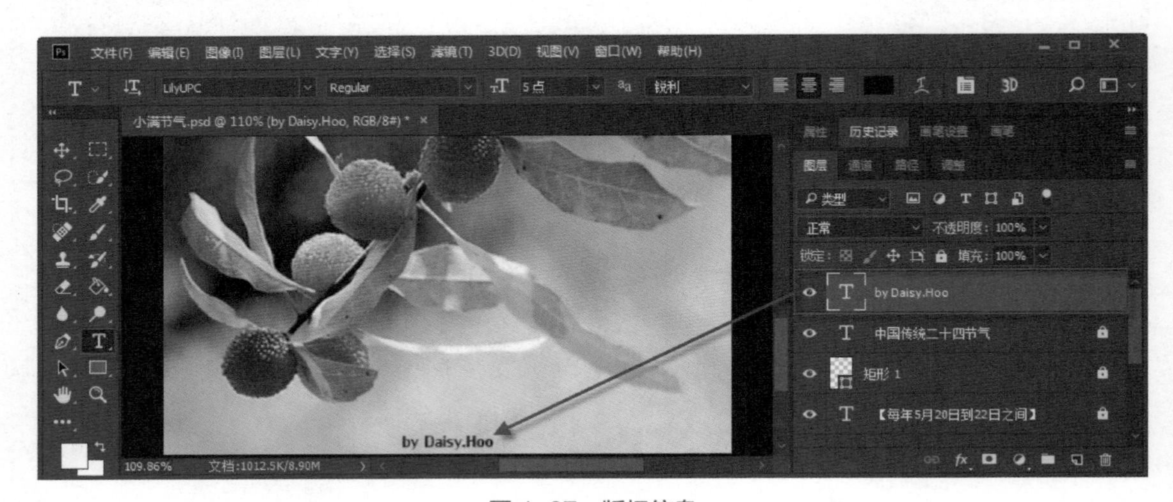

图 4-37　版权信息

（12）完成后，将文件另存成 JPEG 格式，并保存其 PSD 格式，以备将来再次编辑。

任务 2　路径操作

任务描述

本任务将学习路径相关的知识和工具，以及路径与文字的结合应用。

相关知识

1. 认识路径

如图 4-38 所示，路径可以表现为一个点、一条直线或者是一条曲线。一条完整的路径，是由锚点、控制句柄和路径线三部分组成。

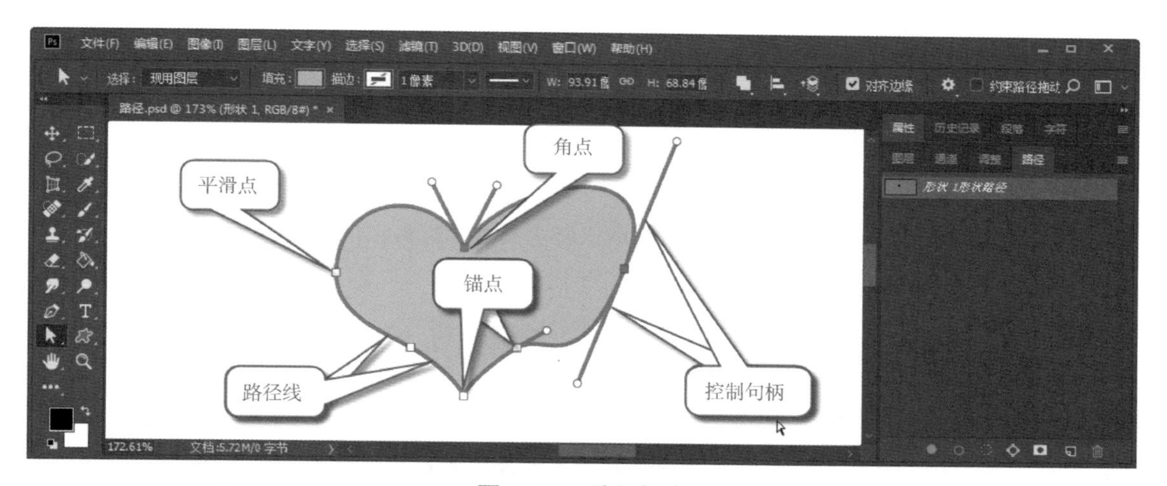

图 4-38　路径组成

锚点又可以分为平滑点和角点。平滑点连接形成平滑的曲线，角点连接形成尖角，二者可以互相转换。

控制句柄可以改变线段的曲率。当锚点间的线段曲率为 0 时，显示为直线。当锚点间的线段曲率不为 0 时，显示为曲线，改变锚点两侧控制句柄的旋转角度及长度，可以改变线段的曲率。

路径是一种矢量图形，它不属于图像范围（打印的时候看不到）。可以把路径理解为一种“辅助工具”。建立路径后，可以对其描边，也可以制作路径绕排文字或异形文本块。闭合路径与选区之间可以互相转换。

2. 钢笔工具

图 4-39 所示为工具箱中的“路径工具组”，可以用来绘制路径、添加锚点、删除锚点、转换锚点类

型。其工具选项栏的参数与“形状工具”类似。

图 4-39 路径工具组

“钢笔工具”是最常用的路径工具，用它可以创建各种路径。用“钢笔工具”直接在画布上不同位置处单击，即可创建锚点间的直线路径。而用“钢笔工具”在添加新锚点时，按住鼠标左键向某个方向拖动，即可创建曲线路径。

“自由钢笔工具”类似于真实的钢笔工具，允许在单击并拖动鼠标时创建路径。

“添加锚点工具”可以给已有的路径添加锚点。

“删除锚点工具”能够从路径中删除锚点。

“转换点工具”用于转换锚点类型，可将平滑点转为角点，也可以把角点转为平滑点。

“弯度钢笔工具”可以轻松创建曲线和直线段，无须切换工具可直接对路径进行切换、编辑、添加或删除平滑点及角点等操作。

3. 路径选择工具

图 4-40 所示为工具箱中的“路径选择工具组”，可用来移动路径、编辑路径。

图 4-40 路径选择工具组

使用“路径选择工具”可以选中整条路径，可以对其进行移动、自由变换等操作。

使用“直接选择工具”可以选中路径中的一个锚点或多个锚点，可以拖动鼠标移动锚点的位置，也可以选中某个锚点的控制句柄，拖动鼠标改变其曲率。

4. 路径相关操作

如图 4-41 所示，在“路径”面板中可以执行路径相关的各种操作：新建路径、删除路径、填充路径、描边路径、将路径与选区互相转换等。

新建路径：在“路径”面板中单击“新建路径”按钮，用“钢笔工具”或“弯度钢笔工具”等，在文档窗口中绘制路径即可。

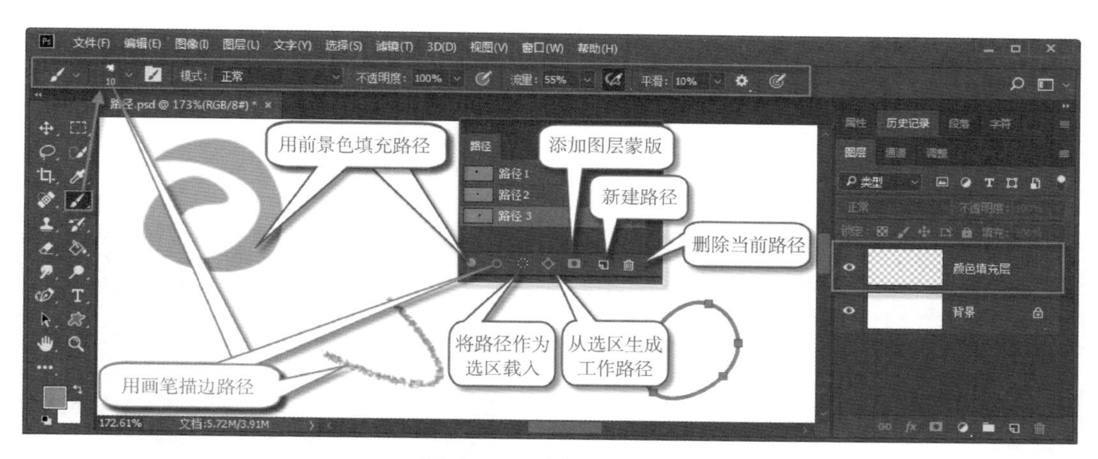

图 4-41　路径相关操作

删除路径：在“路径”面板中选择需要删除的路径，单击“删除当前路径”按钮即可将其删除。

填充路径：在“图层”面板中选择某个图层，将前景色设置为需要的颜色，在“路径”面板中选择需要设置的路径，单击“用前景色填充路径”按钮，即可在相应的图层中用前景色填充路径区域。

描边路径：设置好画笔参数，在“图层”面板中选择某个图层，将前景色设置为需要的颜色，在“路径”面板中选择需要设置的路径，单击“用画笔描边路径”按钮，即可在相应的图层中用设置好的画笔样式描边路径。

路径与选区相互转换：在“路径”面板中选择某个路径，单击“将路径作为选区载入”按钮，即可将该路径转换为选区（如果是非闭合路径，转换时会自动将起点和终点相连，形成闭合选区）。而在带有选区的情况下，单击“从选区生成工作路径”按钮即可将选区转换为工作路径。

5. 路径与文字的结合

（1）路径绕排文字：在选中路径的情况下，使用“文字工具”，将光标放在路径上，如图 4-42 所示，当光标变成带流线型标志时，输入文字，即可制作路径绕排文字效果。路径起点处，显示为小叉标志。路径结尾处，显示为小圆圈标志。当文字数量超出路径显示范围后，路径末端的小圆圈中间会出现十字心。如果想在路径上移动文字或者翻转文字方向，可以使用“路径选择工具”，将其放在绕排路径的文字上，当光标变成黑色小箭头时，拖动文字即可移动或翻转。如果更改路径形状，其文字绕排的走势也会随之改变。

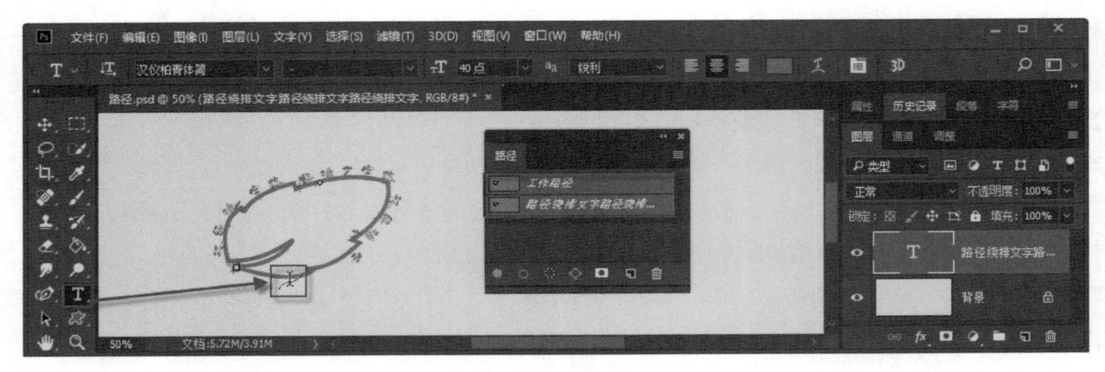

图 4-42 路径绕排文字

（2）异形文本区块：在选中闭合路径的情况下，使用“文字工具”，将光标放在路径内部，如图 4-43 所示，当光标变成带圆圈型标志时，输入文字，即可制作异形文本区块效果。如果更改路径形状，其内部文本区块的形状也会随之改变。

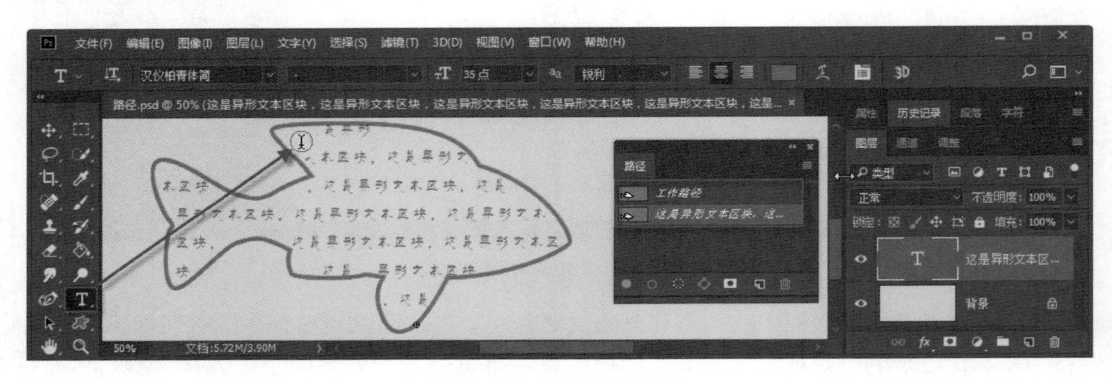

图 4-43 异形文本区块

（3）改变文字形状：如图 4-44 所示，使用“文字工具”输入文字后，如果想改变文字形状，首先在“图层”面板中右击文字层的名称处，在弹出的快捷菜单中选择“转换为形状”命令将文字转换为形状。然后选中这个文字拷贝层，使用“直接选择工具”，选择文字路径中的某个锚点，改变锚点的位置或曲率等属性，即可修改文字形状。

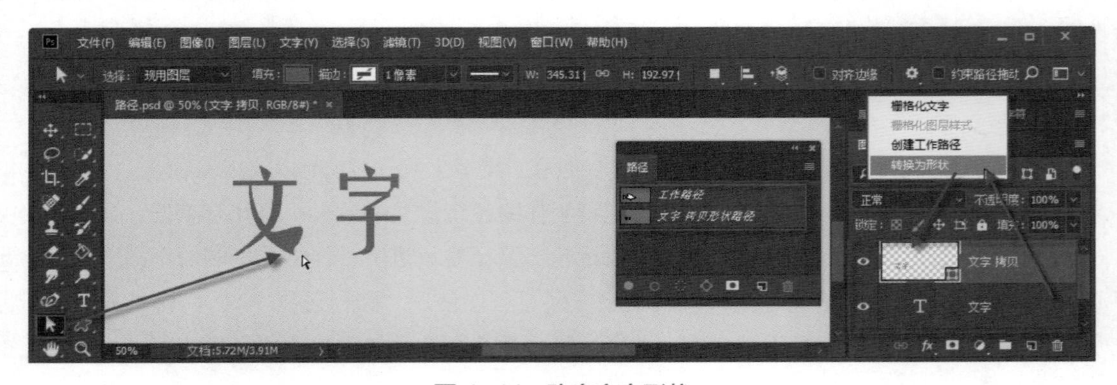

图 4-44 改变文字形状

任务实施

路径绕排文字

1. 路径绕排文字

在素材图片“爱情 .jpg”中，制作桃心形状的路径绕排文字效果，如图 4–45 所示。

图 4–45　路径绕排文字

（1）在 PS 中打开素材图片，然后将文件另存为“路径绕排文字 .psd”。

（2）如图 4–46 所示，使用“快速选择工具”，将其中一个大桃心选取出来。执行菜单命令“选择”|“修改”|“扩展”，将选区向外扩展 3 像素，以防止文字与桃心靠得太近。

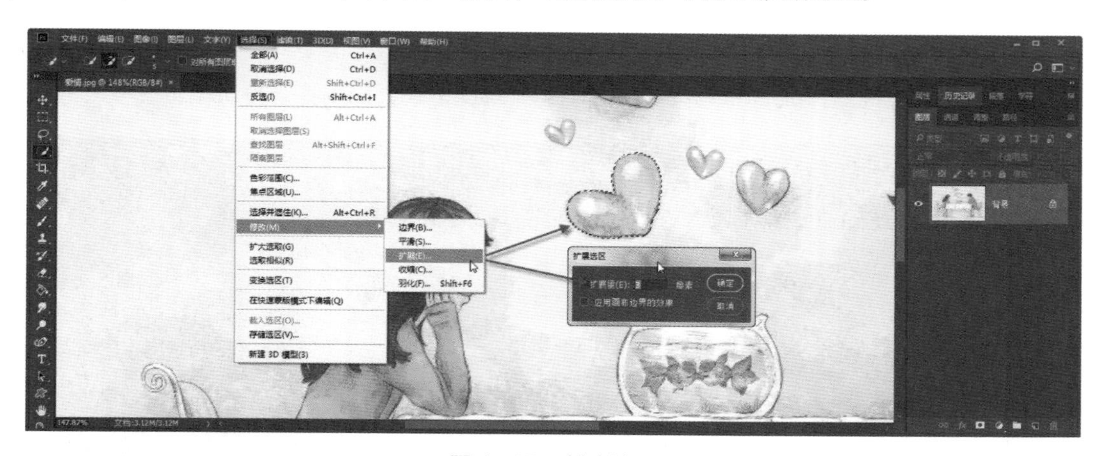

图 4–46　创建选区

（3）在带有选区的情况下，在“路径”面板中，单击“从选区生成工作路径”按钮，将选区转换为工作路径。使用“文字工具”，将文字颜色设置为女孩衣服的橙红色。然后将光标放在该路径上，如图 4–47 所示，当光标变成带流线型标志时，输入文字，即可制作路径绕排文字效果。完成后，根据需要调整文字的字体、大小等属性。如果对文字绕排的位置不满意，可以使用“路径选择工具”，将其放在绕排路径的文字上，当光标变成黑色小箭头时，拖动文字即可对文字进行移动或翻转操作，直到满意为止。

图 4-47　制作路径绕排文字

（4）完成后，将文件另存成 JPEG 格式，并保存其 PSD 格式，以备将来再次编辑。

异形文本区块

2. 异形文本区块

在素材图片“指甲油 .jpg”中，制作指甲油形状的异形文本区块效果，如图 4–48 所示。

（1）在 PS 中打开素材图片，然后将文件另存为“异形文本区块 .psd”。

（2）如图 4–49 所示，使用“快速选择工具”将水滴形指甲油区域选取出来。在带有选区的情况下，在“路径”面板中单击“从选区生成工作路径”按钮将选区转换为工作路径。

（3）使用“文字工具”，将文字颜色设置为指甲油瓶盖的金黄色。然后将光标放在该路径内部，如图 4–50 所示，当光标变成带圆圈型标志时，输入文字，即可制作异形文本区块效果。完成后，根据需要调整文字的字体、大小、对齐方式等属性。

（4）完成后，将文件另存成 JPEG 格式，并保存其 PSD 格式，以备将来再次编辑。

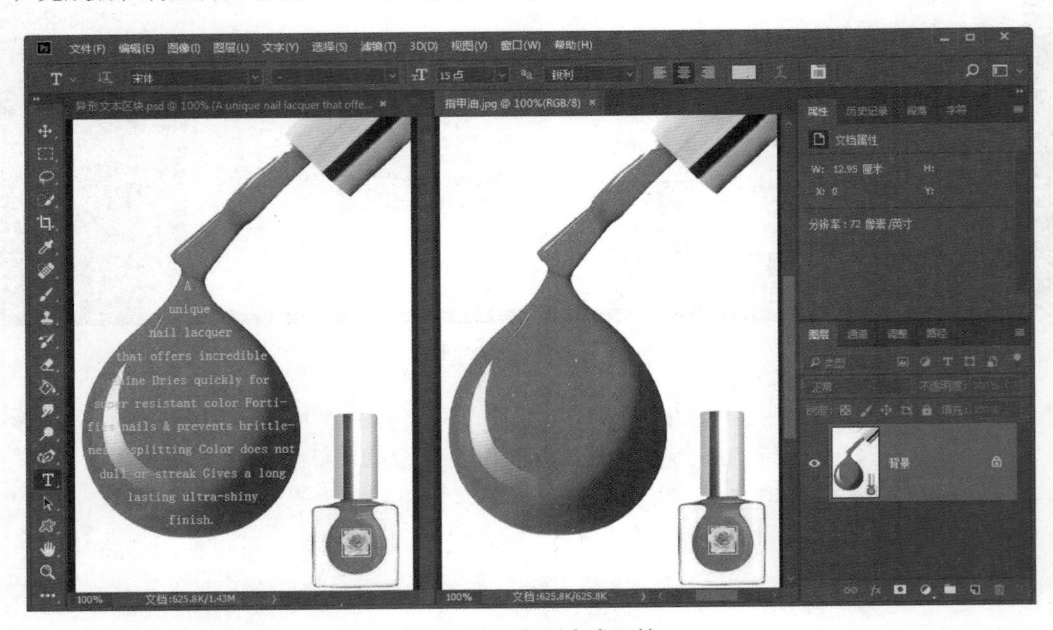

图 4–48　异形文本区块

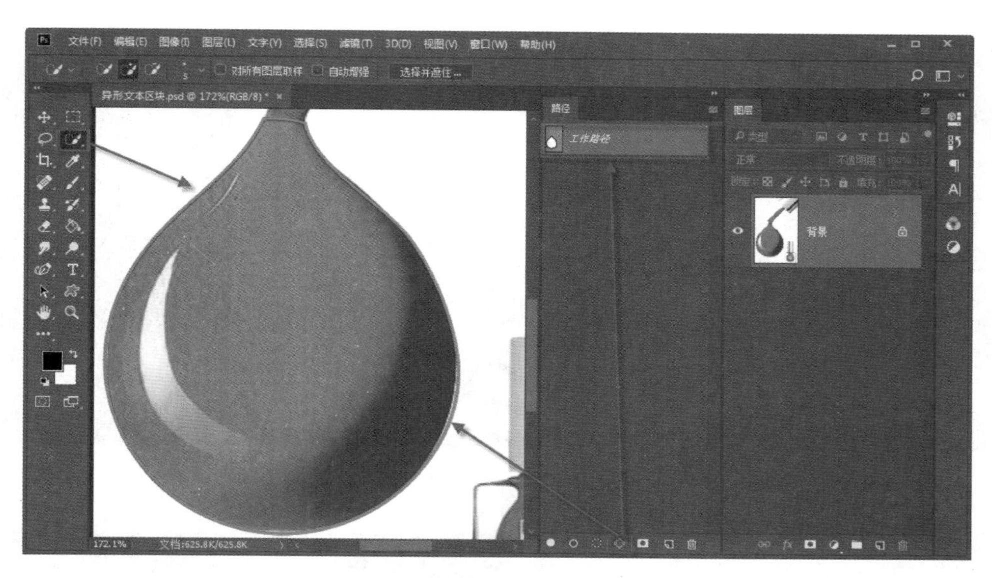

图 4-49 选区转换为路径

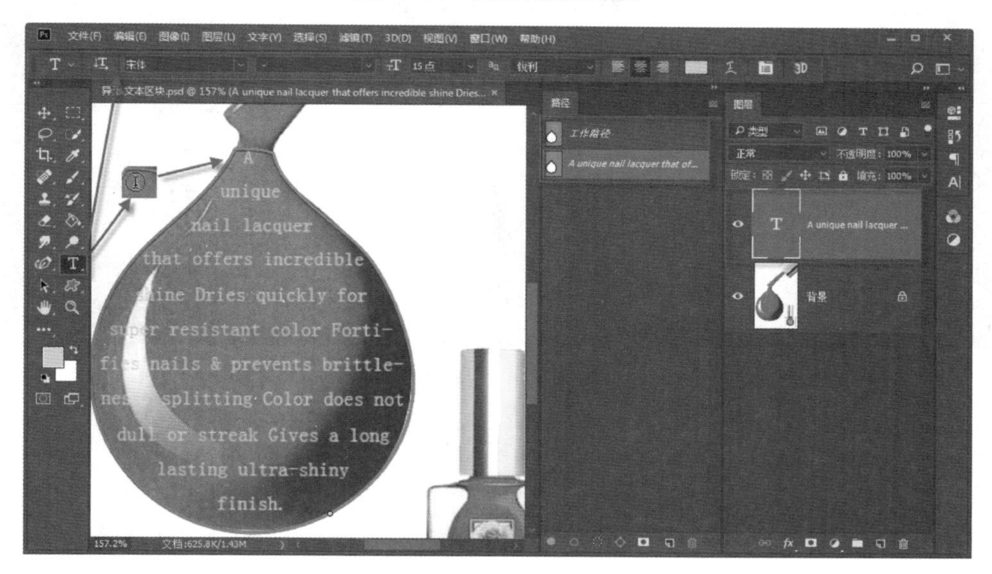

图 4-50 制作异形文本区块

3. 改变文字形状

新建文件，输入文字，并进行相关操作，改变文字形状，效果如图 4-51 所示。

（1）在 PS 中新建 1 000 × 600 像素的图像文件，将文件另存为“改变文字形状 .psd”。

（2）在工具箱中，选择“横排文字工具”，将字体设置为：华文行楷，300 点，某种彩色。使用“文字工具”输入文字“梦”。然后再使用“文字工具”输入文字“想”，将其放置在文字“梦”的右下角，令二者笔画自然连接，效果如图 4-52 所示。

（3）将文字层“梦”和“想”，都拷贝一层，得到“梦 拷贝”层和“想 拷贝”层。将原始文字层“梦”和“想”隐藏，以备出错时使用。

图 4-51　改变文字形状

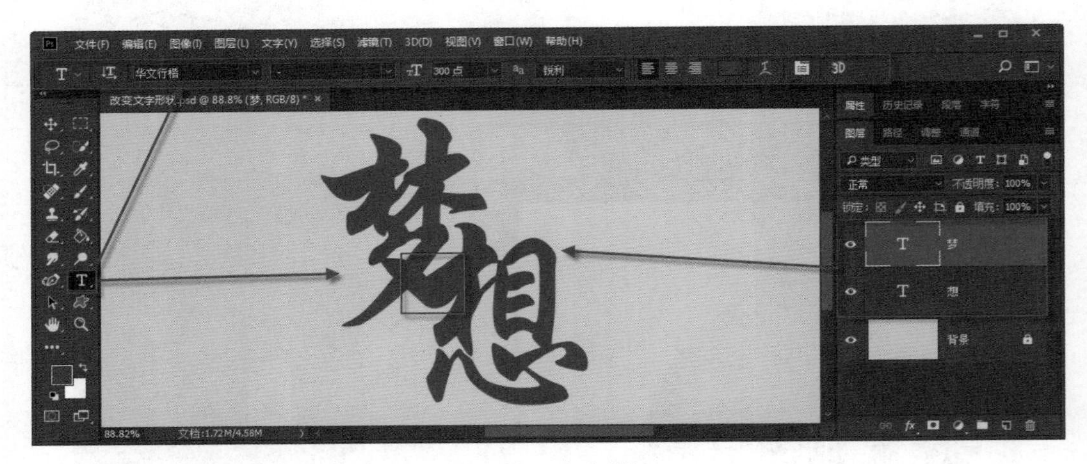

图 4-52　文字摆放

（4）在“图层”面板中右击“梦 拷贝”层的名称处，将其“转换为形状”。同样的，将“想 拷贝”层也转换为形状。

（5）选中“梦 拷贝”层，使用“直接选择工具”修改文字路径中的最下面几个锚点的位置及曲率，将“梦”的下面变成人鱼尾巴形状，如图 4–53 所示。

（6）使用“自定义形状工具”，在其中找到图形“花形装饰 3”，按住【Shift】键，在窗口中绘制一朵花，如图 4–54 所示，调整花的大小、颜色、角度、位置等，让花与文字“梦”的起始位置处能够自然交汇。将该形状层重命名为“左侧花朵”。

（7）使用“自定义形状工具”，在其中找到图形“叶形装饰 2”，按住【Shift】键，在窗口中绘制一片合适大小的叶子。如图 4–55 所示，使用“直接选择工具”，圈选“想”右侧多余的锚点，将其删除，操作过程中还可以使用“删除锚点工具”单个选中并删除不需要的锚点，也可以使用“直接选择工具”调整剩余接口处的锚点位置和曲率等，直到满意。同样的，删除叶子形状中左侧多余的部分。然后调整好叶子的位置，令二者能够自然交汇。

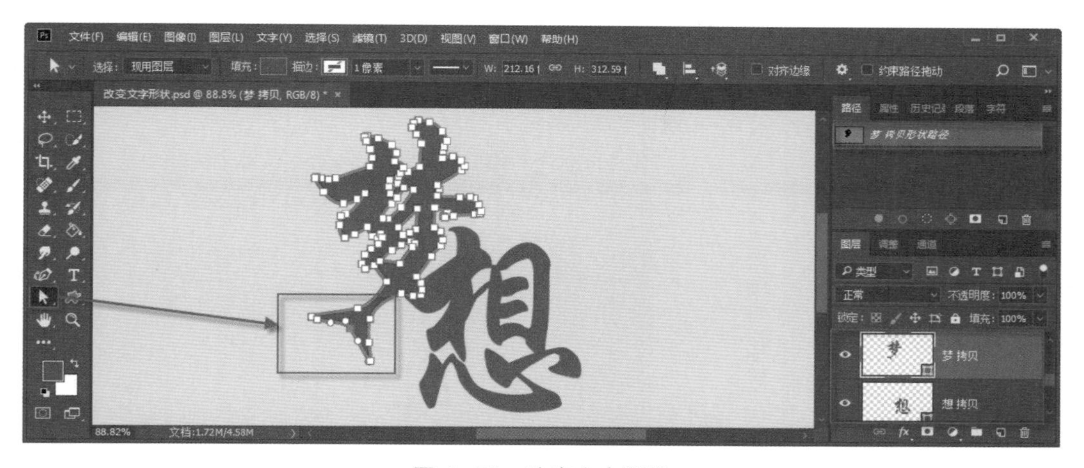

图 4-53　改变文字形状

图 4-54　左侧花朵

图 4-55　右侧叶子

（8）完成后，将文件另存成 JPEG 格式，并保存其 PSD 格式，以备将来再次编辑。

第5章 Photoshop蒙版融合图像

网上经常能够看到一些很奇特的图片，如不同事物组合形成的奇怪新物种，不同景象融合成的新画面，同一场景中人或物的多个分身，特殊形状内的图像效果等。这些效果都可以用PS蒙版实现。蒙版是Photoshop中最经典、最实用也最神奇的技术，通过它可以实现图片的无缝拼接。蒙版技术有很多种，本章主要学习最常用的图层蒙版和剪贴蒙版。

任务 1 图层蒙版

任务描述

本任务将学习蒙版技术中最简单易学且应用最为广泛的图层蒙版。

相关知识

1. 认识图层蒙版

图层蒙版可以实现图像间的无缝拼接，而且它是一种无损修图技术，不需要破坏原图，只需要修改蒙版中的涂色效果，即可呈现图片间的不同融合效果。

图层蒙版，可以理解为是蒙在当前图层上的一片透明玻璃。它的作用是用来控制当前图层中部分图像的显示或者隐藏。如果在这片玻璃上涂抹不同的颜色，图像之间的融合效果就会不同。根据玻璃片上涂抹颜色的不同，图层蒙版可以分为三种：

（1）黑蒙版：如图 5-1 所示，如果将玻璃片涂抹成黑色，那么它就是一个黑蒙版，相应地，当前图层的这部分画面就会完全隐藏。

图 5-1 黑蒙版

（2）白蒙版：如图 5-2 所示，如果将玻璃片涂抹成白色，那么它就是一个白蒙版，相应地，当前图层的这部分画面能够完全显示。

图 5-2　白蒙版

（3）灰蒙版：如图 5-3 所示，如果将玻璃片涂抹成灰色，那么它就是一个灰蒙版，相应地，当前图层的这部分画面就会若隐若现，变成半透明状态。灰色越深，画面越接近透明不可见状态。

图 5-3　灰蒙版

注意：蒙版中没有彩色，只有黑色、白色和各种级别的灰色。

2. 图层蒙版的操作

（1）创建图层蒙版：

如图 5-4 所示，单击“图层”面板中的“添加图层蒙版”按钮，可以给图层添加一个纯白色的图层蒙版，当前图层完全显示。如果按住【Alt】键的同时单击“添加图层蒙版”按钮，就可以给图层添加一个纯黑色蒙版，当前图层完全隐藏。

图 5-4　创建纯黑纯白图层蒙版

如图 5-5 所示，在带有选区的情况下，直接单击“图层”面板中的“添加图层蒙版”按钮，可以给图层添加一个图层蒙版，令选区内图像显示，其他区域图像隐藏。在带有选区的情况下，如果按住【Alt】键的同时单击“添加图层蒙版”按钮，可以给图层添加一个图层蒙版，令选区内图像隐藏，而其他区域图像显示。

图 5-5　创建带选区的图层蒙版

（2）激活图层蒙版：

如图 5-6 所示，查看“图层”面板中“图层缩览图”和“图层蒙版缩览图”的外边缘，谁的外侧显示白色边框，就说明谁是被激活状态。只有蒙版被激活了，才能在其内部进行编辑操作，否则只是在图层内部操作，而不是针对蒙版操作。

图 5-6 激活图层蒙版

（3）涂抹修改图层蒙版：

在“图层”面板中，首先激活图层蒙版，然后使用“画笔工具”“油漆桶工具”或“渐变工具”等在蒙版中进行颜色涂抹，制作图像的无缝拼接效果，其中“画笔工具”最灵活，可以根据需要随意涂抹。

注意： 图层蒙版中只能出现黑白灰三种颜色，如果发现涂的颜色是彩色的，说明没有激活图层蒙版，而是在图层中操作了。

图层蒙版只能作用于当前图层及其下面的各个图层，对其上面的图层不起作用，也就是说，如果想要让两个图层中的图像实现无缝拼接，就必须在上面的这个图层添加图层蒙版。如果多个图层都添加了蒙版效果，则可以实现多层图像的无缝拼接。如图 5-7 所示，图层蒙版是添加在“饮品”层上，因此，“饮品”层就是当前图层，而“香菇”层在其下方。观察蒙版及图像效果，可以看到：蒙版中的纯黑色区域会完全隐藏当前“饮品”层中的画面，从而显示下层的“香菇”图像。而蒙版中的纯白色区域，则完全显示“饮品”效果，看不到“香菇”。蒙版中的灰色区域使“饮品”层画面若隐若现，实现两层图像间的无缝拼接效果。

（4）停用 / 启用图层蒙版：

如果想查看图像原始效果，又不想删除图层蒙版，就可以临时停用图层蒙版，等需要时再启用图层蒙版即可。

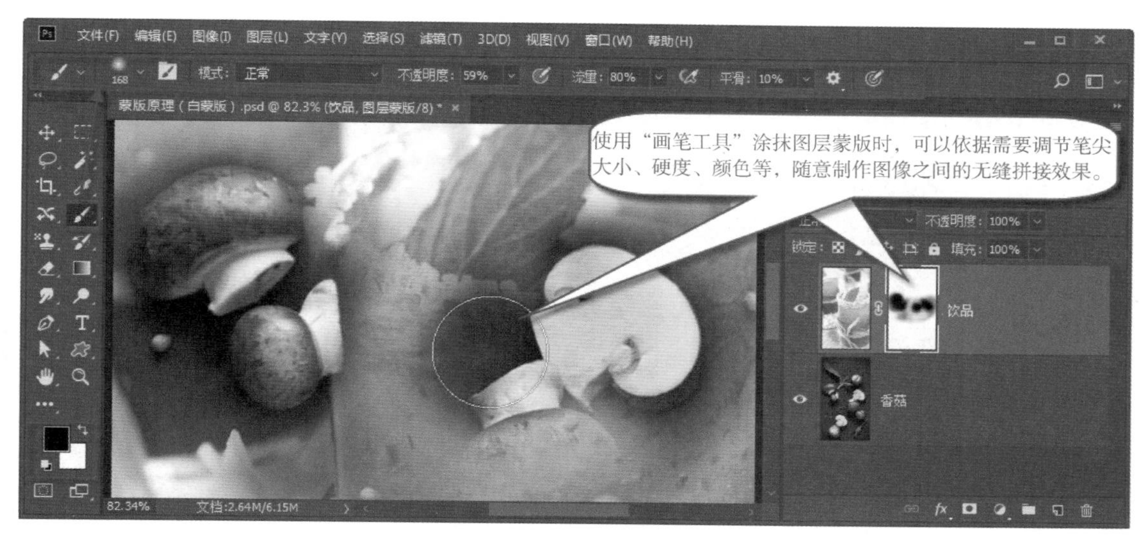

图 5-7 对蒙版进行涂抹修改

在“图层”面板中右击“图层蒙版缩览图”，如图 5-8 所示，在弹出的快捷菜单中选择“停用图层蒙版”命令，即可将蒙版效果暂时隐藏，显示出原始图像效果，而“图层蒙版缩览图”中会显示一个“X”标志。等需要时，再右击“图层蒙版缩览图”，在弹出的快捷菜单中选择“启用图层蒙版”命令即可。

图 5-8 停用 / 启用图层蒙版

（5）删除图层蒙版：

如果彻底不需要图层蒙版了，就可以将其删除。在“图层”面板中，右击“图层蒙版缩览图”，在弹出的快捷菜单中选择“删除图层蒙版”命令即可，如图 5-9 所示。

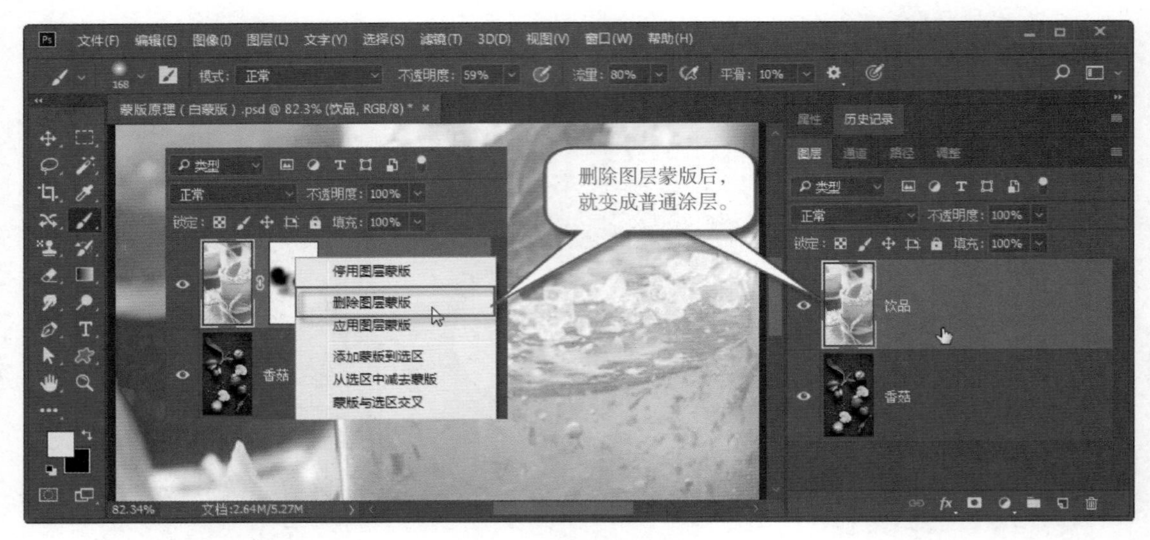

图 5-9 删除图层蒙版

美女骆驼

任务实施

1. 美女骆驼

找到素材图片“美女 .jpg”和“骆驼 .jpg”，使用图层蒙版技术结合“渐变工具”，制作美女骆驼的无缝拼接，效果如图 5-10 所示。

图 5-10 美女骆驼

（1）在 PS 中打开这两张素材图片。

（2）使用“移动工具”，按住【Shift】键的同时将其中一张图片以中心对齐的方式移动至另一个图片文件中，并将这个新文件另存为“美女骆驼 .psd”。

（3）单击“图层”面板中的“添加图层蒙版”按钮，给上面的图层，创建图层蒙版。

（4）如图 5-11 所示，使用“渐变工具”，设置一个由黑到白的渐变效果，然后选择“线性渐变”

模式，在画面中部，斜向拖动鼠标，制作黑白渐变效果。

图 5-11 制作渐变蒙版

（5）如图 5-12 所示，当前效果是骆驼层在上面，美女层在下面，所以图层蒙版建在上面的骆驼层。对蒙版来说，骆驼层就是当前图层。图层蒙版的左上方是白色，相应地，此处会完全显示骆驼层图像。图层蒙版的中间部分是渐变灰色，相应地，骆驼层呈现半透明状态，上下两层图像间实现无缝拼接效果。图层蒙版的右下方是黑色，相应地，此处骆驼层图像被完全隐藏，因此美女层图像显露出来。

注意：截图效果是骆驼层在上，如果实际制作过程中两个图层位置互换，那么蒙版中的黑白区域也要互换，才能出现类似效果。

图 5-12 蒙版效果

（6）完成后，将文件另存成 JPEG 格式，并保存其 PSD 格式，以备将来再次编辑。

榴心苹果

2. 榴心苹果

找到素材图片“苹果.jpg”和“石榴.jpg”，使用图层蒙版技术结合“画笔工具”，制作二者的无缝拼接，效果如图 5-13 所示。

图 5-13　榴心苹果

（1）在 PS 中打开这两张素材图片。

（2）使用“移动工具”将“石榴.jpg”移动至“苹果.jpg”文件中去，并将这个新文件另存为“榴心苹果.psd”。

（3）降低石榴层的不透明度，令其能够透出下层的苹果，以便调整大小位置。

（4）使用快捷键【Ctrl+T】对石榴进行自由变换，如图 5-14 所示，调整石榴的大小、角度，令其比切开的苹果稍小一点即可，摆放好位置。完成后，确认变形。

图 5-14　调整石榴的大小、角度、位置

（5）将石榴层的不透明度改为“100%”。

（6）按住【Alt】键的同时单击“图层”面板中的“添加图层蒙版”按钮，给石榴层添加一个纯黑色蒙版，如图 5-15 所示，当前石榴层完全隐藏。

图 5-15　添加纯黑色蒙版

（7）如图 5-16 所示，使用“画笔工具”，将“前景色”设置为白色，调整画笔的笔尖大小、硬度等参数，在蒙版中进行涂抹，让石榴心部分显示出来。如果涂抹过程中，出现误操作，可以将“前景色”换回黑色，再涂抹回去即可。反复操作，直至满意。

图 5-16　画笔涂抹蒙版

（8）完成后，将文件另存成 JPEG 格式，并保存其 PSD 格式，以备将来再次编辑。

3. 建筑清场

找到素材图片“建筑 1.jpg”“建筑 2.jpg”“建筑 3.jpg”，使用图层蒙版技术结合“画笔工具”，尽可能地清除游客人群，实现清场效果，如图 5-17 所示。

图 5-17 建筑清场

建筑清场

（1）在 PS 中打开所有素材图片。

（2）使用“移动工具”，按住【Shift】键的同时分别将“建筑 1.jpg”和“建筑 2.jpg”，以中心对齐方式移动至“建筑 3.jpg”中去。并分别给这三个图层命名为“建筑 1”“建筑 2”“建筑 3”。将这个新文件另存为“建筑清场 .psd”。

（3）如图 5-18 所示，查看三张图片中游客数量分布，可以看到“建筑 3”是中间门洞游客最少，外场游客很多。“建筑 2”是左右两侧门洞游客最少，外场游客也不多。“建筑 1”是外场游客最少。按照游客数量由少到多，将图层“建筑 1”放在最上面，“建筑 2”放在中间层，“建筑 3”放在底层。

图 5-18 游客数量分布

（4）在“图层”面板中，将三个建筑层同时选中，在工具箱中选择“移动工具”，如图 5-19 所示，这时工具选项栏中就会显示图层对齐的各个按钮。单击“自动对齐图层”按钮，在弹出的对话框中选择“透视”，让三张图片以透视方式对齐。

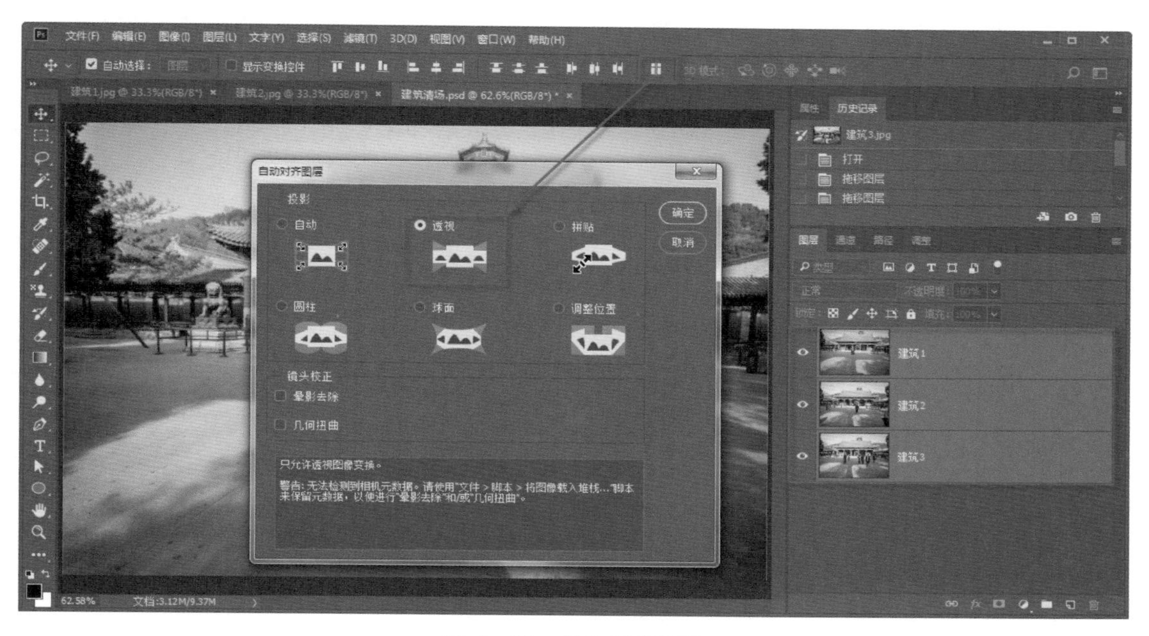

图 5-19　自动对齐图层

（5）使用“裁剪工具”按照原始比例进行裁剪，如图 5-20 所示，去掉四周边缘空白处，保留中间建筑部分。

图 5-20　裁剪图像

（6）如图 5–21 所示，给图层“建筑 1”创建图层蒙版，使用“画笔工具”，将“前景色”设置为黑色，调整画笔的笔尖大小、硬度等参数，首先用画笔涂抹蒙版中外场的几个游客处，让“建筑 1”中的游客隐藏，从而显露出“建筑 2”层的景物。然后再用画笔涂抹蒙版中左右门洞处，让“建筑 1”中的游客隐藏，显露出“建筑 2”层的空门洞。如果涂抹过程中，出现误操作，可以再反色涂抹回去即可。反复操作，直至满意。

图 5–21 蒙版操作—“建筑 2”层

（7）现在只剩下中间门洞没有处理。只有图层“建筑 3”中的这个门洞游客比较少。如图 5–22 所示，首先将图层“建筑 1”隐藏。然后给图层“建筑 2”创建图层蒙版，用画笔涂抹蒙版的中间门洞处，让“建筑 2”中此处的游客隐藏，从而显露出“建筑 3”层的门洞。如果涂抹过程中出现误操作，可以再反色涂回去，直至满意。

图 5–22 蒙版操作—“建筑 3”层

（8）将图层“建筑 1”重新显示。然后在图层“建筑 1”的蒙版中继续用画笔涂抹中间门洞处，让“建筑 1”中此处的游客隐藏，从而显露出“建筑 3”层的门洞。

（9）完成后，将文件另存成 JPEG 格式，并保存其 PSD 格式，以备将来再次编辑。

4. 人物分身

找到素材图片“人物 1.jpg”“人物 2.jpg”“人物 3.jpg”“人物 4.jpg”“人物 5.jpg”，使用图层蒙版技术结合“画笔工具”，实现同场景人物分身效果，如图 5-23 所示。

图 5-23　人物分身

（1）在 PS 中打开所有素材图片。

（2）使用“移动工具”，按住【Shift】键的同时分别将图片“人物 2.jpg”“人物 3.jpg”“人物 4.jpg”“人物 5.jpg”，按中心对齐方式移动至“人物 1.jpg”中去，并将这些图层也命名为“人物 1”“人物 2”“人物 3”“人物 4”“人物 5”。将这个新文件另存为“人物分身 .psd”。

（3）由于这几张照片在拍摄时，位置和角度差异比较大，尝试使用“自动对齐图层”，但效果并不理想，因此放弃此方法。在后续操作中，直接采用手动对齐即可。

（4）如图 5-24 所示，首先将上面三个图层隐藏，只显示图层“人物 1”和“人物 2”。在图层“人物 2”中，使用“快速选择工具”，调整画笔大小、硬度等参数，在人物身上拖动鼠标制作选区，根据需要增减选区，将人物选出。

（5）在带有选区的情况下，单击“图层”面板中的“添加图层蒙版”按钮，给图层添加图层蒙版，令图层“人物 2”中其他区域隐藏，只显示人物。如图 5-25 所示，可以看到，人物比较靠左上方。首先，将人物向右下方移动，令其贴到墙上，而且要对齐光影位置。然后，调整画笔参数，使用画笔涂抹蒙版（快捷键【X】可以快速切换前景色和背景色），将胳膊肘及椅背区域进行修整，令两层图像能够自然拼接，尽量逼真。

图 5-24　制作选区

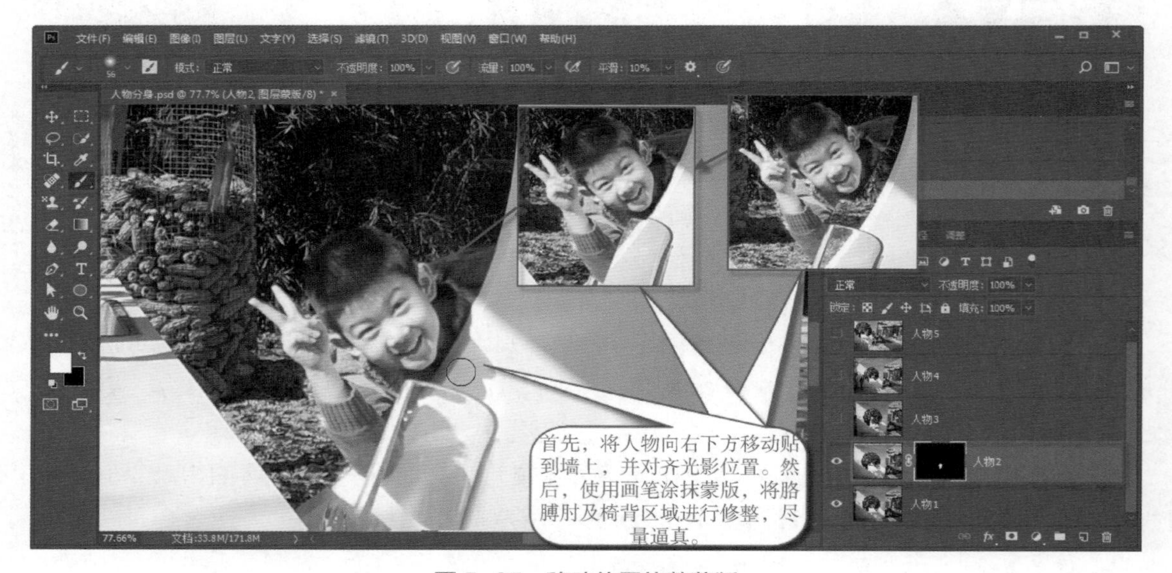

图 5-25　移动位置修整蒙版

（6）显示图层“人物 3”。同样的，使用“快速选择工具”制作人物选区。然后在带有选区的情况下，添加图层蒙版。如图 5-26 所示，摆放好人物位置，对齐桌缝。此处腿会挡住右侧人物的手，使用画笔在蒙版中涂抹，将腿隐藏只保留一小部分，腿部边缘处放在后面的阴影处，这样不容易看出破绽。另外，在蒙版中，把上面手部和灯笼区域周边进行修整，令其更加逼真。

（7）显示图层“人物 4”。用同样的方法，制作图层“人物 4”的效果。如图 5-27 所示，由于拍摄位置差异较大，两张图片的胳膊处光影不能完全对齐，尽量调整看不出破绽即可。另外，脚部周围的地和墙颜色有变化，注意细致调整一下，尽量逼真。

图 5-26　人物 3 效果

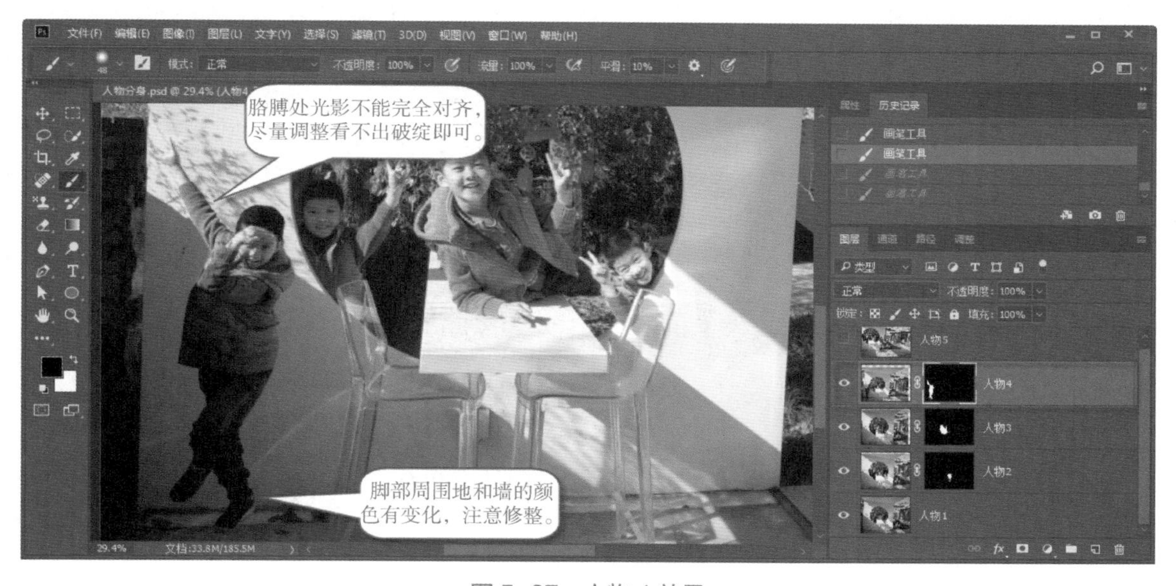

图 5-27　人物 4 效果

（8）显示图层“人物 5”。用同样的方法，制作图层“人物 5”的效果。如图 5-28 所示，这张照片位置差异最大，调整位置时，尽量对齐衣服及大腿处的光影。另外，脚部周围依然需要细致调整一下。

（9）使用“裁剪工具”，如图 5-29 所示，按照原始比例，稍微旋转一点角度，让左侧墙呈垂直状态，将右上角图像去掉一小部分，对画面进行裁剪。

（10）完成后，将文件另存成 JPEG 格式，并保存其 PSD 格式，以备将来再次编辑。

图 5-28 人物 5 效果

图 5-29 画面裁剪

任务 2 剪贴蒙版

任务描述

本任务将学习剪贴蒙版相关技术。

相关知识

1. 认识剪贴蒙版

剪贴蒙版是通过下面图层中的形状，来限制上面图层中图像的显示状态，达到一种剪贴画的效果。

2. 剪贴蒙版的操作

（1）创建剪贴蒙版：按住【Alt】键，将光标放在两个图层之间，当光标变形时单击，即可让上层图像显示在下层形状中，如图 5–30 所示。

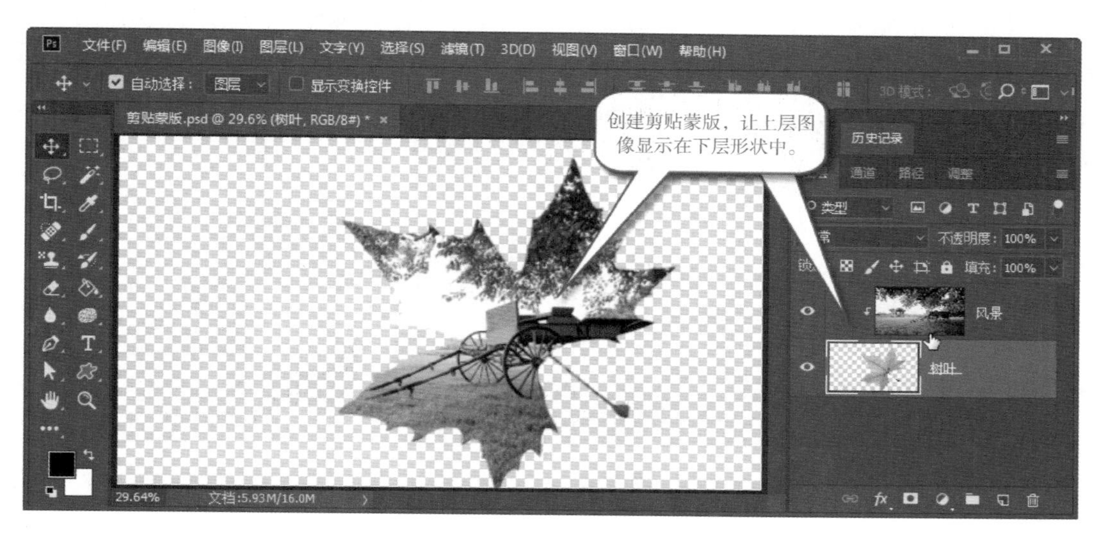

图 5–30 创建剪贴蒙版

（2）如果在下面还有其他普通图层，那么如图 5–31 所示，形状以外的空白区域，会正常显示下层图像。

图 5–31 形状外图像显示

（3）释放剪贴蒙版：按住【Alt】键，将光标放在两个图层之间，当光标变形时单击，即可释放剪贴蒙版，变回普通图层效果。

星云麋鹿

任务实施

1. 星云麋鹿

找到素材图片“星云 .jpg”“麋鹿 .jpg”“背景 .jpg”，使用剪贴蒙版技术，制作星云麋鹿效果，如图 5-32 所示。

图 5-32 星云麋鹿

（1）在 PS 中打开所有素材图片。

（2）使用“移动工具”分别将“星云 .jpg”和“麋鹿 .jpg”移动至“背景 .jpg”文件中去，并分别将这两个图层命名为“星云”和“麋鹿”。将这个新文件另存为“星云麋鹿 .psd”。

（3）如图 5-33 所示，在“麋鹿”层，使用“魔棒工具”单击白色区域将其选出，然后按【Delete】键将白色区域删除，抠取出麋鹿。完成后，按快捷键【Ctrl+D】取消选区。将麋鹿摆放在屏幕左侧合适的位置。

图 5-33 抠取麋鹿

（4）将“麋鹿”层移动至“星云”层下面。

（5）如图 5-34 所示，选择“星云”层，按快捷键【Ctrl+T】对其进行自由变换，旋转角度，让麋鹿区域内显示的色彩尽量丰富美观。按住【Alt】键，将光标放在“星云”层和“麋鹿”层中间，当光标变形时单击，即可让星云图像显示在麋鹿形状中，其余部分则会显示背景图像。

图 5-34　制作剪贴蒙版

（6）完成后，将文件另存成 JPEG 格式，并保存其 PSD 格式，以备将来再次编辑。

2. 荷叶文字

找到素材图片“荷花 .jpg”和“荷叶 .jpg”，使用剪贴蒙版结合“文字工具”制作荷叶文字效果，如图 5-35 所示。

荷叶文字

图 5-35　荷叶文字

（1）在 PS 中打开所有素材图片。

（2）在文件“荷花.jpg”中，执行菜单命令“图像”|“画布大小”，如图 5-36 所示，在弹出的对话框中，将画布向右扩展至“1 400 像素”，扩展区域填充“黑色”。完成后，将该文件另存为“荷叶文字.psd”。

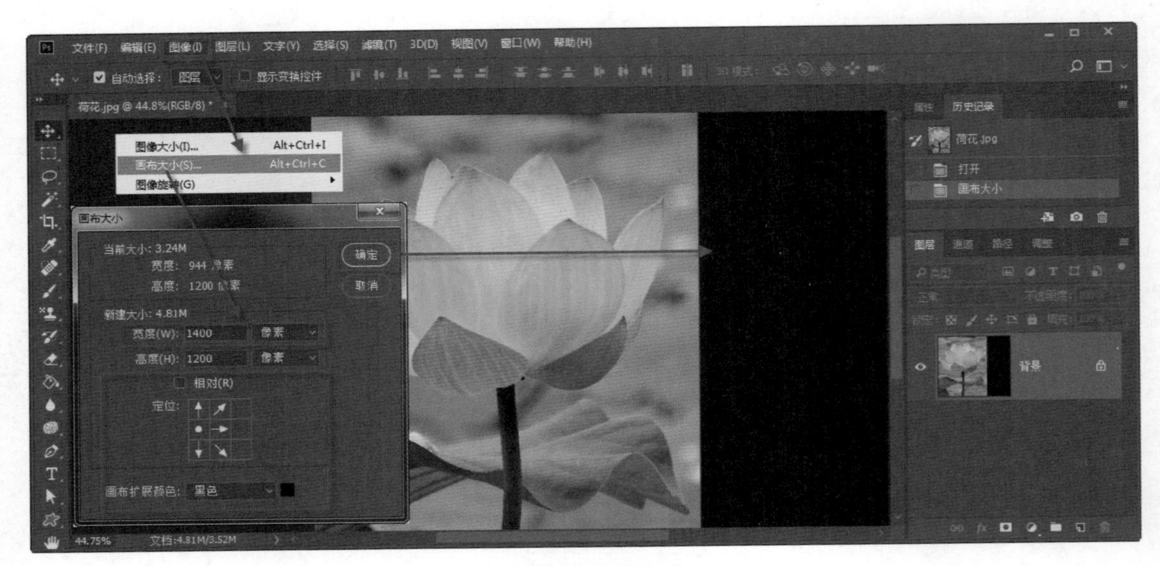

图 5-36 扩展画布

（3）使用“直排文字工具”，输入诗词正文“何似杂花共赏玩，玉洁冰清自天然。不向东郎抛秀色，羞于青帝媚欢颜。污泥浊水飘香易，气傲心高容世难。归去来兮陶令后，倾心一醉为红莲。” 在每句诗文的后面，按【Enter】键换段。如图 5-37 所示，设置文字的字体、大小、加粗、颜色等属性，摆放好位置。

图 5-37 诗词正文

（4）使用“横排文字工具”输入标题文字“荷”，如图 5-38 所示，设置文字的字体、大小、加粗等属性，摆放好位置。

图 5-38　标题文字

（5）使用“移动工具”将图片“荷叶 .jpg”移动进来，放在文字层“荷”的上方。如图 5-39 所示，按住【Alt】键，将光标放在荷叶层和标题文字层中间，当光标变形时单击，即可让荷叶图像显示在文字形状中。

图 5-39　剪贴蒙版

（6）完成后，将文件另存成 JPEG 格式，并保存其 PSD 格式，以备将来再次编辑。

第6章 Photoshop特效制作

PS中可以制作很多特殊效果，比如图层的叠加融合效果、立体投影效果、质地质感效果、各种艺术效果等。本章就来学习这些特殊效果的技术实现，主要使用到PS中的图层混合模式、图层样式、滤镜等特效。

任务 1　图层混合模式

任务描述

本任务主要学习图层混合模式相关知识及技术应用。

相关知识

1. 认识图层混合模式

混合模式是 PS 众多图层调整选项之一，主要包括：颜色混合模式、图层混合模式、通道混合模式。这三种混合模式之间，有细微的差别，但是原理都是相同的。

图层混合模式，是指一个图层与其下面图层之间的色彩叠加方式。因此，对于同样的两幅图像，如果设置不同的图层混合模式，那么得到的图像叠加效果也是不同的。

前面接触的案例，图层混合模式基本采用正常模式。实际上，除了正常模式之外，PS 中还有多种图层混合模式，每种模式都有各自的运算方式。如图 6–1 所示，是 PS 中所有图层混合模式，由上至下可以分为六大类：基础模式、变暗模式、变亮模式、融合模式、差集模式、颜色模式。

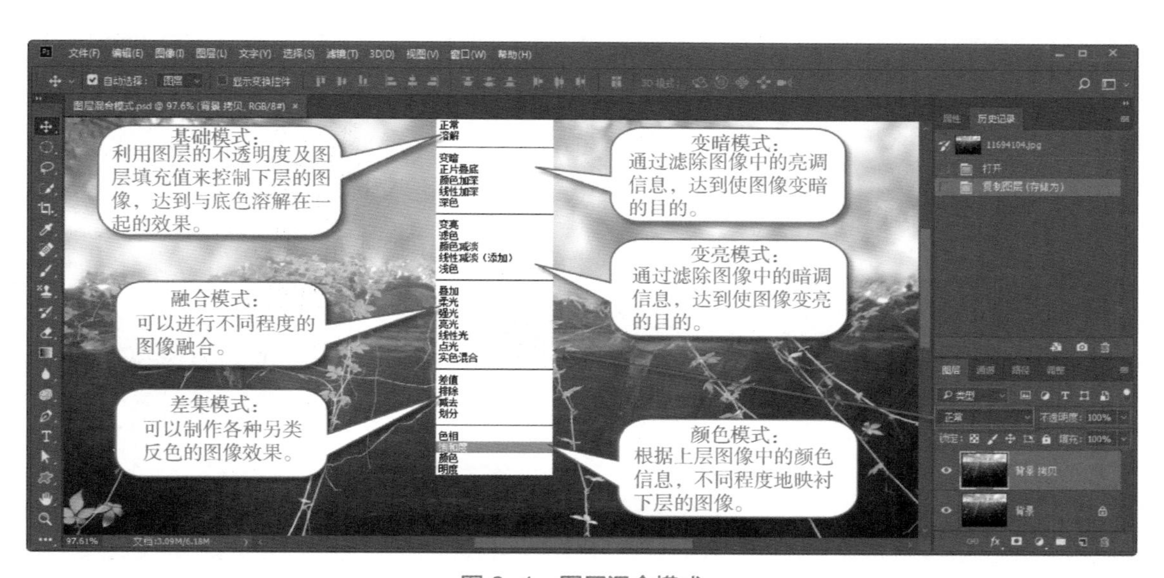

图 6–1　图层混合模式

2. 各种混合模式介绍

（1）正常：如图 6–2 所示，在正常模式下，编辑每个像素，都将直接形成结果色。这是默认模式，也是图像的初始状态。在正常模式下，可以通过调节图层的不透明度和填充参数，不同程度地显示下一层的内容。

图 6-2 正常模式

（2）溶解：如图 6-3 所示，配合调整不透明度，可以创建点状喷雾式的图像效果。不透明度越低，像素点越分散。

图 6-3 溶解模式

（3）变暗：如图 6-4 所示，用下层暗色替换上层亮色。任何颜色与黑色混合，产生黑色。任何颜色与白色混合，保持不变。

图 6–4　变暗模式

（4）正片叠底：如图 6–5 所示，除了白色之外的区域都会变暗。任何颜色与黑色混合，产生黑色。任何颜色与白色混合，保持不变。

图 6–5　正片叠底

（5）颜色加深：如图 6–6 所示，加强深色区域。任何颜色与白色混合，保持不变。

图 6-6　颜色加深

（6）线性加深：如图 6-7 所示，与正片叠底模式的效果相似。但变得更暗、更深。相当于正片叠底与颜色加深模式的组合。任何颜色与白色混合，保持不变。

图 6-7　线性加深

（7）深色：如图 6-8 所示，与变暗模式的效果相似。但在深色模式中，不会产生第三种颜色，可以清楚地从结果色中找出哪里是下面图层中的颜色，哪里是上面图层中的颜色。

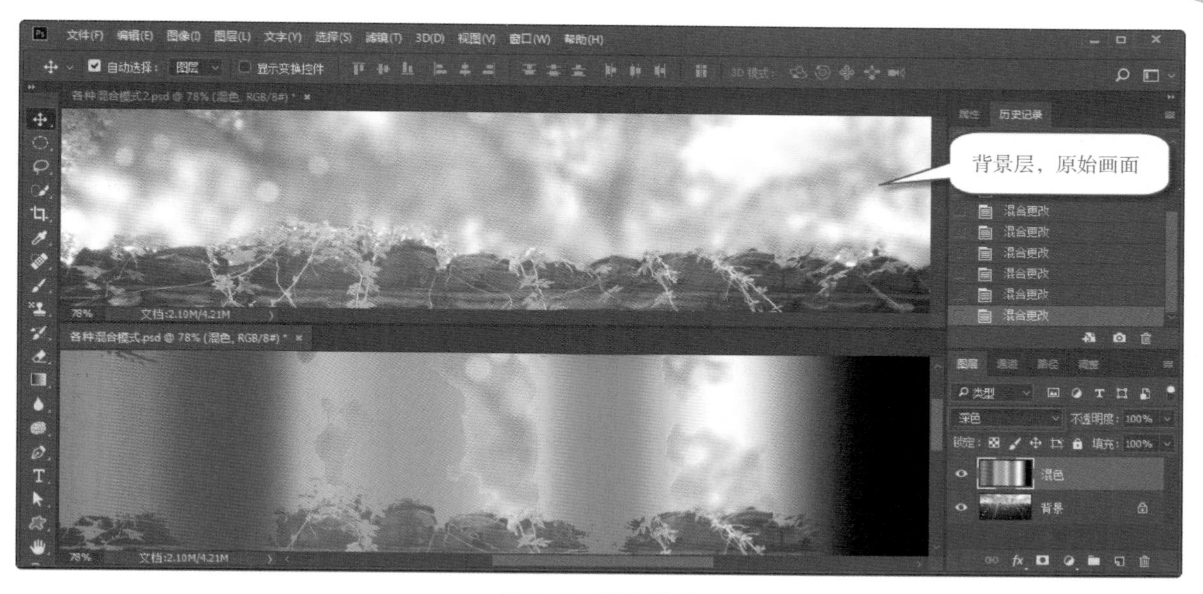

图 6-8　深色模式

（8）变亮：如图 6-9 所示，与变暗模式完全相反。用下层亮色替换上层暗色。任何颜色与黑色混合，不产生变化。

图 6-9　变亮模式

（9）滤色：如图 6-10 所示，与正片叠底模式，效果完全相反。除了黑色区域之外，都会变亮。将混合色的互补色与基础色复合，可以使图像产生漂白提亮的效果。任何颜色与黑色混合，保持不变。任何颜色与白色混合，产生白色。

图 6-10 滤色模式

（10）颜色减淡：如图 6-11 所示，与颜色加深模式完全相反。可加亮底层的图像，同时使颜色变得更加饱和，由于对暗部区域的改变有限，因而可以保持较好的对比度。任何颜色与黑色混合，保持不变。

图 6-11 颜色减淡

（11）线性减淡：如图 6-12 所示，与线性加深模式完全相反。与滤色模式相似，但比滤色模式的对比效果要好。通过增加亮度，使基础色变亮，以反映混合色。任何颜色与黑色混合，保持不变。

图 6–12　线性减淡

（12）浅色：如图 6–13 所示，与深色模式完全相反。与变亮模式效果相似。能清楚地找出颜色变化区域。

图 6–13　浅色模式

（13）叠加：如图 6–14 所示，在底层像素上叠加，保留上层对比度。叠加模式实际上是正片叠底模式和滤色模式的一种混合模式。

图 6-14　叠加模式

（14）柔光：如图 6-15 所示，可以产生类似发散的聚光灯照射在图像上的效果。柔光模式，是根据上层混合色的明暗程度，来决定最终图像的效果变亮还是变暗。若混合色比 50% 灰度亮，就变亮。若混合色比 50% 灰度暗，就变暗。

图 6-15　柔光模式

（15）强光：如图 6-16 所示，可以产生强光照射的效果。强光模式是正片叠底模式与滤色模式的组合。强光模式实质上同柔光模式相似。区别在于，它的效果比柔光模式要更加强烈一些。

图 6-16　强光模式

（16）亮光：如图 6-17 所示，是通过增加或减小对比度，来加深或减淡颜色的。亮光模式是颜色减淡模式与颜色加深模式的组合，它可以使混合后的颜色饱和度更高。

图 6-17　亮光模式

（17）线性光：如图 6-18 所示，是线性减淡模式与线性加深模式的组合。它是通过增加或降低上层颜色的亮度，来加深或减淡颜色。与强光模式相比，线性光模式，可使图像产生更高的对比度，也会使更多的区域变为黑色或白色。

图 6-18　线性光

（18）点光：如图 6-19 所示，是根据上层颜色来替换颜色。若上层颜色比 50% 的灰要亮，那么，比上层颜色暗的像素会被替换，而比上层颜色亮的像素不变。若上层颜色比 50% 的灰要暗，那么，比上层颜色亮的像素会被替换，而比上层颜色暗的像素不变。它相当于变亮模式和变暗模式的组合。

图 6-19　点光模式

（19）实色混合：如图 6-20 所示，增加颜色的饱和度，使图像产生色调分离的效果。

图 6-20　实色混合

（20）差值：如图 6-21 所示，在结果色中，白色产生反相，黑色接近底层色，原理是从上层减去混合后的颜色。

图 6-21　差值模式

（21）排除：如图 6-22 所示，与差值模式相似，但比差值模式的效果要柔和、明亮。任何颜色与黑色混合，保持不变。任何颜色与白色混合，产生反相颜色。

图 6-22　排除模式

（22）减去：如图 6-23 所示，与差值模式类似。它是用基础色的数值减去混合色。如果混合色与基础色相同，那么结果色为黑色。任何颜色与黑色混合，保持不变。任何颜色与白色混合，产生黑色。

图 6-23　减去模式

（23）划分：如图 6-24 所示，基础色分割混合色，颜色对比度较强。若混合色与基础色相同，则结果色为白色。任何颜色与白色混合，保持不变。任何颜色与黑色混合，产生白色。

图 6-24　划分模式

（24）色相：如图 6-25 所示，是选择基础色的亮度和饱和度值，与混合色进行混合，而创建的效果。在结果色中：亮度及饱和度取决于基础色。色相取决于混合色。

图 6-25　色相模式

（25）饱和度：如图 6-26 所示，在保持基础色色相和亮度值的前提下，只用混合色的饱和度值进行着色。基础色与混合色的饱和度值不同时，才使用混合色进行着色处理。若饱和度为 0，则与任何混合色叠加均无变化。当基础色不变的情况下，混合色图像饱和度越低，结果色饱和度越低。混合色图像饱和度越高，结果色饱和度越高。

图 6-26　饱和度

（26）颜色：如图 6-27 所示，用基础色的明度和混合色的色相与饱和度创建结果色。它能够使用混合色的饱和度和色相同时进行着色，这样可以保护图像的灰色色调，但结果色的颜色由混合色决定。颜色模式可以看作饱和度模式和色相模式的综合效果，一般用于为图像添加单色效果。

图 6-27　颜色模式

（27）明度：如图 6-28 所示，用混合色的亮度值进行表现，而采用的是基础色中的饱和度和色相。与颜色模式的效果完全相反。

图 6-28　明度模式

任务实施

1. 都市丽人

都市丽人

找到素材图片“城市夜景 .jpg”和“人物剪影 .jpg”，使用图层混合模式制作城市夜景与人物剪影的融合效果，如图 6-29 所示。

图 6-29　都市丽人

（1）在 PS 中打开素材图片。

（2）使用“移动工具”将“城市夜景 .jpg”移动至“人物剪影 .jpg”中，并将该文件另存为“都市丽人 .psd”。

（3）如图 6–30 所示，将上面夜景层的图层混合模式修改为“滤色”。由于在“滤色”模式下，任何颜色与黑色混合保持不变，而任何颜色与白色混合产生白色。因此，夜景就只出现在人物剪影的黑色区域内，实现二者的自然融合。自由移动夜景层的位置，直至效果满意。

图 6–30　滤色

照片调节

（4）完成后，将文件另存成 JPEG 格式，并保存其 PSD 格式，以备将来再次编辑。

2. 照片调节

找到素材图片“世园会 .jpg”，使用图层混合模式技术提高图片的亮度，增强图片的对比度，效果如图 6–31 所示。

图 6–31　照片调节

（1）在 PS 中打开素材图片。由于是阴天拍摄，所以画面比较暗。另外，照片的对比度不高（亮的不够亮，暗的不够暗，感觉比较“闷”）。先将文件另存为“世园会（调节）.psd”。

（2）使用快捷键【Ctrl+J】将背景层拷贝一份，将拷贝层重命名为“滤色”，然后将该层的图层混合模式修改为“滤色”，提高画面亮度，效果如图 6–32 所示。

图 6–32　滤色提亮

（3）感觉画面还是不够亮。继续使用快捷键【Ctrl+J】将滤色层拷贝一份，再次提高画面亮度。但是叠加后感觉有点太亮了，可以把该层的透明度适当降低一些，达到合适的亮度即可，效果如图 6–33 所示。

图 6–33　滤色再次提亮

（4）使用快捷键【Ctrl+J】将滤色拷贝层再拷贝一份，将拷贝层重命名为“柔光”，将其不透明度改回 100%，然后将该层的图层混合模式修改为“柔光”，让亮的部分更亮、暗的部分更暗，增强画面对比度，效果如图 6–34 所示。

（5）完成后，将文件另存成 JPEG 格式，并保存其 PSD 格式，以备将来再次编辑。

图 6-34　柔光增强对比度

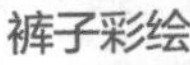
裤子彩绘

3. 裤子彩绘

找到素材图片“白色裤子.jpg”和“星空彩绘.jpg”，使用图层混合模式结合图层蒙版技术，制作裤子的彩绘效果，如图 6-35 所示。

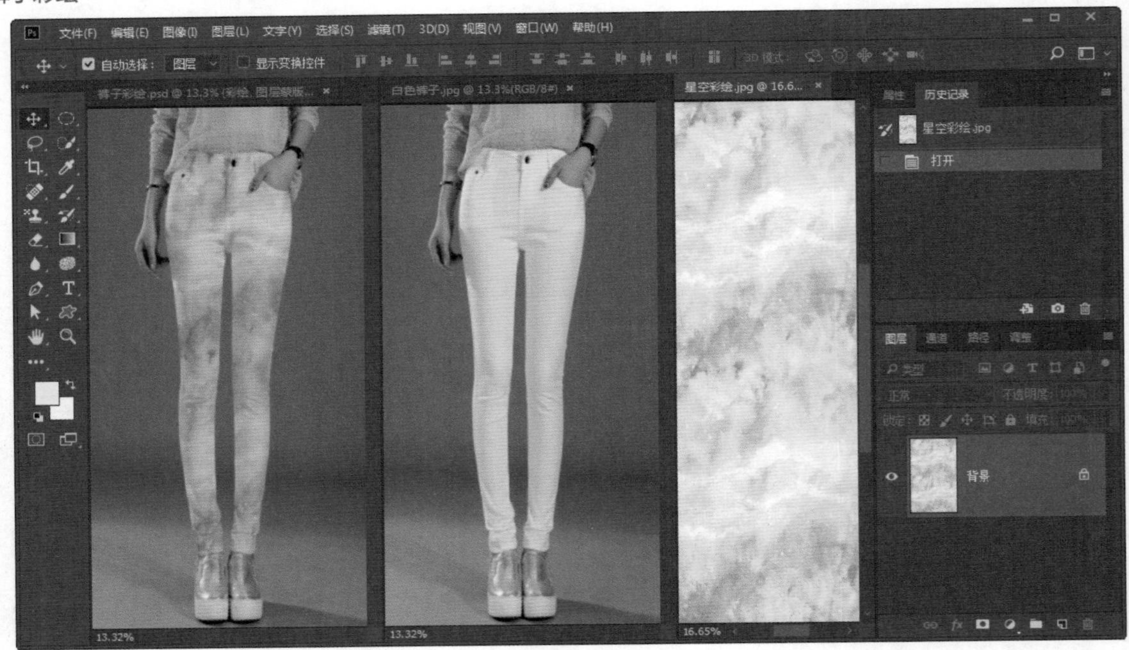

图 6-35　裤子彩绘

（1）在 PS 中打开素材图片。

（2）如图 6-36 所示，使用“移动工具”将“星空彩绘.jpg”移动至“白色裤子.jpg”中，给彩绘图案移动位置，令其刚好覆盖裤子区域，将此图层命名为“彩绘”。将这个新文件另存为“裤子彩绘.psd”。

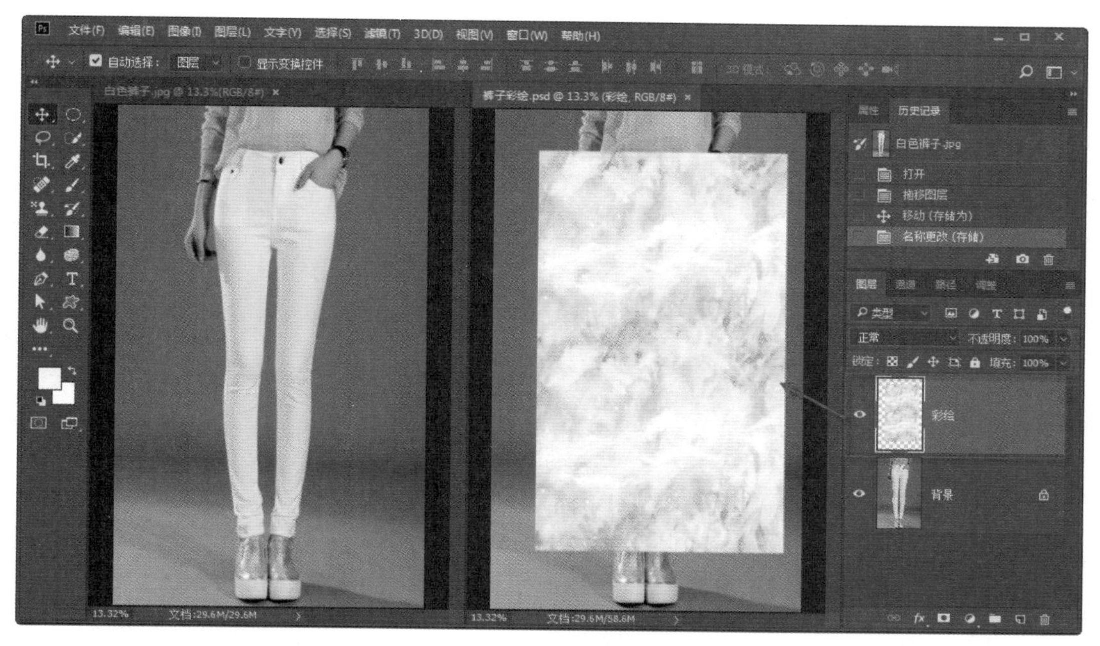

图 6-36　移动文件

（3）隐藏“彩绘”层。在背景层，使用“快速选择工具”将裤子选取出来。为了让选区能够重复使用，可以先存储选区，将来用的时候再载入选区即可。如图 6-37 所示，执行菜单命令“选择”|“存储选区”，在弹出的对话框中给选区命名，然后单击“确定”按钮，即可存储选区。

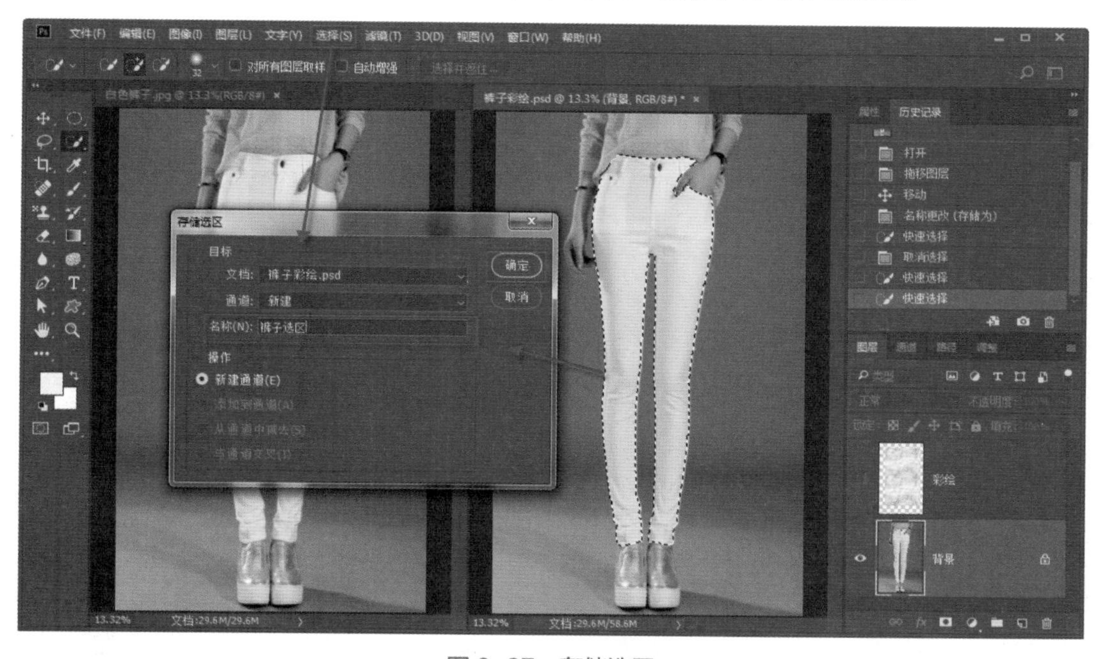

图 6-37　存储选区

（4）如果中间做了其他操作，选区已经被取消了，可以再重新载入选区。如图 6-38 所示，执行菜

单命令“选择”|“载入选区”，在弹出对话框的，下拉列表中选择之前存储的选区名称，然后单击“确定”按钮，即可重新载入选区。

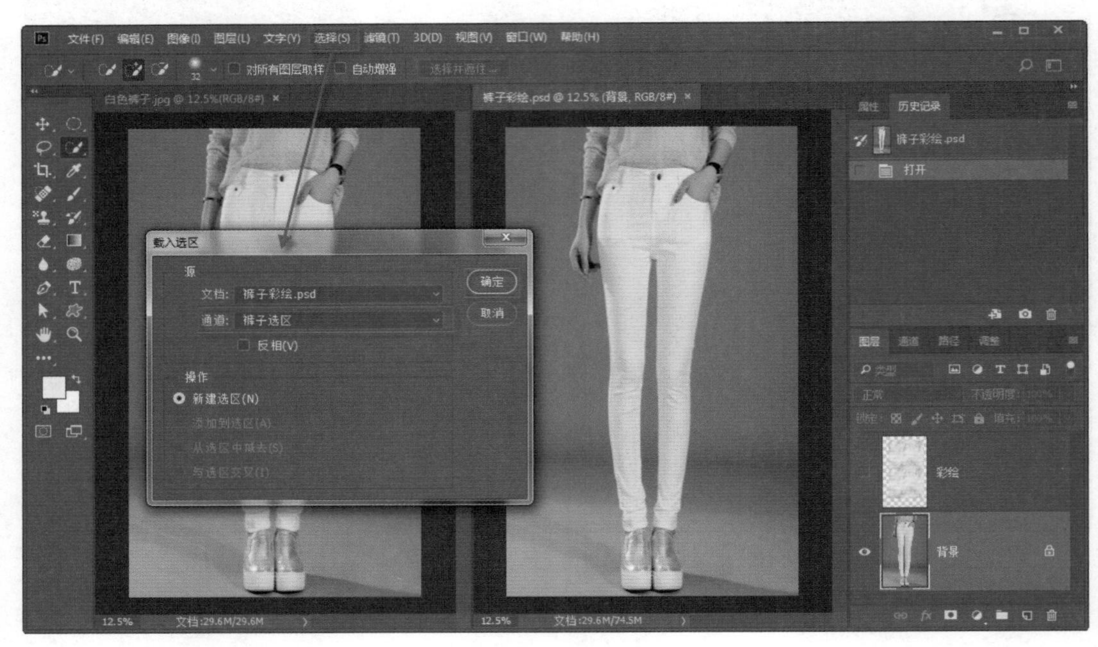

图 6-38 载入选区

（5）重新显示“彩绘”层。如图 6-39 所示，在带有选区的情况下，单击“添加图层蒙版”按钮，让彩绘图案只显示在裤子选区内。但此时图案是平面的，跟裤子没有融合，缺乏真实感。

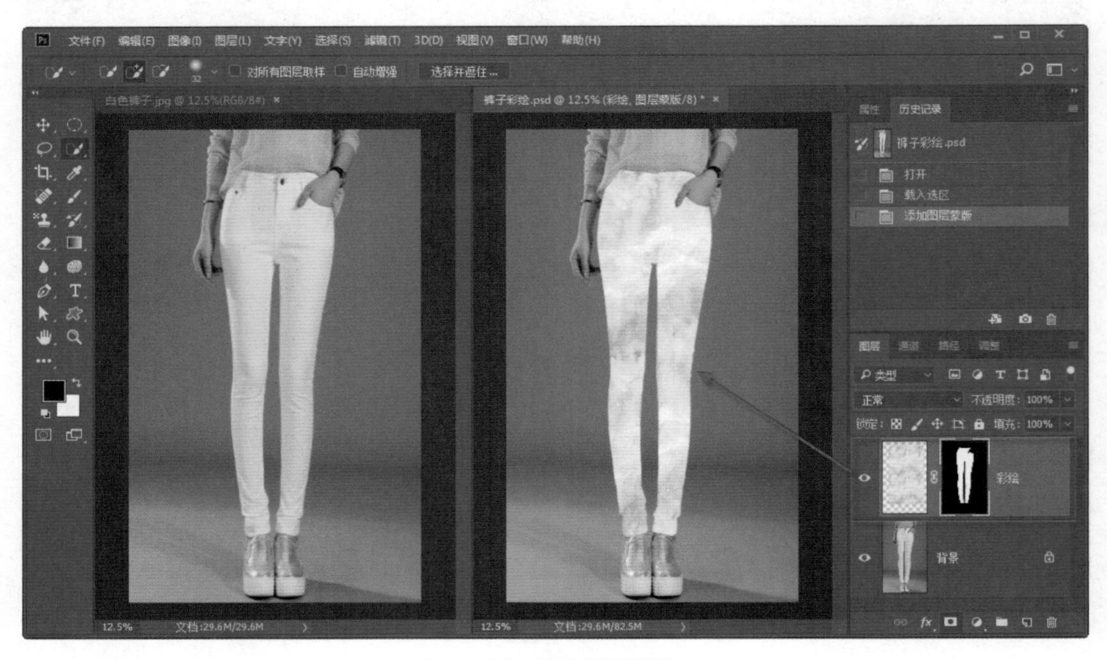

图 6-39 添加图层蒙版

（6）给“彩绘”层设置图层混合模式，可以在变暗系列模式中转换，看哪种模式设置出来的彩绘图案与裤子的契合效果最好。如图 6–40 所示，此处使用的是线性加深模式，这时裤子的褶皱、纽扣等都已经显现出来，比较立体真实。

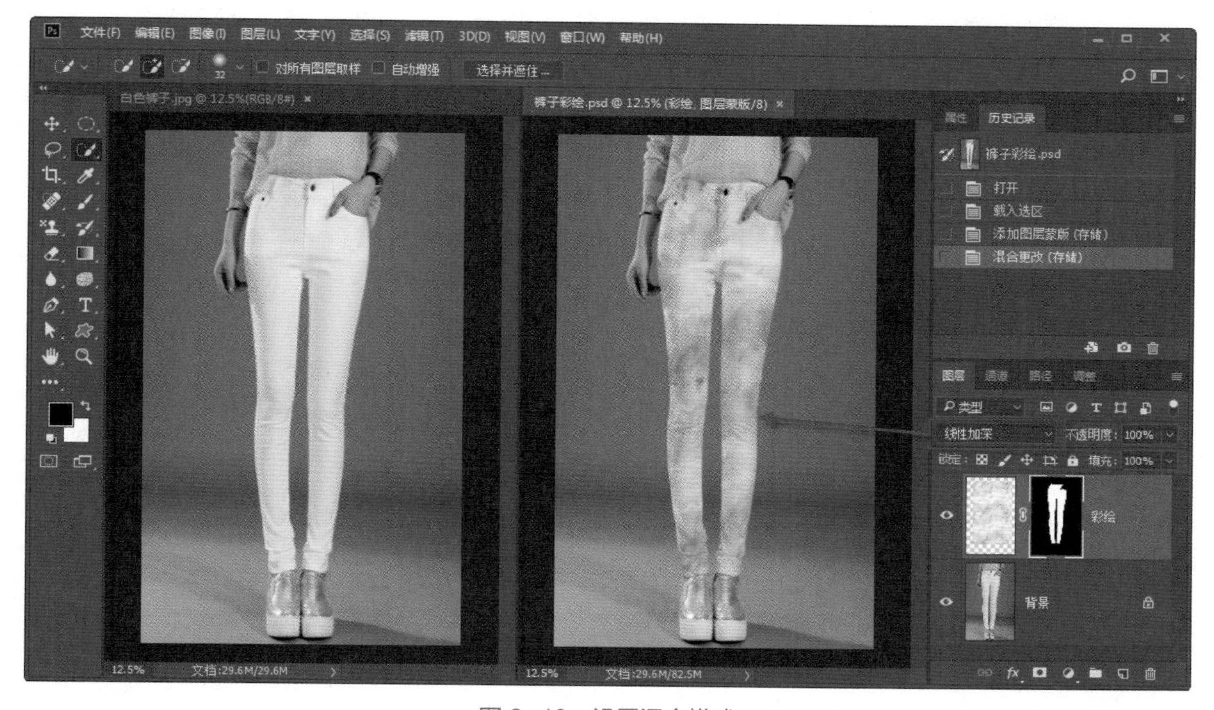

图 6–40　设置混合模式

（7）完成后，将文件另存成 JPEG 格式，并保存其 PSD 格式，以备将来再次编辑。

4. 中国风瓷器设计

找到素材图片“白瓷茶具 .jpg”“桃花 .jpg”“喜鹊 .jpg”“银杏鱼 .jpg”。首先对素材图片“桃花 .jpg”“喜鹊 .jpg”“银杏鱼 .jpg”使用图层混合模式，增加其对比度，直到背景颜色接近白色为止，将其分别另存成 JPEG 格式备用。然后再将这几张备用图片分别移入白瓷茶具中，使用图层混合模式结合图层蒙版技术，制作茶具上的印花效果。最后添加文字效果，如图 6–41 所示。

中国风瓷器设计

（1）在 PS 中打开素材图片“桃花 .jpg”，将背景层拷贝一份，将拷贝层的图层混合模式设置为“柔光”，增强图像对比度。将拷贝层再拷贝一份，继续增强对比度。完成后，用“吸管工具”吸取桃花素材的边缘，保证边缘处颜色基本为白色即可，如图 6–42 所示。将调好对比度的桃花另存为 JPEG 格式的图片备用。

（2）在 PS 中打开素材图片“喜鹊 .jpg”，用同样的方法增加图像对比度，直到边缘颜色基本为白色即可。同桃花一样，喜鹊也用两层柔光即可大致达到要求。将调好对比度的喜鹊另存为 JPEG 格式的图片备用。

（3）在 PS 中打开素材图片“银杏鱼 .jpg”，用同样的方法增加图像对比度，直到边缘颜色基本为白色即可。由于银杏鱼背景比较暗一些，因此使用三层柔光才能达到要求。将调好对比度的银杏鱼另存为 JPEG 格式的图片备用。

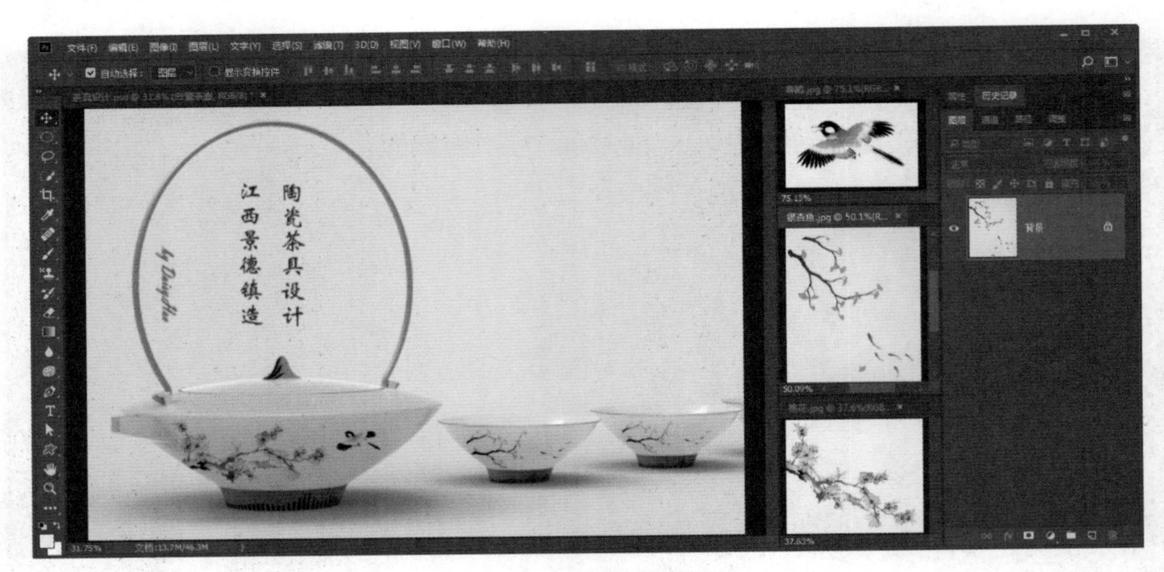

图 6-41　中国风瓷器设计

图 6-42　增强对比度

（4）在 PS 中打开素材图片“白瓷茶具 .jpg”、调节好的桃花图片。使用“移动工具”将调节好的桃花图片移至茶具中，将该层命名为“桃花”。使用快捷键【Ctrl+T】自由变换，改变桃花的大小、角度，将其摆放在大茶壶的左侧位置。如图 6-43 所示，给“桃花”层，设置图层混合模式，可以在变暗系列模式中转换，看哪种模式的桃花与瓷器最契合（此处使用的是正片叠底模式）。再给“桃花”层添加图层蒙版，调整画笔大小、软硬，在蒙版中进行涂抹，将桃花周边不需要的部分隐藏。将文件另存为“茶具设计 .psd”。

图 6-43　桃花效果

（5）在 PS 中打开调整好的喜鹊图片，使用“移动工具”将其移至茶具中，将该层命名为“喜鹊”。使用快捷键【Ctrl+T】自由变换，调整喜鹊的大小、角度，将其摆放在桃花右侧。如图 6-44 所示，给“喜鹊”层设置图层混合模式，也在变暗系列模式中转换，看哪种模式的喜鹊与瓷器最契合。（此处使用的是颜色加深模式。）

图 6-44　喜鹊效果

（6）在 PS 中打开调整好的银杏鱼图片，使用“移动工具”将其移至茶具中，将该层命名为“银杏鱼”。调整银杏鱼的大小、角度，将其摆放在左侧茶碗上。如图 6-45 所示，给“左侧银杏鱼”层设置图层混合模式，也在变暗系列模式中转换，看哪种模式的银杏鱼跟瓷器最契合（此处使用的是颜色加深模式）。给“左侧银杏鱼”层添加图层蒙版，调整画笔大小、软硬，在蒙版中进行涂抹，隐藏周边不需要的部分。

（7）将“左侧银杏鱼”层拷贝一份，命名为“右侧银杏鱼”。如图 6-46 所示，使用“移动工具”将拷贝的银杏鱼移动至右侧茶碗上，使用快捷键【Ctrl+T】自由变换，微调右侧银杏鱼的大小，摆放好位置。

（8）使用“直排文字工具”输入文字“陶瓷茶具设计”，如图 6-47 所示，设置文字的字体、大小、颜色等，摆放好位置。

图 6-45　左侧银杏鱼

图 6-46　右侧银杏鱼

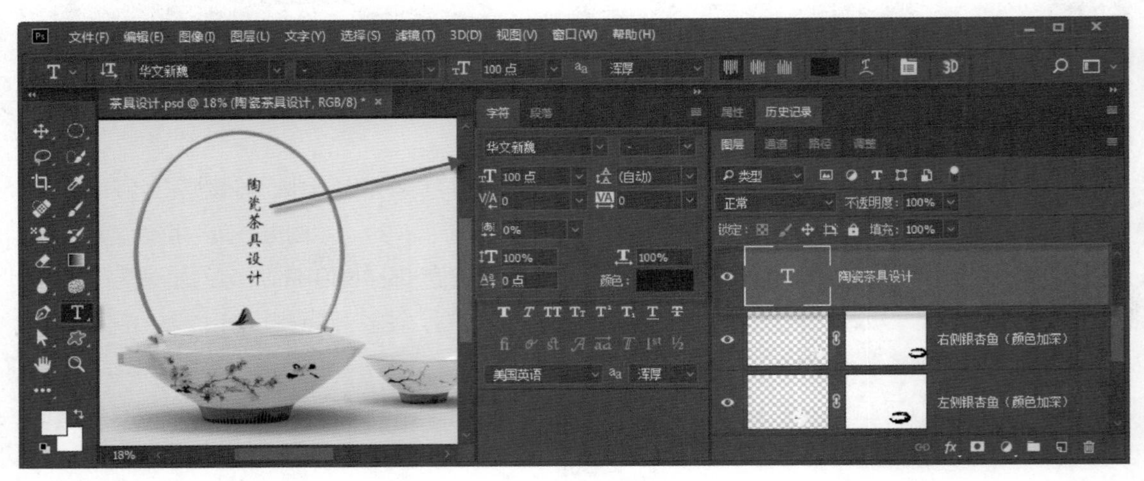

图 6-47　文字设置

（9）复制文字层“陶瓷茶具设计”，将其中文字换成“江西景德镇造”。如图 6–48 所示，将拷贝层移动开一段距离。同时选中这两个文字层，在工具箱中选择“移动工具”，让图层顶端对齐，摆放好位置 。

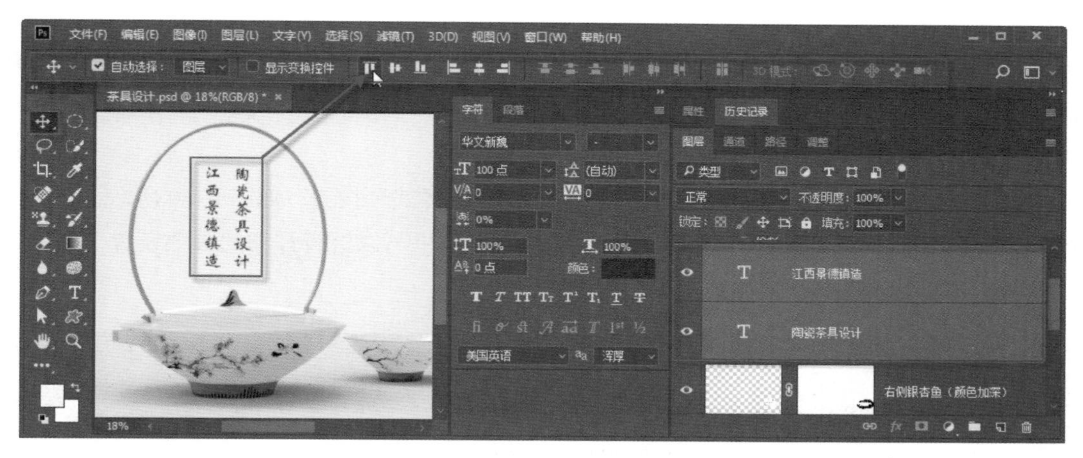

图 6–48　文字对齐

（10）如果需要标注版权，就用“文字工具”输入作者名字或者公司名称等信息，调整好字体、大小、位置，如图 6–49 所示。

图 6–49　标注版权

（11）完成后，将文件另存成 JPEG 格式，并保存其 PSD 格式，以备将来再次编辑。

任务 2　图层样式

任务描述

本任务主要学习图层样式相关知识及技术应用。

相关知识

1. 认识图层样式

PS 图层样式：就是一系列能够为图层添加特殊立体效果的命令。利用图层样式，可以很容易地模拟出各种立体投影效果、各种质地质感、各种光影效果等。

2. 图层样式相关操作

（1）添加图层样式：单击“图层”面板中的“添加图层样式”按钮，如图 6–50 所示，在弹出的菜单中选择图层样式的种类，进入“图层样式”对话框，在这里可以进行详细的参数设置，完成后单击“确定”按钮，即可给选中的图层添加相应的图层样式。

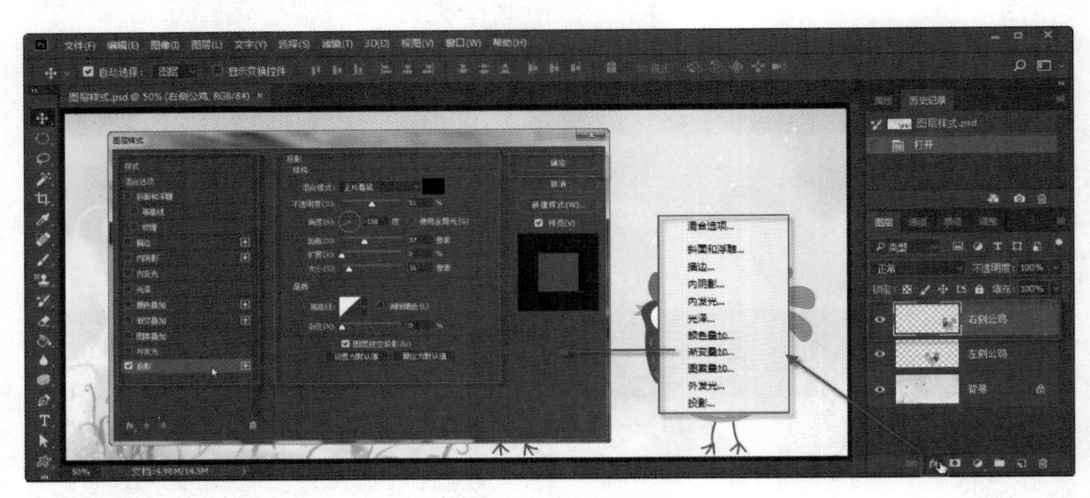

图 6–50　添加图层样式

如图 6–51 所示，添加图层样式后，图像会显示相应的立体效果，在“图层”面板中，相应图层下方会显示样式名称。

图 6–51　样式效果

（2）折叠 / 展开图层样式：如图 6-52 所示，在带有图层样式的图层右侧，单击“fx”旁边的箭头标志，可以对图层样式进行折叠或展开查看。

图 6-52　折叠 / 展开图层样式

（3）删除图层样式：按住鼠标左键，选择某种图层样式，将其拖动到“图层”面板的“删除”按钮上，即可将其删除。

（4）清除图层样式：如果想一次性删除图层中所有的样式，可以在“图层”面板中右击图层名称，在弹出的快捷菜单中选择“清除图层样式”命令。

（5）停用 / 启用图层样式：在“图层”面板中，单击图层样式左侧眼睛图标，即可将样式临时停用或重新启用。

（6）修改图层样式：在“图层”面板中双击图层样式名称，重新进入“图层样式”对话框，修改参数即可。

（7）拷贝 / 粘贴图层样式：如图 6-53 所示，在“图层”面板中，右击带有图层样式的源图层名称，在弹出的快捷菜单中选择“拷贝图层样式”命令，即可将该层所有样式拷贝下来。在“图层”面板中，右击目标图层的图层名称，在弹出的快捷菜单中选择“粘贴图层样式”命令，即可将源图层中所有的样式效果一次性全部复制过来。

3. 套用系统预设样式

执行菜单命令“窗口”|“样式”，打开“样式”面板。如图 6-54 所示，在“样式”面板中，提供了很多系统预设的样式效果，直接单击样式即可进行套用。单击“样式”面板右侧的按钮，在弹出的菜单中还可以添加各种预设样式，也可以复位样式。

4. 保存自定义的样式

如图 6-55 所示，在“图层”面板中，选中带有自定义样式的图层。将光标移动至“样式”面板的空白处，当光标变成油漆桶形状时单击，弹出“新建样式”对话框，修改样式名称，单击“确定”按钮，即可将自定义的样式效果保存至样式面板。与系统预设的其他样式效果一样，这个样式效果，将来也可以重复使用。

图 6-53 拷贝 / 粘贴图层样式

图 6-54 套用系统预设样式

图 6-55 保存自定义样式

5. 各种图层样式介绍

每种图层样式都可以模拟出不同的立体效果。在使用过程中，可以尝试修改样式的各项参数，查看效果的变化，掌握规律。

（1）斜面和浮雕：可以模拟表面凸起的立体效果，其原理是通过为图层添加高光和阴影，使图像产生立体感。如图 6–56 所示，斜面和浮雕下面还有两个单独选项，其中“等高线”选项用于创建浮雕中的凹凸起伏效果，而“纹理”选项可以模拟浮雕表面的纹理效果。

图 6–56　斜面和浮雕

（2）描边：能够给图层的边缘添加纯色、渐变色或者带有图案效果的描边。如图 6–57 所示，单击样式右侧的“+”标志，能够添加多层描边效果。选中多余的描边效果，单击下面的“删除”按钮，即可将其删除。

图 6–57　描边

（3）内阴影：可以给图层添加从边缘向内产生的阴影样式，这种样式会让图层内容产生凹陷效果。如图 6–58 所示，单击样式右侧的“+”标志，能够添加多个内阴影效果。

（4）内发光：能够让图层产生从边缘向内发散的光亮效果，如图 6–59 所示。

图 6-58 内阴影

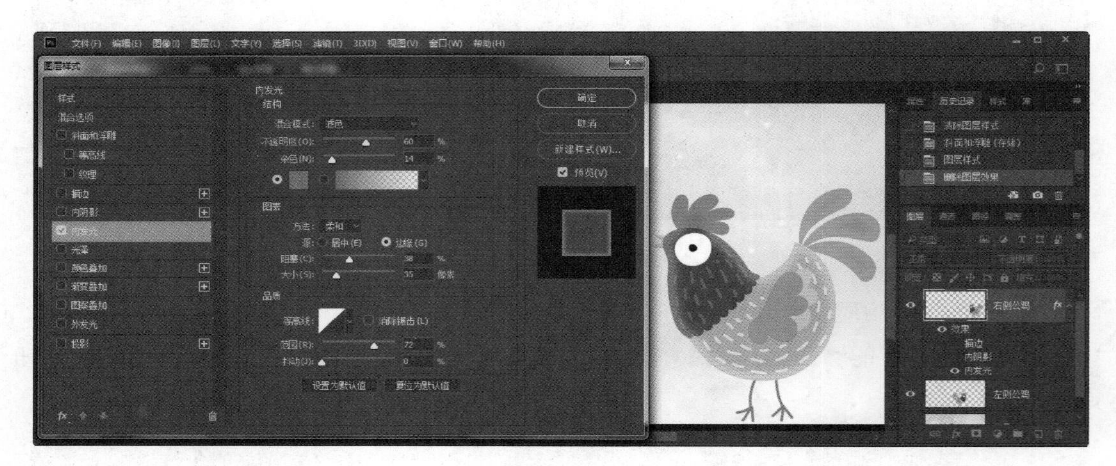

图 6-59 内发光

（5）光泽：可以为图层添加类似受到光线照射后表面产生的映射效果，如图 6-60 所示。

图 6-60 光泽

（6）颜色叠加：能够给图层整体赋予某种颜色。如图 6–61 所示，单击样式右侧的“+”标志，能够添加多个颜色叠加效果。

图 6–61 颜色叠加

（7）渐变叠加：与颜色叠加类似，能够给图层整体覆盖某种渐变颜色。如图 6–62 所示，单击样式右侧的“+”标志，能够添加多个渐变叠加效果。

图 6–62 渐变叠加

（8）图案叠加：与前面两种叠加类似，能够在图层上叠加图案效果，如图 6–63 所示。

（9）外发光：可以沿图层内容的边缘向外创建发光效果，如图 6–64 所示。

（10）投影：用于制作图层边缘向后产生的立体阴影效果。如图 6–65 所示，单击样式右侧的“+”标志，能够添加多个投影效果。

图 6-63　图案叠加

图 6-64　外发光

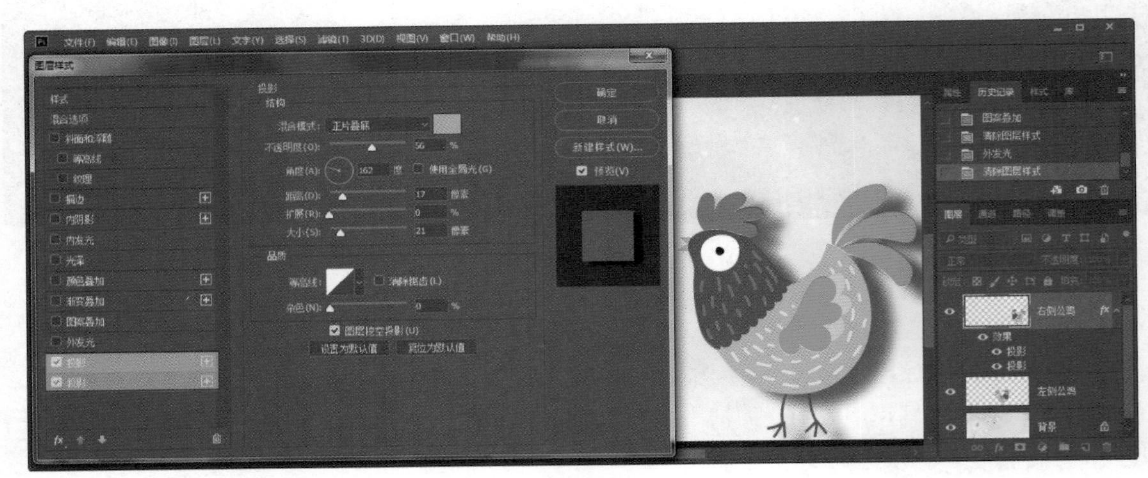

图 6-65　投影

任务实施

立体发光神鹿

1. 立体发光神鹿

找到素材图片“背景 .jpg”“小鹿 .png”“翅膀 .png”，如图 6-66 所示，使用图层样式，分别给小鹿和翅膀添加相应的立体发光效果。

图 6-66　立体发光神鹿

（1）在 PS 中打开所有素材图片。如图 6-67 所示，使用“移动工具”，先将翅膀移动至背景中，摆放好位置，将图层命名为“翅膀”，然后再将小鹿也移动过去，摆放好位置，将图层命名为“小鹿”，最后将文件另存为“立体发光神鹿 .psd”。

图 6-67　移动文件

（2）如图 6-68 所示，给“小鹿”层添加图层样式“外发光”，制作发光效果。

（3）如图 6-69 所示，在“图层”面板中，右击小鹿层名称处，在弹出的快捷菜单中选择“拷贝图层样式”命令，然后右击翅膀层名称处，在弹出的快捷菜单中选择“粘贴图层样式”命令，拷贝得到翅膀层的外发光效果。

图 6-68　小鹿外发光

图 6-69　翅膀外发光

（4）如图 6-70 所示，给“翅膀”层添加图层样式“斜面和浮雕”，制作立体效果。

图 6-70　翅膀斜面和浮雕

（5）如图 6-71 所示，给“翅膀”层添加图层样式“图案叠加”，制作图案叠加效果。

图 6-71　翅膀图案叠加

（6）完成后，将文件另存成 JPEG 格式，并保存其 PSD 格式，以备将来再次编辑。

2. 金属质感门牌

金属质感门牌

找到素材图片“猫咪剪影 .jpg”和“木头门板 .jpg”，如图 6-72 所示，使用图层样式，将猫咪剪影制作成具有金属质感的门牌效果。

图 6-72　金属质感门牌

（1）在 PS 中打开所有素材图片。

（2）使用“移动工具”将猫咪剪影移动至木头门板中，摆放好位置，将该层命名为“猫咪”，并将该文件另存为“金属质感门牌 .psd”。

（3）在猫咪层，使用“魔棒工具”，将背景的白色区域选出，删除，只保留猫咪。

（4）给“猫咪”层添加图层样式“斜面和浮雕”，制作立体效果。如图 6-73 所示，在参数“高亮颜色”处，可以单击进入拾色器，选择浅米灰色，制作猫咪高光处的颜色效果。而在参数“光泽等高线”处，单击进入，设置自定义曲线，制作猫咪的阴影曲线效果。其他参数参照图示设置即可。过程中可以尝试调节各个参数的大小，查看效果的变化。

（5）如图 6-74 所示，给“猫咪”层的图层样式“斜面和浮雕”再添加自定义的“等高线”，控制猫咪阴影中的造型变化。

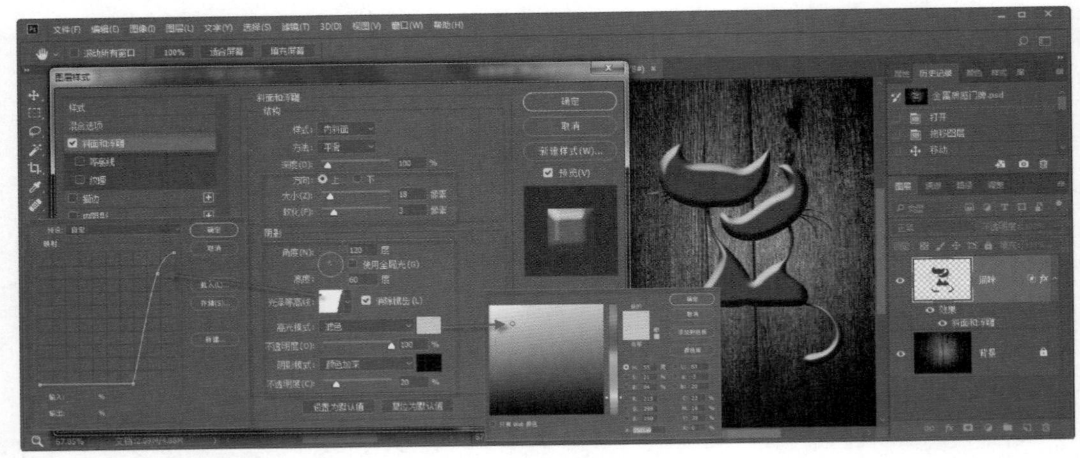

图 6-73 斜面和浮雕

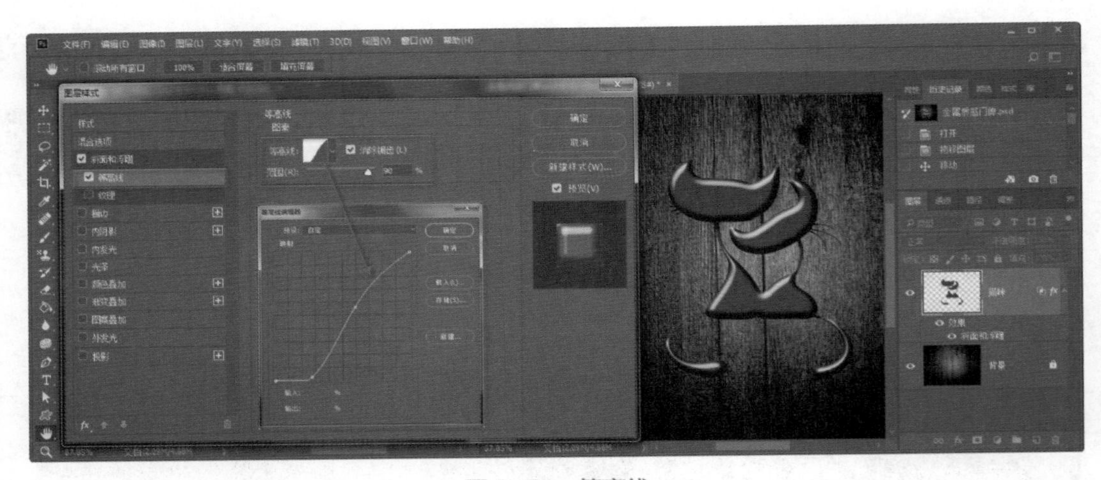

图 6-74 等高线

（6）如图 6-75 所示，给“猫咪”层添加图层样式“内发光”，制作猫咪的内发光效果。

图 6-75 内发光

（7）如图 6-76 所示，给“猫咪”层添加图层样式“外发光”，制作猫咪的外发光效果。

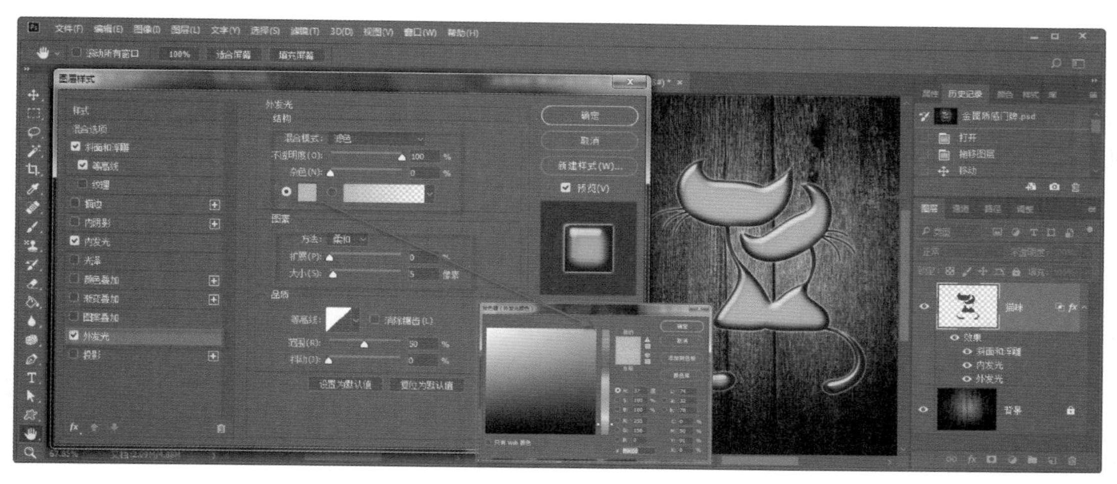

图 6-76　外发光

（8）如图 6-77 所示，给“猫咪”层添加图层样式“投影”，制作猫咪的立体投影效果。

图 6-77　投影

（9）完成后，将文件另存成 JPEG 格式，并保存其 PSD 格式，以备将来再次编辑。

任务 3　滤镜技术

任务描述

本任务主要学习滤镜相关知识及技术应用。

相关知识

1. 认识滤镜

滤镜是 PS 提供的一个最大的艺术特效库，其中集合了很多种滤镜，每种滤镜效果都风格迥异。滤镜使用起来非常简单，只需要调整几个参数，就能达到要求的特效。

2. 滤镜介绍

下面介绍几种滤镜的使用，其他滤镜的使用方法类似。在使用过程中，可以尝试修改相关参数，查看效果的变化，总结规律。

（1）风滤镜：能够让像素按指定方向虚化，通过产生细小的线条来模拟风吹的效果。如图 6–78 所示，执行菜单命令“滤镜”|“风格化”|“风”，在弹出的对话框中设置参数即可。另外，如果刚刚使用过哪个滤镜，下次打开“滤镜”菜单时，顶部会显示刚才的滤镜名称，单击它，可以直接套用刚才使用过的滤镜参数。

图 6–78 风

（2）极坐标滤镜：可以将图像从平面坐标转换为极坐标效果，也可以从极坐标转换为平面坐标效果。如图 6–79 所示，执行菜单命令“滤镜”|“扭曲”|“极坐标”，在弹出的对话框中设置参数即可。

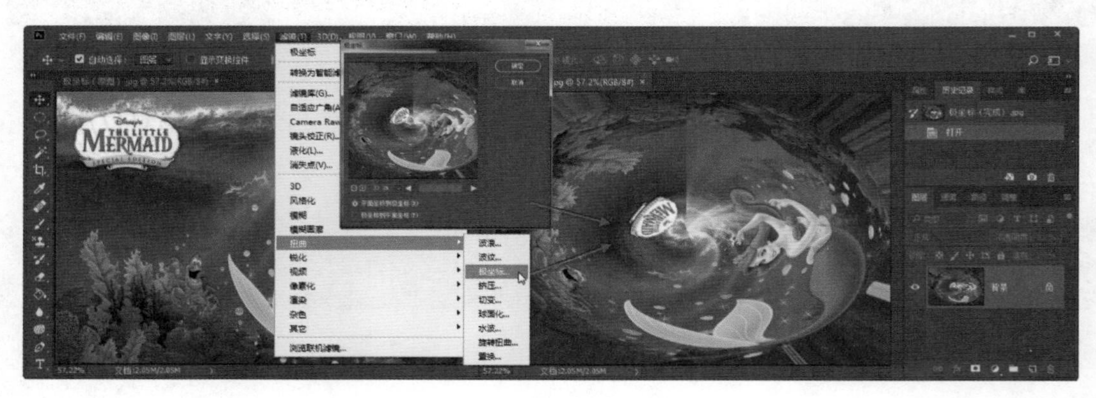

图 6–79 极坐标

（3）马赛克滤镜：常用于隐藏画面中某些局部信息，也可以用来制作特殊的图案效果。如图 6–80

所示，将需要隐藏的图像区域选出来，执行菜单命令“滤镜”|“像素化”|“马赛克”，在弹出的对话框中设置参数即可。

图 6-80　马赛克

（4）镜头光晕滤镜：能够模拟亮光照射到相机镜头所产生的折射效果。如图 6-81 所示，执行菜单命令“滤镜”|“渲染”|“镜头光晕”，在弹出的对话框中设置参数并将光晕移动至合适的位置。

图 6-81　镜头光晕

（5）云彩滤镜：常用于制作云彩、薄雾效果。云彩滤镜可以根据前景色和背景色，随机生成云彩图案。如图 6-82 所示，在工具箱中，将“前景色”和“背景色”分别设置成某种颜色，执行菜单命令“滤镜”|“渲染”|“云彩”即可。

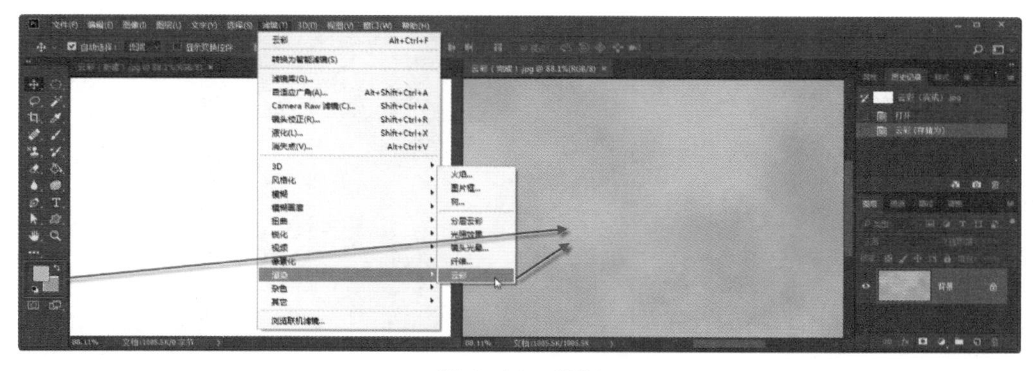

图 6-82　云彩

（6）喷溅滤镜：能够模拟喷枪，让图像产生笔墨喷溅的艺术效果。如图 6–83 所示，执行菜单命令“滤镜”|“滤镜库”，在弹出的对话框中选择“画笔描边”|“喷溅”，然后根据需要设置参数即可。

图 6–83　喷溅

（7）水彩滤镜：能够模拟水彩风格绘制图像，当边缘有明显的色调变换时，该滤镜会让颜色更加饱满。如图 6–84 所示，执行菜单命令“滤镜”|“滤镜库”，在弹出的对话框中选择“艺术效果”|“水彩”，然后根据需要设置参数即可。

图 6–84　水彩

（8）动感模糊滤镜：可以模拟出高速跟拍而产生的带有运动方向的模糊效果。如图 6–85 所示，将运动主体之外的图像区域选出来，执行菜单命令“滤镜”|“模糊”|“动感模糊”，在弹出的对话框中设置模糊的运动角度（与主体运动方向一致）及距离即可。

图 6–85　动感模糊

（9）高斯模糊滤镜：可以给图像添加低频细节，从而使图像产生朦胧效果。高斯模糊是最常用的一种模糊滤镜，可以用来制作景深效果、投影的模糊效果等。如图 6–86 所示，将主体之外的图像区域选出来，执行菜单命令“滤镜”|“模糊”|“高斯模糊”，在弹出的对话框中设置参数即可。

图 6–86　**高斯模糊**

（10）液化滤镜：能够非常灵活地创建推拉、扭曲、旋转、收缩等变形效果，是修饰图像和创建艺术效果的强大工具。如图 6–87 所示，执行菜单命令“滤镜”|“液化”，在弹出的对话框中设置画笔工具选项，然后使用“向前变形工具”在胳膊上半部分向外拖动，制作肌肉效果。

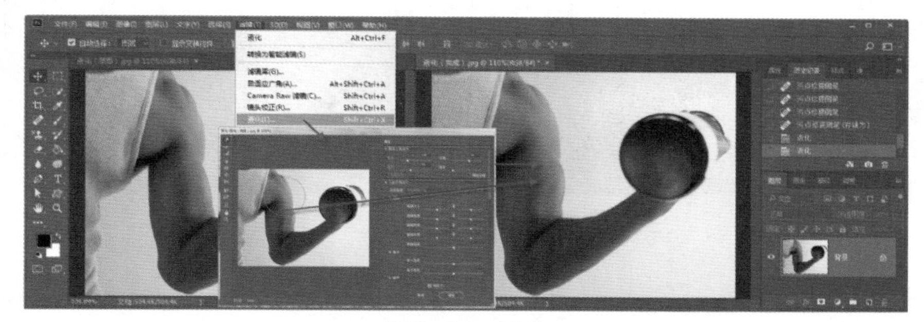

图 6–87　**液化**

（11）液化滤镜（人脸识别）：PS CC 版液化滤镜中，具备人脸识别功能，可以单独更改人物脸部的各个器官。如图 6–88 所示，执行菜单命令“滤镜”|“液化”，在弹出的对话框中，使用“脸部工具”，直接拖动滑块，可以调整人物的面部轮廓大小，还可以调整眼睛、鼻子、嘴唇的位置和大小等。

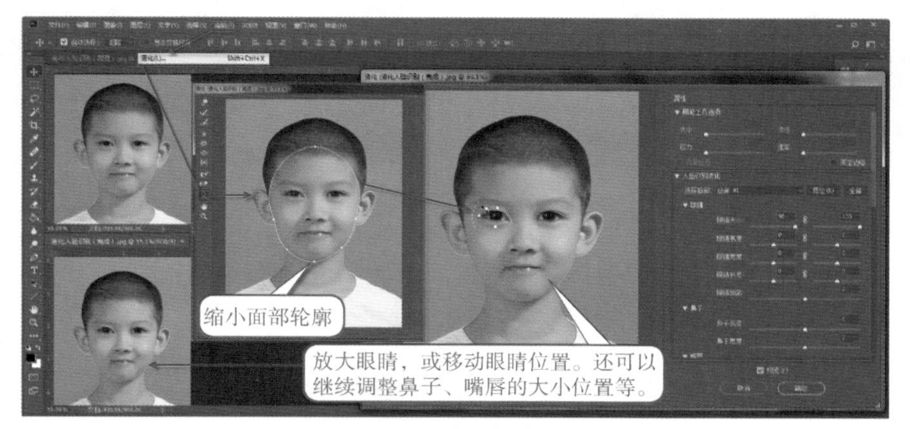

图 6–88　**液化人脸识别**

任务实施

1. 美肤柔焦

找到素材图片“美肤柔焦.jpg”，如图 6-89 所示，使用高斯模糊滤镜，结合图层混合模式、图层蒙版技术以及画笔工具，实现人物的磨皮美白和照片的柔焦效果。

美肤柔焦

（1）在 PS 中打开素材图片。先将文件另存为“美肤柔焦（完成）.psd”。

（2）使用快捷键【Ctrl+J】将背景层拷贝一份。如图 6-90 所示，执行菜单命令“滤镜”|“模糊”|“高斯模糊”，在弹出的对话框中修改模糊的半径，令模糊后的面部基本看不出雀斑即可。

图 6-89 美肤柔焦

图 6-90 高斯模糊

（3）将“背景拷贝”层的图层混合模式修改为“滤色”。如图 6-91 所示，两层叠加后，不仅对画面起到了提亮柔化效果，而且对皮肤起到了磨皮美白效果。

（4）将“背景”层，再拷贝一份，放在顶层。在该层，执行菜单命令“滤镜”|“模糊”|“高斯模糊”，将模糊半径设置得比刚才大一点，然后将该层的混合模式修改为“滤色”，令叠加效果更明显。如图 6-92 所示，两次叠加后，画面有点太亮太虚，可以将这一层的透明度适当降低。

图 6-91　滤色模式

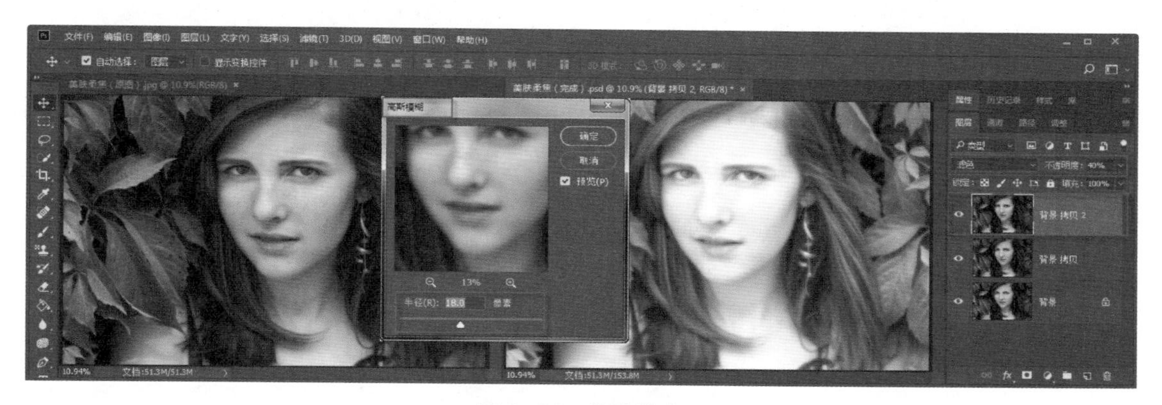

图 6-92　再次滤色

（5）两次叠加后，虽然皮肤美白柔化了，但是五官和头发也都变得更加虚化了。因此，给顶端图层再添加一个图层蒙版，使用“画笔工具”，调整画笔的笔尖大小、硬度、颜色等，如图 6-93 所示，在图层蒙版中，将人物的眼睛、鼻子轮廓、嘴巴、头发及周边植物涂抹成黑色，让这些地方的细节更加突出。

图 6-93　图层蒙版

仙境云雾

（6）完成后，将文件另存成 JPEG 格式，并保存其 PSD 格式，以备将来再次编辑。

2. 仙境云雾

找到素材图片“仙境云雾 .jpg”，如图 6–94 所示，使用云彩滤镜，结合图层混合模式、图层蒙版技术以及画笔工具，实现周边环境的云雾缭绕效果。

图 6–94　仙境云雾

（1）在 PS 中打开素材图片。先将文件另存为“仙境云雾（完成）.psd”。

（2）新建一个图层，使用快捷键【X】将“前景色”和“背景色”换回原始的黑白色。如图 6–95 所示，执行菜单命令“滤镜”|“渲染”|“云彩”，制作黑白相间的云雾效果。

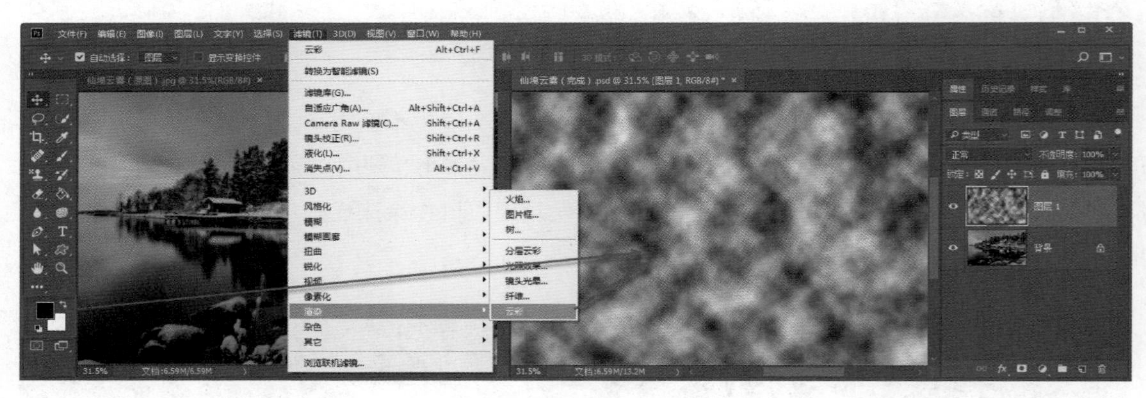

图 6–95　云彩滤镜

（3）如图 6–96 所示，将云雾层的图层混合模式设置为“滤色”，令其只保留白色云雾。如果觉得效果过于明显，可以适当降低图层的不透明度，令其更加自然。

（4）给云雾层添加一个图层蒙版，使用“画笔工具”，调整画笔的笔尖大小、硬度、颜色等，如图 6–97 所示，在图层蒙版中将主体部分涂抹成黑色，令云雾只出现在周边环境。

（5）完成后，将文件另存成 JPEG 格式，并保存其 PSD 格式，以备将来再次编辑。

图 6-96　滤色模式

图 6-97　图层蒙版

3. 梦幻背景

梦幻背景

找到素材图片“梦幻背景 .jpg”，如图 6-98 所示，使用云彩滤镜、点状化滤镜、高斯模糊滤镜，结合图层混合模式、图层蒙版技术以及画笔工具，制作主体周边的梦幻背景。

图 6-98　梦幻背景

（1）在 PS 中打开素材图片。先将文件另存为“梦幻背景（完成）.psd”。

（2）新建一个图层，在工具箱中将“前景色”和“背景色”分别设置成自己喜欢的某种颜色。

如图 6–99 所示，执行菜单命令“滤镜”|“渲染”|“云彩”，制作云彩效果。

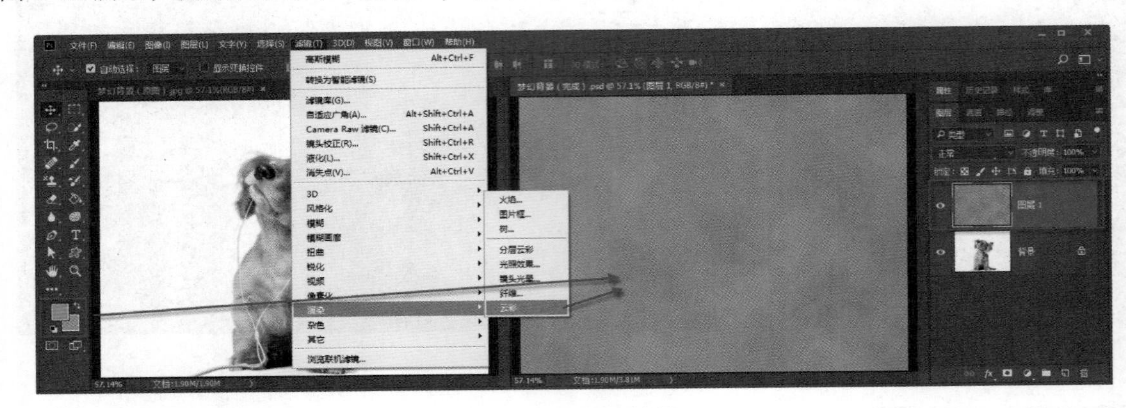

图 6–99　云彩滤镜

（3）执行菜单命令“滤镜”|“像素化”|“点状化”，弹出“点状化”对话框，如图 6–100 所示，将参数“单元格大小”设置为最大，制作点状化效果。

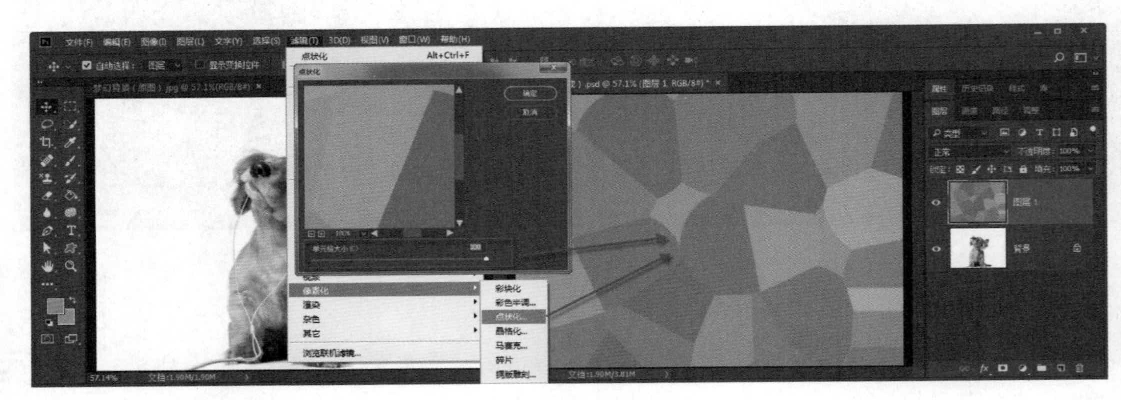

图 6–100　点状化滤镜

（4）执行菜单命令“滤镜”|“模糊”|“高斯模糊”，弹出“高斯模糊”对话框，如图 6–101 所示，将参数“半径”设置得大一点，制作模糊效果。

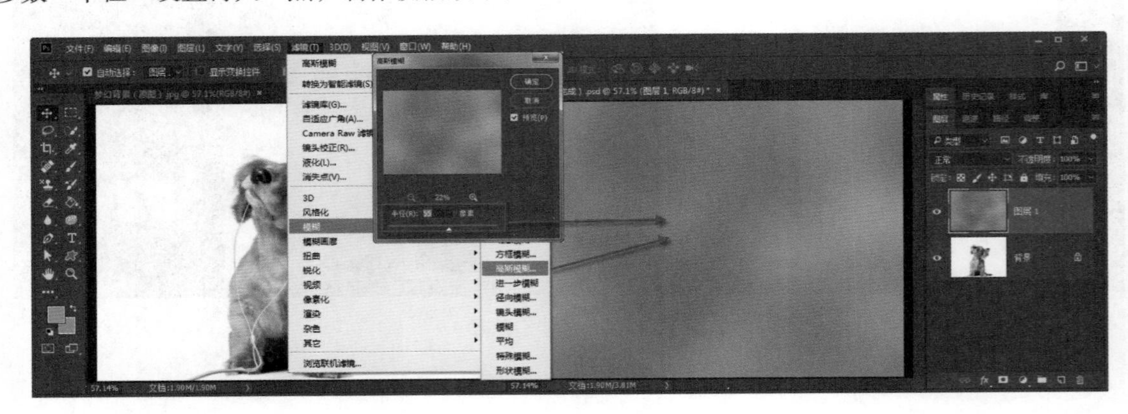

图 6–101　高斯模糊

（5）如图 6-102 所示，将该层图层混合模式设置为“正片叠底”，显示出主体。

图 6-102 正片叠底

（6）给该层添加一个图层蒙版，使用“画笔工具”，调整画笔的笔尖大小、硬度、颜色等，如图 6-103 所示，在图层蒙版中将主体部分涂抹成黑色，令背景色只显示在周边环境。

图 6-103 图层蒙版

（7）完成后，将文件另存成 JPEG 格式，并保存其 PSD 格式，以备将来再次编辑。

相框效果

4. 相框效果

找到素材图片“麋鹿小孩 .jpg”，如图 6-104 所示，将图像画布向外扩充，使用“魔棒工具”将图像扩充出来的边缘选中，使用染色玻璃滤镜、喷色描边滤镜、彩色半调滤镜等，给图像制作相应的相框效果。

图 6-104 相框效果

（1）在 PS 中打开素材图片，先将文件另存为“相框效果 .psd”。

（2）如图 6–105 所示，执行菜单命令“图像”|“画布大小”，在弹出的对话框中设置参数，让画布在宽度和高度上均向外扩展 10% 左右（扩展区域用白色填充）。

图 6–105　画布扩展

（3）使用快捷键【Ctrl+J】将背景层拷贝一份，将拷贝层命名为“相框 1”。如图 6–106 所示，在相框 1 层中，使用“魔棒工具”将白色边框区域选出来，在工具箱中将“前景色”选择成画面中小女孩裙子的颜色（或者自己喜欢的颜色），执行菜单命令“滤镜”|“滤镜库”|“纹理”|“染色玻璃”，适当调节各个参数，制作第一种相框效果。

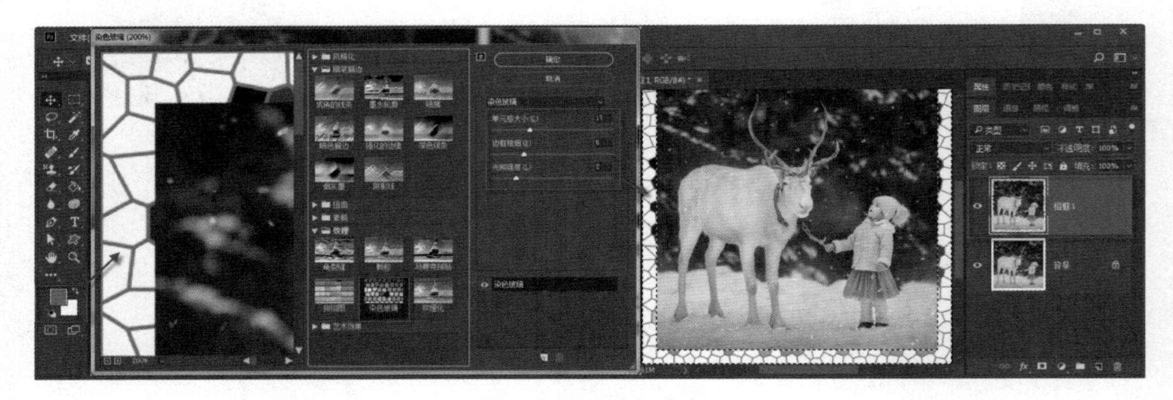

图 6–106　染色玻璃

（4）将背景层再拷贝一份，命名为“相框 2”，将其移动至顶层。如图 6–107 所示，在相框 2 层中，使用“魔棒工具”将白色边框区域选出来，执行菜单命令“滤镜”|“像素化”|“彩色半调”，适当调节参数，制作第二种相框效果。

（5）将背景层再拷贝一份，命名为“相框 3”，将其移动至顶层。如图 6–108 所示，在相框 3 层中，使用“魔棒工具”将白色边框区域选出来，执行菜单命令“滤镜”|“滤镜库”|“画笔描边”|“喷色描边”，适当调节参数，制作第三种相框效果。

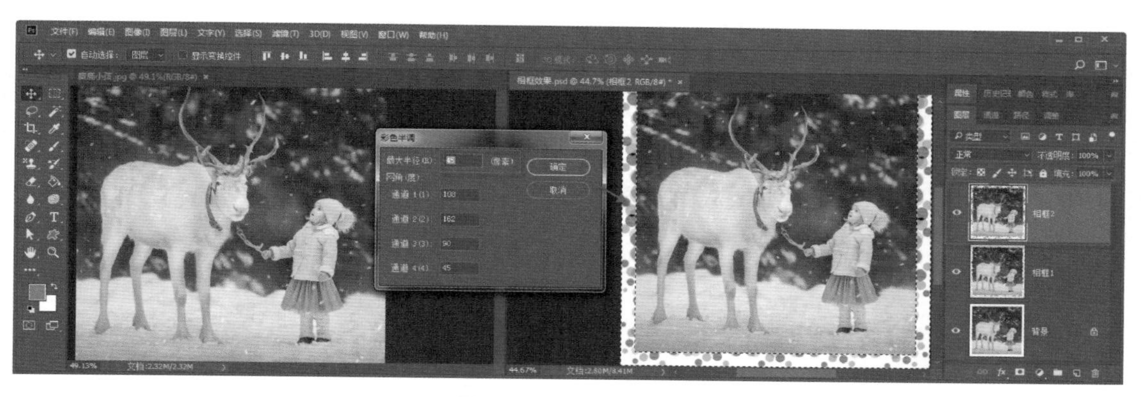

图 6-107　彩色半调

图 6-108　喷色描边

（6）完成后，将文件另存成 JPEG 格式，并保存其 PSD 格式，以备将来再次编辑。

第7章 Photoshop通道及调色

通道是PS的高级功能，它与图像的内容、色彩及选区相关。而调色是照片后期处理中的一项重要功能，学会运用各类调色技术，不仅可以调整照片的曝光及偏色问题，还可以根据个人喜好，为图片设置不同的影调氛围。

任务 1　通道技术

任务描述

本任务主要学习色彩相关的知识点，以及通道相关的常见应用。

相关知识

1. 认识色彩

色彩是色与彩的全称。色是指分解的光进入人眼并传至大脑时产生的感觉。彩是指多色的意思。色彩是客观存在的物质现象。

2. 色彩三要素

色彩三要素是指每种色彩都同时具备的三种基本属性：色相、明度、饱和度（纯度）。如图 7-1 所示，色相是指色彩的相貌，如红、黄、绿、蓝等。色相是区分色彩的主要依据。

注意：黑、白、灰三色是无色彩系列，它们不具有色相属性。

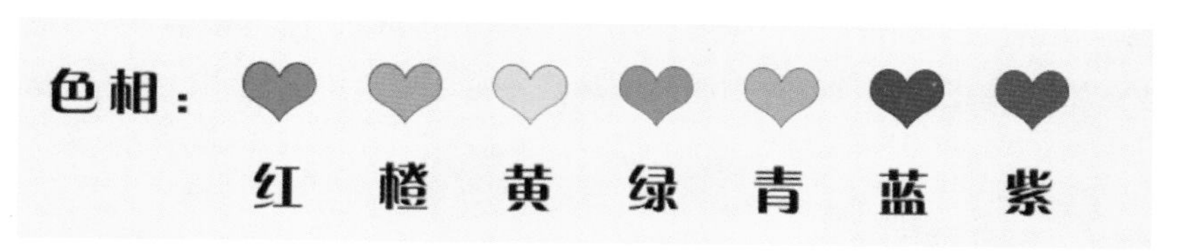

图 7-1　色相

如图 7-2 所示，明度是指色彩的明暗程度。

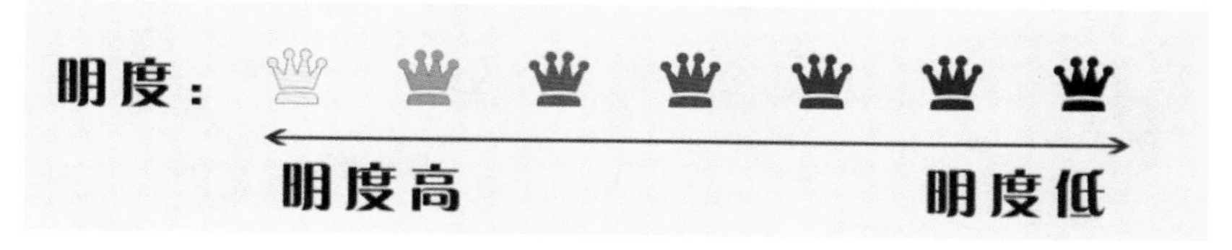

图 7-2　明度

如图 7-3 所示，饱和度（纯度）是指色彩的鲜艳程度。

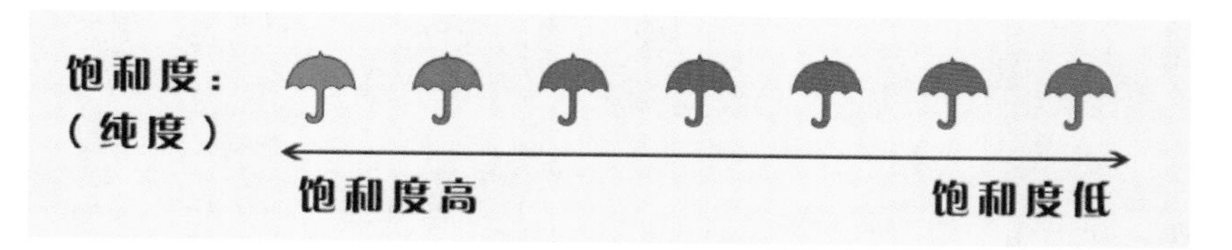

图 7-3　饱和度

3. 色相环

色相环是指以圆形排列的色相光谱，其色彩顺序是按照光谱在自然界中出现的顺序来排列的。如图 7-4 所示，根据颜色划分的细致程度，色相环又可分为十二色相环、二十四色相环、三十六色相环、四十八色相环、七十二色相环等。

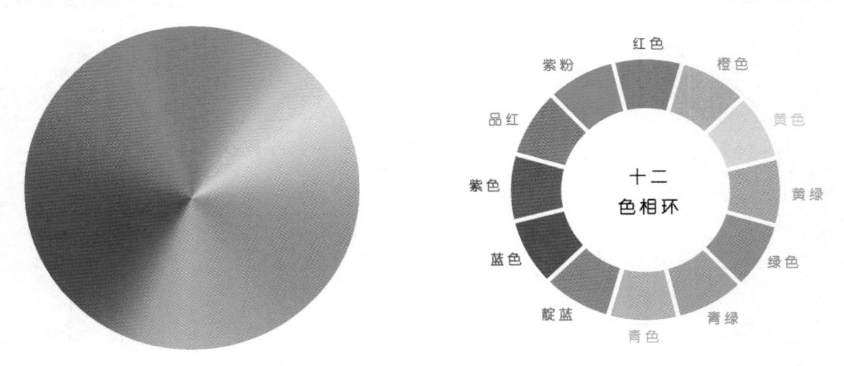

图 7-4 色相环

4. 色彩的冷暖感知

如图 7-5 所示，色相环的上半部分属于暖色调，可以象征兴奋、热情、血腥、阳光、温暖、活力、积极、朝气蓬勃、活泼快乐等，这些色彩在餐饮、儿童、商业、个性、红色主题等相关设计中用得比较多。色相环的下半部分属于冷色调，可以象征冰雪、寒冷、理智、沉着、冷静、坚实、清爽、淡泊、悠远、生命力、健康等，这些色彩在科技、企业、学术、医药、健康、冰雪嘉年华等主题相关的设计中应用得比较多。而紫色和黄绿色其实没有特别明显的冷暖感觉，属于中间色调，紫色一般象征神秘，在时尚类设计中用得比较多。

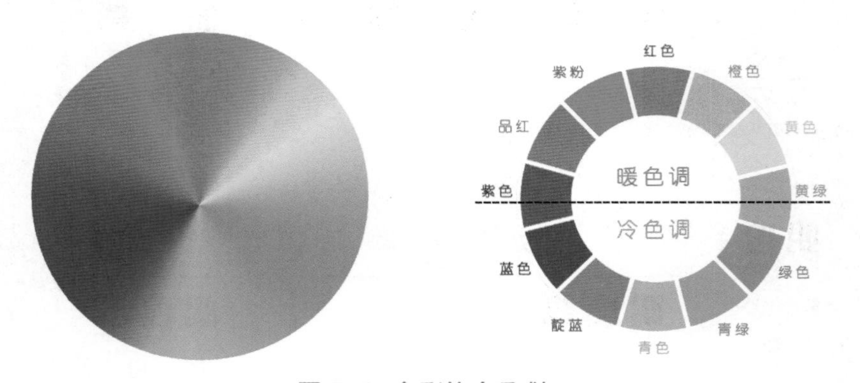

图 7-5 色彩的冷暖感知

5. 同类色

如图 7-6 所示，在色相环中，所有夹角在 30° 以内的颜色都称为同类色。例如，深红和粉红就是同类色，它们的色相性质相同，只是色度有深浅之分。

6. 邻近色

如图 7-7 所示，在色相环中，所有夹角在 60° 以内的颜色都称为邻近色。例如，蓝色和紫色就是邻近色。

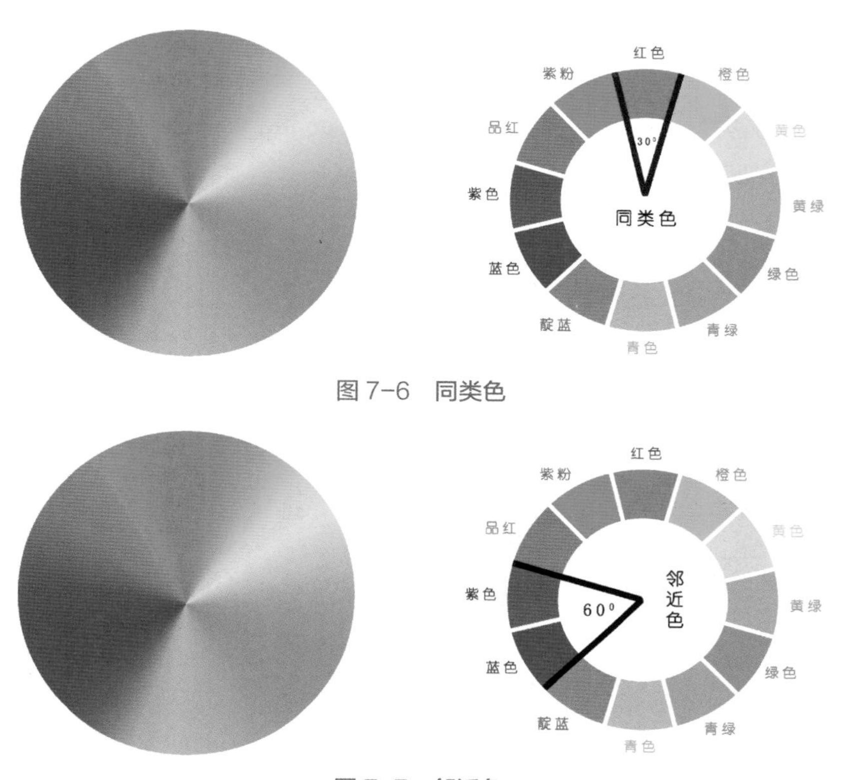

图 7-6　同类色

图 7-7　邻近色

7. 互补色

如图 7-8 所示，在色相环中，任何两种夹角刚好为 180°（互为对角）的颜色称为互补色。例如，红色跟青色是互补色，绿色跟品红是互补色，蓝色跟黄色是互补色。

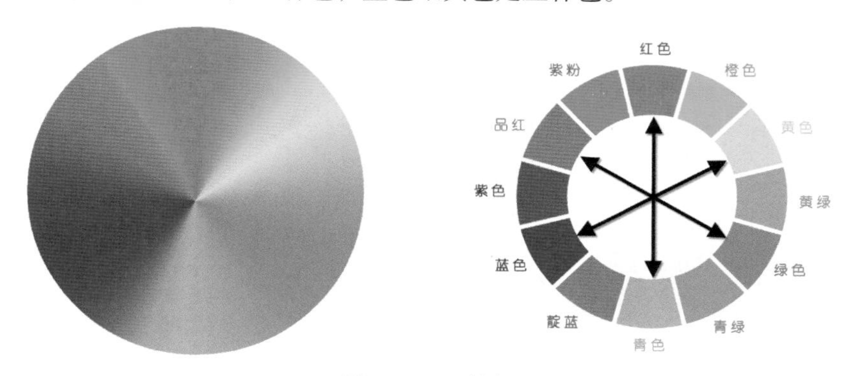

图 7-8　互补色

8. 原色

原色是指不能通过其他颜色混合得到的基础色。除原色以外的其他颜色都可以通过将原色以不同比例混合的方式而得到。

9. 光色三原色

光色的三原色是：红色（Red）、绿色（Green）、蓝色（Blue），其适用对象为自体发光物，如阳光、电视、计算机、投影仪等。其混合模式为“加法模式”，即多束色光叠加时，得到的结果色光会更亮。如图 7–9 所示，其加色模式为：同等比例的三原色全部参与叠加，将得到白色，而其中任意两种原色相叠加，将得到另一个原色的互补色。光的原色系统对应着 PS 中的 RGB 颜色模式，该模式适应于电子图像的处理，这是人们通常所使用的颜色模式，也就是说如果要处理的图片仅用于电子设备上观看或者网络上传播，那么使用 RGB 模式处理即可。

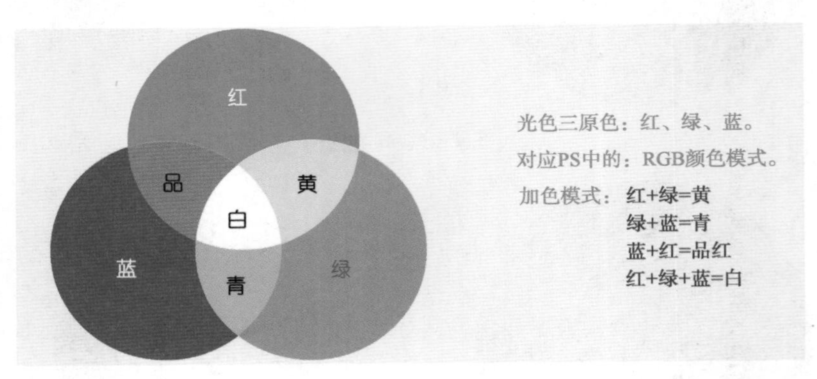

图 7–9 光色三原色

10. 物色三原色

物色的三原色是：青色（Cyan）、品红色（Magenta）、黄色（Yellow），其适用对象为自体不会发光的物体，如书本、衣服、墙壁等。其混合模式为“减法模式”，即多种颜色叠加时，得到的结果色会更暗。如图 7–10 所示，其减色模式为：同等比例的三原色全部参与叠加，将得到黑色，而其中任意两种原色相叠加，将得到另一个原色的互补色。物的原色系统，对应着 PS 中的 CMYK 颜色模式，其中字母 K 指的是专色黑色（Black）。该模式是打印模式，适应于需要彩打的图像，也就是说如果图片需要进行彩色打印，在打印前可以先转换为 CMYK 模式，在该模式下看到的色彩效果更接近于真实打印效果。

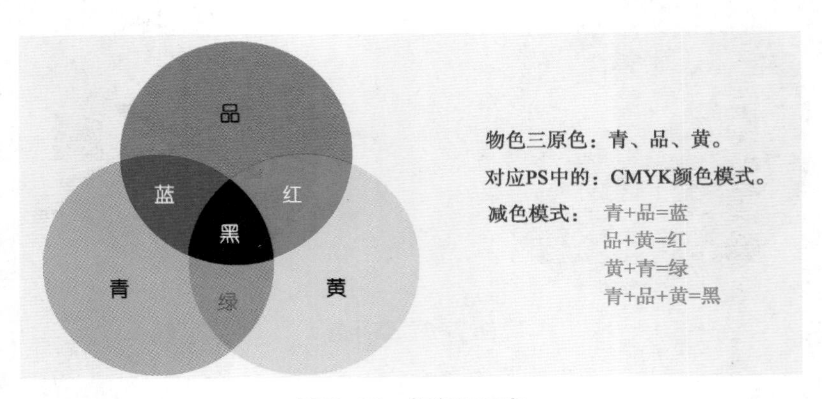

图 7–10 物色三原色

11. 认识通道

通道，是 PS 中最重要的一种选区编辑功能，它主要用来存储图像的颜色信息。通道主要分为三种类型：颜色通道（原色通道）、Alpha 通道、专色通道。

12. 颜色通道（原色通道）

颜色通道又称原色通道，主要用于保存图像的颜色信息。在 PS 中打开一副图像，系统就会自动创建相应的颜色通道。而颜色通道的数量取决于图像的颜色模式，例如，RGB 模式中包含 4 个通道，分别为红通道、绿通道、蓝通道和一个 RGB 复合通道。而 CMYK 模式中包含 5 个通道，分别为青、品、黄、黑四个原色通道和一个 CMYK 复合通道。实际上复合通道中不包含任何信息，它只是同时预览编辑所有颜色通道的一个快捷方式，通常所看到的图像效果，就是复合通道中的图像效果。

不同的原色通道，保存了图像中不同颜色的分布信息，在原色通道中，显示越亮的区域，就代表图像中这个区域中的该颜色像素的数量分布越多。在通道中只显示黑色、白色以及各种亮度级别的灰色，而不显示彩色。

以 RGB 模式为例，如图 7-11 所示，在这幅图的红通道中：白云及品红、黄风车叶片所在的位置最亮，说明这些地方红色像素分布最多，而绿、蓝色风车叶片处最暗说明这里几乎没有红色像素分布。在这幅图的蓝通道中：蓝天、白云，以及蓝、紫色风车叶片，还有红、橙叶片的亮面区域，这些区域比较亮，说明这些区域中蓝色像素分布较多，而绿、黄风车叶片及红、橙风车叶片的暗部区域，几乎为黑色，说明这里几乎没有蓝色像素分布。在这幅图的绿通道中：白云、黄色叶片及绿、橙、蓝叶片的亮域处，显得较亮，说明这些地方的绿色像素分布较多，而紫、品红叶片的暗部区域，几乎为黑色，说明这里基本没有绿色像素分布。

图 7-11　原色通道

13. Alpha 通道

Alpha 通道主要用来创建和存储选区。如图 7-12 所示，在 Alpha 通道中，白色部分代表被选择的区域，黑色部分代表非选择区域，而灰色部分则表示部分选择的区域，即羽化的区域。

可以使用各种绘图或修图工具对 Alpha 通道进行编辑，也可以使用滤镜对 Alpha 通道进行处理，从而得到一些比较复杂的效果。

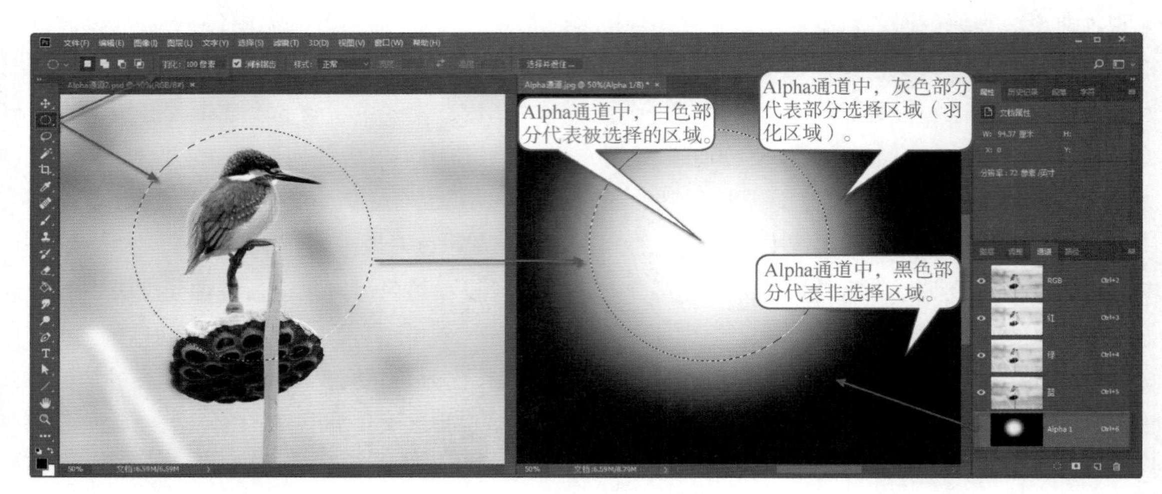

图 7-12 Alpha 通道

14. 专色通道

专色通道是一种特殊的颜色通道，它可以使用除了青、品、黄、黑以外的颜色来绘制图像。在印刷中，为了让自己的印刷作品与众不同，往往要做一些特殊处理。如增加荧光油墨或夜光油墨，套版印制无色系（如烫金）等。这些特殊颜色的油墨（称为“专色”），都无法用三原色油墨混合而成，这时就要用到专色通道与专色印刷了。

15. 通道相关操作

“通道”面板是创建和编辑通道的主要场所，通道相关的常用操作基本都可以在“通道”面板中执行。图 7-13 所示为“通道”面板的功能介绍。

图 7-13 通道操作

（1）新建通道：在“通道”面板中单击“新建通道”按钮，即可新建一个纯黑通道，可以使用“画笔工具”在该通道中进行涂抹编辑。

（2）删除通道：在“通道”面板中选择某个通道，单击“删除通道”按钮，即可将其删除。

（3）将通道作为选区载入：在“通道”面板中选择某个通道，单击“将通道作为选区载入”按钮，那么通道中的白色及灰色部分就会变成选区显示出来。

（4）将选区存储为通道：在带有选区的情况下，单击“通道”面板中的“将选区存储为通道”按钮，即可将其转换为 Alpha 通道。

（5）重命名通道：在“通道”面板中双击某个通道的名称处，即可进入编辑状态，输入文字重新命名即可。

（6）通道的隐藏与显示：在“通道”面板中单击通道缩略图左侧的眼睛处，即可令该通道隐藏或显示。通常情况下，Alpha 通道是隐藏的，只显示原色通道和复合通道，如果在原色通道都显示的情况下，将 Alpha 通道也显示出来，如图 7-14 所示，非选区部分的图像效果，就会像蒙上了一层红色的透明薄纱。

（7）单击“通道”面板右上角的按钮，可以弹出其扩展菜单，在这里可以执行新建通道、删除通道、复制通道、合并通道、分离通道等操作。

图 7-14　显示 Alpha 通道

任务实施

1. 分离通道

找到素材图片“分离通道 .jpg”，将其原色通道分离成 3 张灰度图片进行保存。

（1）在 PS 中打开素材图片。

（2）单击“通道”面板右上角的按钮，在弹出的菜单中选择“分离通道”命令。如图 7-15 所示，系统会自动将原图分离成 3 张灰度图片，每张图片的文档名称处会显示它是由哪个通道生成的。

分离通道

图 7-15 分离通道

合并通道

（3）将每张灰度图片都另存成 JPEG 格式，并将其名称分别设置为“原图名称 _ 红 .jpg”“原图名称 _ 绿 .jpg”“原图名称 _ 蓝 .jpg”，以备日常使用。

2. 合并通道

找到素材图片“合并通道 1.jpg”“合并通道 2.jpg”“合并通道 3.jpg”，将其自由组合到 RGB 模式的三个通道中，制作特殊的艺术效果，如图 7-16 所示。

图 7-16 合并通道

（1）在 PS 中打开所有素材图片。

（2）单击“通道”面板右上角的按钮，在弹出的菜单中选择“合并通道”命令，如图 7–17 所示，在弹出的“合并通道”对话框中，将颜色模式设置为“RGB 颜色”，单击“确定”按钮，弹出“合并 RGB 通道”对话框，在此可以将三张图片自由组合为红绿蓝通道，不同的组合方式出来的图像效果也会不同，多尝试几次，组合出自己喜欢的效果。

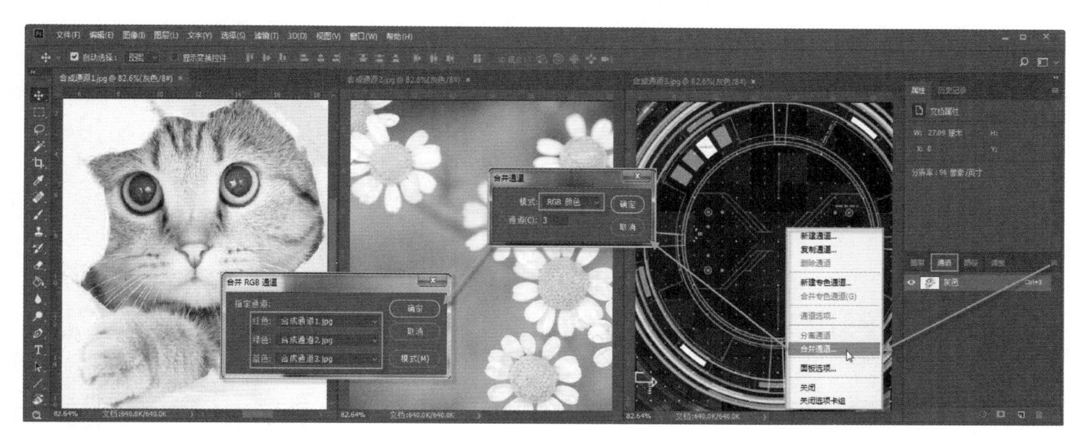

图 7–17　合并通道

（3）将合并后的图片另存成 JPEG 格式，以备日常使用。

替换通道

3. 替换通道

找到素材图片“替换通道 .jpg”，让某个通道随机替换另一个通道，制作特殊的艺术色彩，如图 7–18 所示。

图 7–18　替换通道

（1）在 PS 中打开素材图片。

（2）如图 7-19 所示，在“通道”面板中选择某个原色通道，按快捷键【Ctrl+A】进行全选，然后按快捷键【Ctrl+C】复制通道信息，进入另一个原色通道，按快捷键【Ctrl+V】，用之前的通道信息替换后面的通道信息，制作图像的艺术色彩。

图 7-19　替换通道

（3）不同的通道替换组合可以出现不同的艺术色彩，可以多次尝试，找到自己喜欢的艺术效果。

（4）将替换通道后的图片另存成 JPEG 格式，以备日常使用。

荷叶上的水珠效果

4. 制作荷叶上的水珠效果

找到素材图片“荷叶 .jpg”，结合通道技术、滤镜技术、图层样式等，制作荷叶上的水珠效果，如图 7-20 所示。

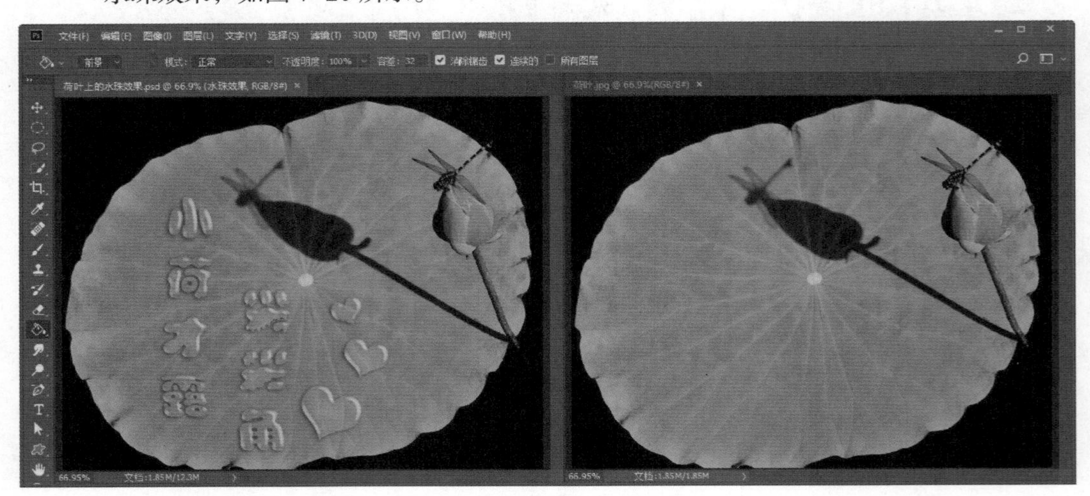

图 7-20　荷叶上的水珠效果

（1）在 PS 中打开素材图片，将图片另存为“荷叶上的水珠效果 .psd”。

（2）如图 7–21 所示，使用“直排文字工具”输入文字，设置字体大小、字体格式等（最好选粗点的字体，否则水珠效果不易体现出来），颜色随意，调整文字位置。

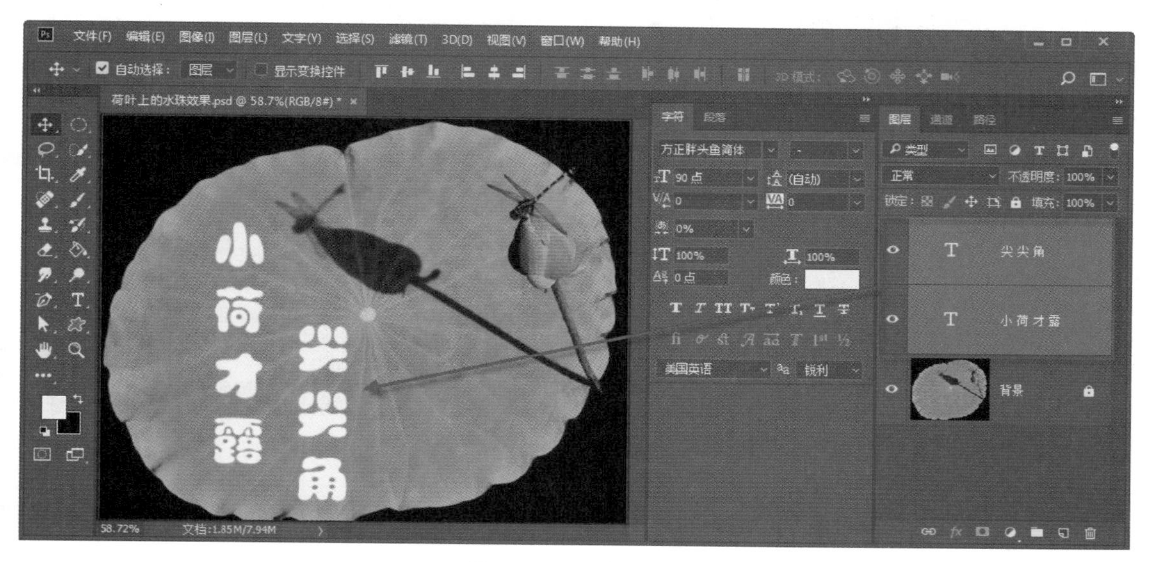

图 7–21　添加文字

（3）如图 7–22 所示，创建文字变形，给文字添加一点变形效果。

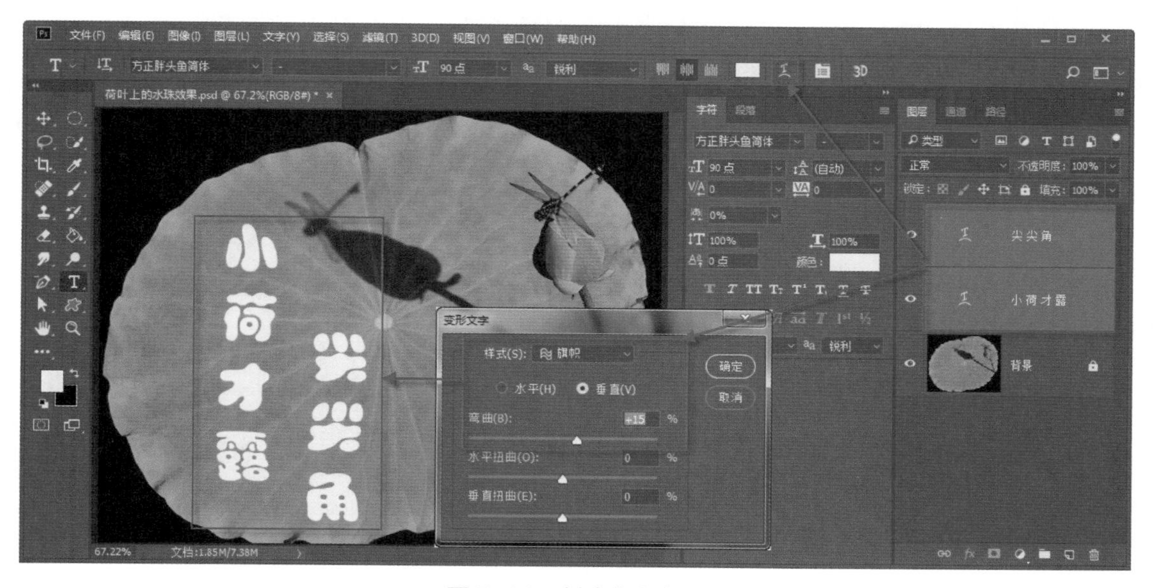

图 7–22　创建文字变形

（4）如图 7–23 所示，使用“自定义形状工具”，将其工具模式设置为“形状”，根据需要添加几个形状，然后调整形状的大小、角度、位置等。（此步骤也可以使用“画笔工具”在新建图层上自由涂鸦，或者从网上下载其他图形进行使用。）

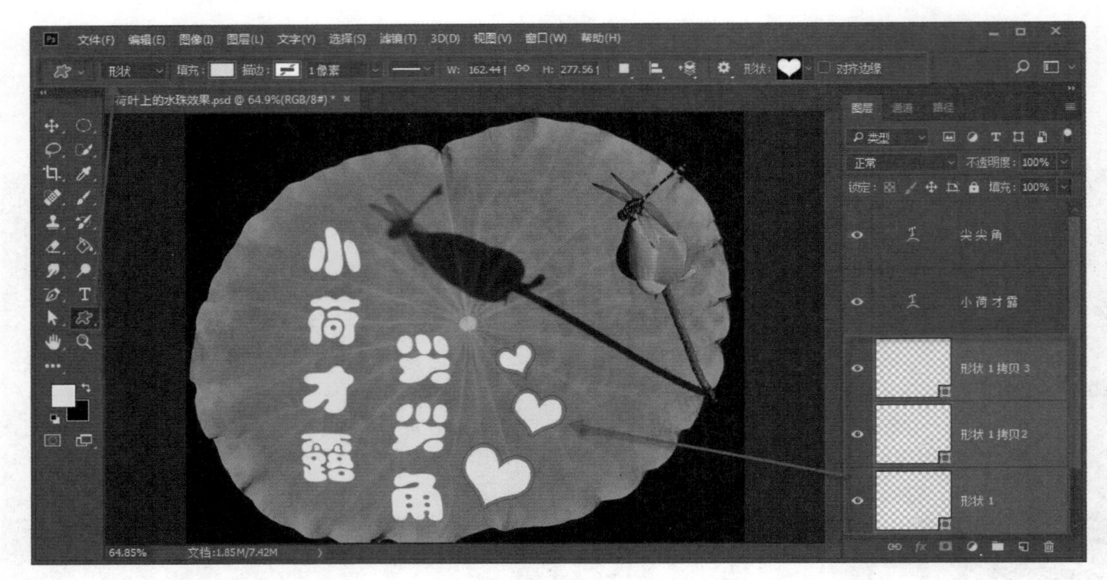

图 7-23 添加形状

（5）如图 7-24 所示，将文字层和形状层统一选中，使用快捷键【Ctrl+Alt+E】盖印图层，得到一个总体的文字形状合并层。将原始的那些文字形状层隐藏，以备出错时修改使用。

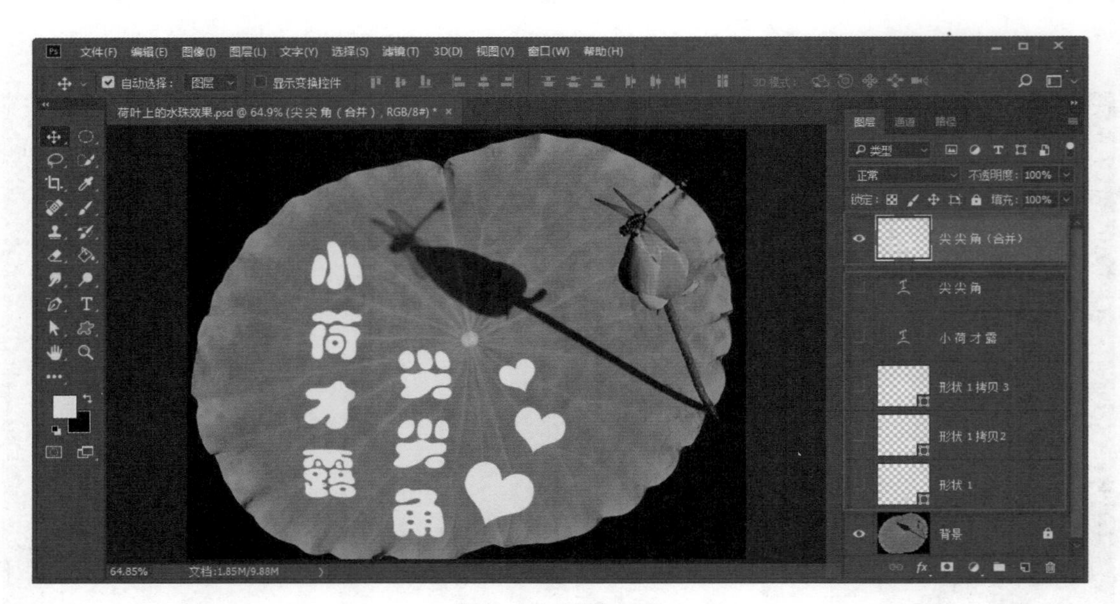

图 7-24 盖印图层

（6）按住【Ctrl】键的同时在“图层”面板中单击合并层的缩略图，将所有文字形状作为选区选取出来。在“通道”面板中单击“将选区存储为通道”按钮，得到 Alpha1 通道。

（7）如图 7-25 所示，首先按【Ctrl+D】取消选区。然后在 Alpha1 通道中，执行菜单命令“滤镜”|“扭曲”|“水波”，给文字及形状添加一点水池波纹效果。

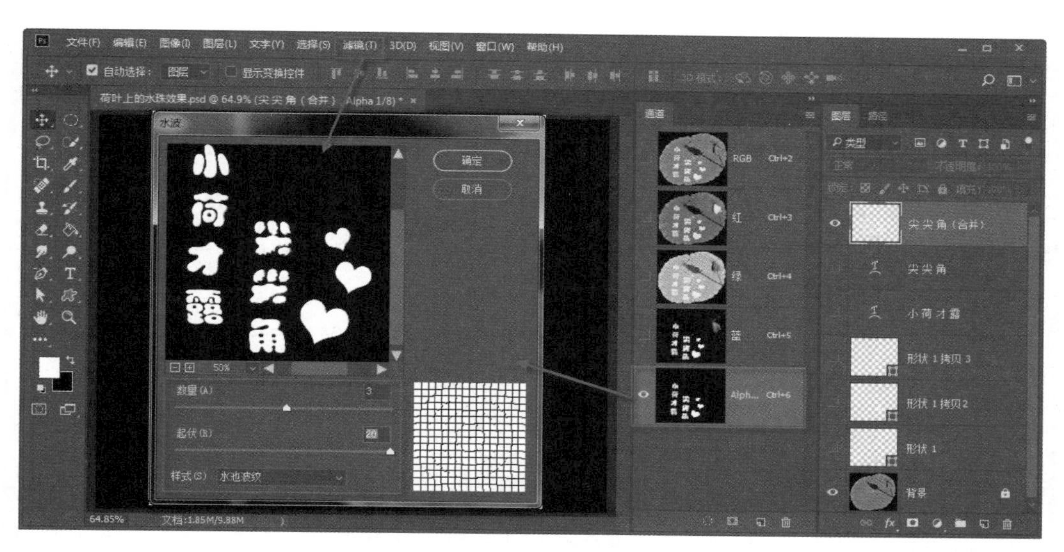

图 7-25　滤镜扭曲

（8）如图 7-26 所示，在“通道”面板中单击“将通道作为选区载入”按钮。回到“图层”面板，首先将合并层隐藏。然后在合并层上新建图层，命名为“水珠效果”。使用“油漆桶工具”给图层“水珠效果”中的选区随意填充一种彩色。

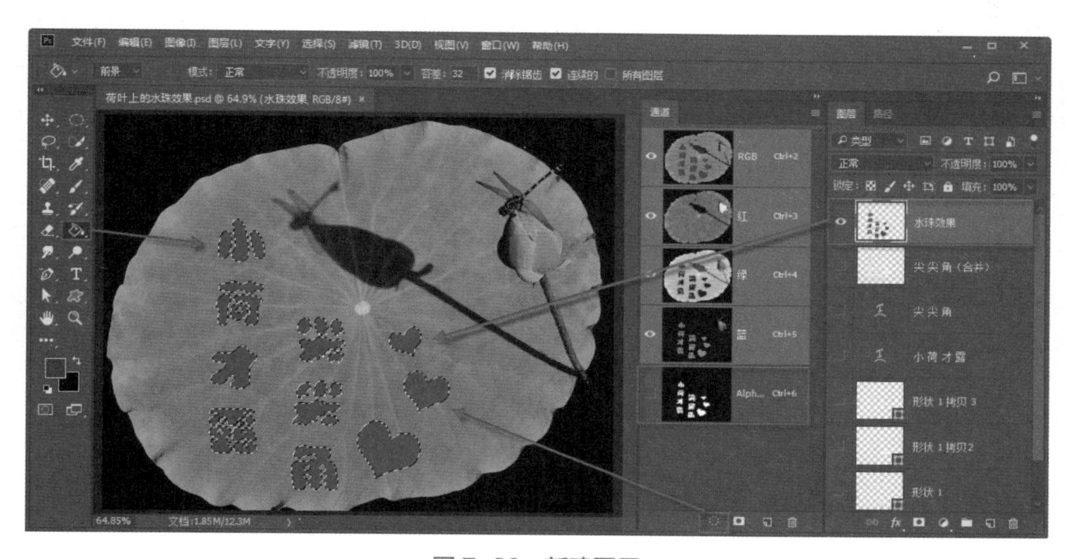

图 7-26　新建图层

（9）在 PS 中打开给定的素材“水珠样式 .asl”，这时系统会自动载入该样式。打开“样式”面板，找到最后一个样式，即新载入的水珠样式。

（10）如图 7-27 所示，在“样式”面板中单击新载入的水珠样式，给图层“水珠效果”套用该样式。然后将该图层的“填充”设置为“0%”，令其颜色填充不可见，只保留水珠效果。

（11）如图 7-28 所示，给图层“水珠效果”中的选区，执行菜单命令“滤镜”|“滤镜库”|“扭曲”|“玻璃”，给水珠再添加一点玻璃滤镜效果。完成后，按快捷键【Ctrl+D】取消选区，查看水珠效果。

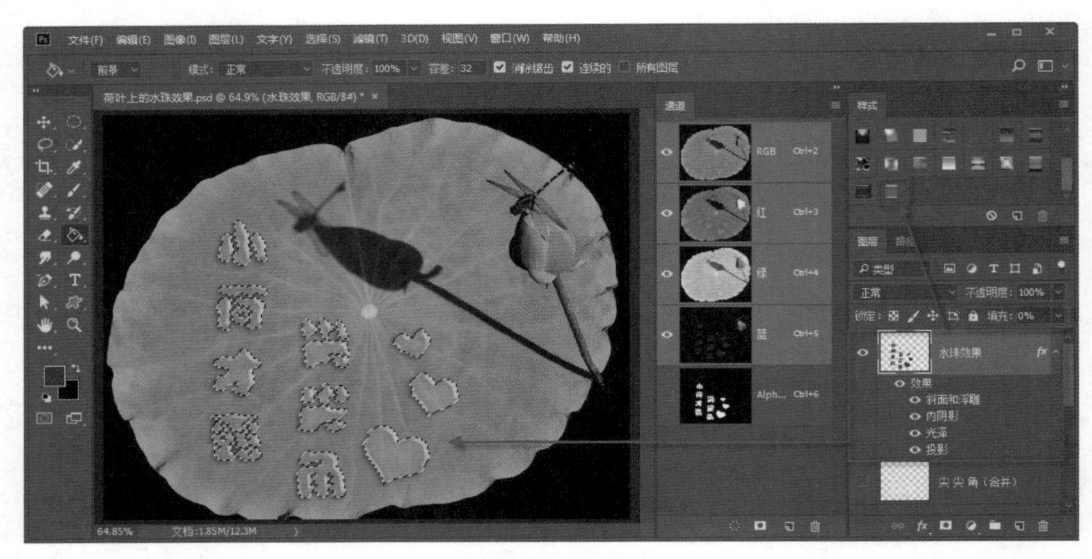

图 7-27　应用水珠样式

图 7-28　添加玻璃滤镜

（12）完成后，将文件另存成 JPEG 格式，并保存其 PSD 格式，以备将来再次编辑。

任务 2　照片调曝光

任务描述

本任务主要讲解照片曝光情况的判断，以及如何使用色阶、曲线技术对照片的曝光问题进行调节。

相关知识

1. 曝光

照片的曝光主要分为三种：曝光过度、曝光不足、曝光合适。

曝光过度：如果照片中的景物过亮，并且亮的部分没有层次和细节了，就是曝光过度。

曝光不足：如果照片中环境过于黑暗，无法真实反映景物的色泽，那就属于曝光不足。

曝光合适：如果照片中物体的明暗对比在画面中得到最佳的效果，景物的层次、质感、色彩都得到了真实再现，那么这种曝光就是合适的。

2. 直方图

通常，在观察照片的曝光程度时，人们只是大概地用眼睛看看，感觉这个照片是偏亮了还是偏暗了，就判断它是曝光过度或是曝光不足。但是很多时候，由于显示设备的问题，或者人们个人经验的不足，都有可能出现误判。那么，怎样才能不受这些外界因素的影响，正确地判断出图像是否存在曝光问题，从而对其进行调整呢？答案就是：学会看图像的直方图。

直方图是一种数码照片的分析方式。直方图是采用图形方式来展示图像中每种亮度级别的像素数量。图 7–29 所示为 PS 中的“直方图”面板。在 RGB 总通道模式中：直方图的横轴代表亮度级别（左侧最暗，右侧最亮），直方图的纵轴代表像素的数量（越高，分布在这个亮度级别上的像素数量就越多）。而在单独的颜色（如红、绿、蓝）通道模式中：直方图的横轴代表亮度级别，纵轴代表这种颜色的像素数量。

图 7–29 直方图

3. 直方图与照片曝光的关系

直方图能够直接反应照片的曝光情况，其参数不受外界因素的影响。如图 7–30 所示，在这张照片的直方图中，从左到右各个区域均有像素分布，说明这张照片的曝光合适。

图 7-30　曝光合适

如图 7-31 所示，在这张照片中，像素主要集中在直方图的左侧（暗部）区域，而右侧（亮部）区域完全没有像素分布，因此这张照片属于曝光不足。使用肉眼观察，也可以看到这张照片是“黑乎乎”的。

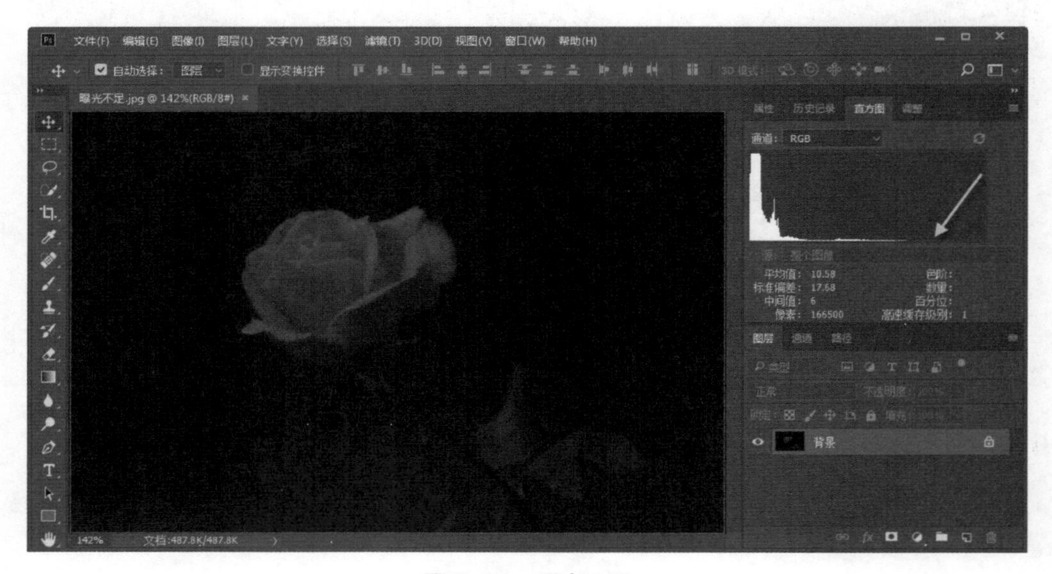

图 7-31　曝光不足

如图 7-32 所示，在这张照片中，像素主要集中在直方图的右侧（亮部）区域，而左侧（暗部）区域中几乎没有像素分布，而且图像中很多细节已经损失，因此这张照片属于曝光过度。使用肉眼观察，也感觉这张照片是“亮过头了”。

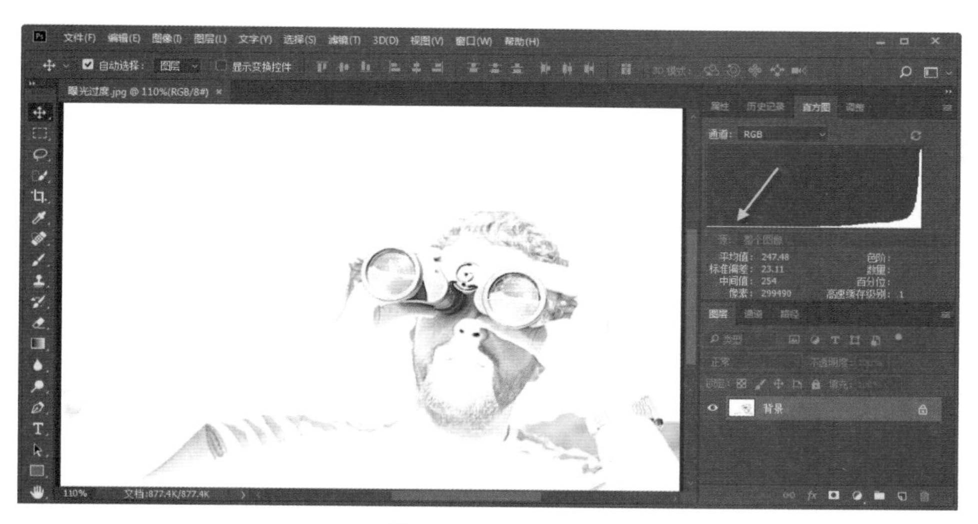

图 7-32　曝光过度

4. 直方图与照片发灰的关系

如图 7-33 所示，这张照片中的像素，主要集中在直方图的中间区域，而在直方图的左侧（暗部）区域和右侧（亮部）区域，几乎都没有像素分布，也就是说照片中亮的地方不够亮，而暗的地方也不够暗，因此这张照片属于对比度不够。使用肉眼观察，感觉这张照片有些“灰蒙蒙”的。

图 7-33　照片发灰

5. 影调

对于数码照片而言，影调主要是指画面的明暗层次、虚实对比、色彩色相的明暗度等之间的关系，是构成影像的重要因素。这里主要介绍影调的划分标准之明暗关系。在摄影的影调当中，按照明暗关系来分类，是最直观也是最明显的。根据画面明暗层次的不同，图像可以分为：亮调、暗调、中间调。

亮调：画面以浅灰至白色的颜色范围为主，一般采用较为柔和、均匀且明亮的顺光进行拍摄，常给人以光明、纯洁、轻松明快的感觉，但有时也会利用空旷和留白，产生空虚、肃穆、素淡的视觉效果。在人像摄影中，常用来表现女性和儿童的欢快清新的形象，在风光和静物的摄影中，也会给人以素雅洁净的视觉感受。

暗调：画面中明亮部分所占的比重，明显低于深而暗的画面比重。为了塑造阴影，暗调摄影中常常采用侧光和逆光，减少被摄主体的受光面，突出反差，营造画面的重量感和体积感。暗调的作品常让人感到沉稳、安静、充满神秘感，但有时又会表现黑暗、沉重、阴森的感觉。暗调表现的情感，比亮调更为强烈、深沉。在人像摄影中，常用来表现深沉、阴暗、孤独、悲伤的情绪性格及心理状态，在风光和静物摄影中，更有利于质感的突出。

中间调：介于暗调和亮调之间。一般中间调的光源并非单一，而是多光源的协调和配合来共同作用，在风光摄影中对大自然景观的表现效果更为突出，层次感较为丰富。

6. 直方图与影调的关系

我们不能机械地看待直方图，要灵活运用。图 7–34 所示为一张亮调图片，它与曝光过度的图片有区别。

图 7–34 亮调图片

图 7–35 所示为一张暗调图片，它与曝光不足的图片有区别。

7. 调色命令和调整图层

图像的色彩调整，主要会使用到 PS 中的各种调色命令。同时，针对常用的调色命令，PS 也提供了对应的调整图层，供大家使用。

调色命令的使用：如图 7–36 所示，执行菜单命令“图像”|“调整”，然后在子菜单中选择相应的调整命令，即可弹出该调色命令的对话框。或者直接使用某个调色命令对应的快捷键，也可以打开其命令对话框。

调整图层的添加：如图 7–37 所示，若要添加调整图层，执行菜单命令“窗口”|“调整”，先打开“调整”面板，然后在面板中单击某个调整按钮，即可给图片添加一个相应的调整层，根据需要对其进行参数调节即可。如果对调节效果不满意，可以随时双击调整层的缩略图，再次打开“调整”面板，重

新进行编辑。如果不再需要这个调整层，直接将其删除即可。

图 7-35　暗调图片

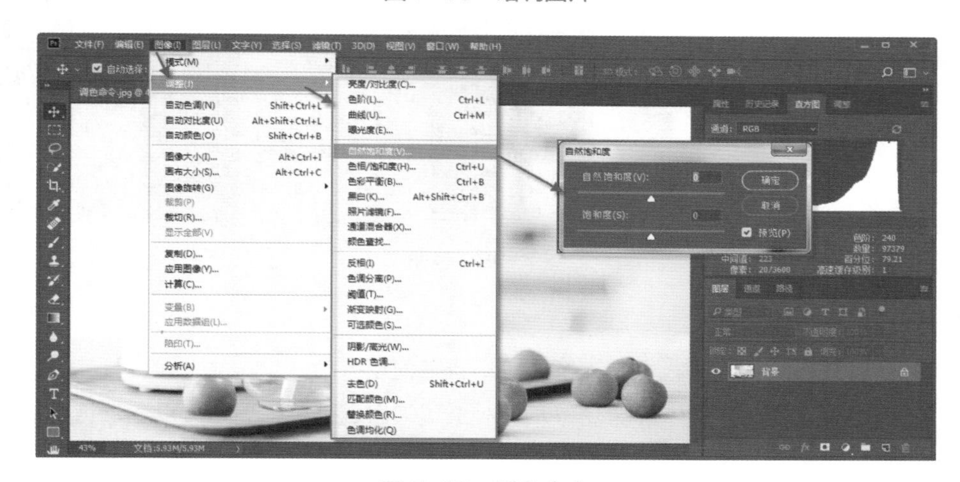

图 7-36　调色命令

调整图层与调色命令的异同：调整图层的调色效果与调色命令是一样的，但调整图层是一个自带蒙版的独立图层。调整图层的独立性更有利于保护原始图像，可以随时进行再编辑，自带蒙版则可以用来对处理效果进行局部控制，独立的图层也可以进行图层的个性化操作。例如，对图层的不透明度进行控制，给图层添加图层样式、图层混合模式等特效。

8. 色阶

色阶是 PS 中一个功能强大的命令，应用十分广泛。色阶可以用来调节图像的曝光不足、曝光过度、亮度 / 对比度、偏色等问题。

如图 7-38 所示，使用快捷键【Ctrl+L】，或者执行菜单命令“图像”|“调整”|“色阶”，弹出“色阶”对话框，在其中可以针对图片问题进行各项参数调节。PS 也提供了对应的色阶调整层，二者参数是一样的，可以根据需要选择命令或者调整层。

图 7-37　调整图层

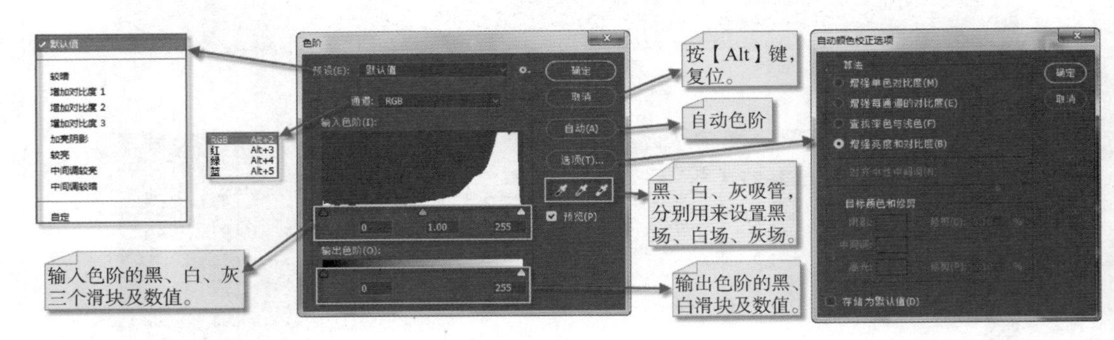

图 7-38　色阶

色阶参数介绍：

（1）预设：系统提供了多种预设调整方案，可以直接使用。

（2）通道（常用）：默认选择 RGB 通道，是针对整个画面进行调整。也可以分别选择红、绿、蓝通道，对画面中的相应色彩进行有针对性的调整。

（3）自动：单击该按钮，系统会根据当前图片自动设置适合的色阶，较为简单实用。

（4）选项：可以对自动颜色校正的选项进行设置。

（5）取消：如果对之前的调节效果不满意，可以按住【Alt】键，“取消”按钮会变成“复位”按钮，单击即可恢复到调整前的初始状态。

（6）输入色阶（常用）：是指图像本来的色阶范围。在 RGB 通道模式下，通过调节黑、白、灰三个滑块，可以改变图像的明暗以及对比度。具体如下：

➢ 将输入色阶右侧的白色滑块向左拖动，是让图像中亮的更亮，因此图像会变亮。

➢ 将输入色阶左侧的黑色滑块向右拖动，是让图像中暗的更暗，因此图像会变暗。

➢ 将输入色阶中间的灰色滑块向左拖动，是让图像中中间调的像素更亮，因此图像会变亮。而将输入色阶中间的灰色滑块向右拖动，是让图像中中间调的像素更暗，因此图像会变暗。

（7）输出色阶：是指为输出设备指定最小的暗调色阶和最大的高光色阶。通过调节黑、白滑块，使图像整体都在发生变化，主要改变图像整体的亮度范围。

（8）黑、白、灰吸管：可以直接在图像上单击取样，即吸取画面中某个区域的亮度，设置黑场、白场、灰场，从而改变整个画面的明暗程度。具体如下：

➢ 用黑色吸管在图像中单击，可使图像基于单击处的色值变暗。

➢ 用白色吸管在图像中单击，可使图像基于单击处的色值变亮。

➢ 用灰色吸管在图像中单击，可使图像减去基于单击处的色调，以减弱图像偏色。

注意： 在调节黑场时，要注意暗部的细节，不要丢失太多。在调节亮度时，也不要过量，要把握好度，将图片在视觉上调节到一个最舒服的状态即可。吸管功能要恰当使用，若不小心用吸管吸取了不合适的明暗程度，整个画面会变得过于明亮或过于黑暗，此时可以回退至上一步，重新进行调整。好好利用黑、白、灰滑块，控制画面的颜色明暗，会让色阶命令比亮度 / 对比度命令高级很多。

如果是特别严重的曝光不足或曝光过度，图片中的很多细节已经损失，使用任何调色命令都不可能令其恢复到特别理想的状态。

9. 曲线

曲线是 PS 中功能最强大、调整最精确最细腻的工具。曲线的应用特别广泛，不仅可以调整图像的明暗度、对比度，改变图像的色调、色温，还可以校正偏色、改变影调，不仅能够全图调整，还可以针对单独的颜色通道进行调整，也能够结合蒙版对图像的局部区域进行精细调整。

如图 7–39 所示，使用快捷键【Ctrl+M】，或执行菜单命令“图像”|“调整”|“曲线”，弹出“曲线”对话框。也可以给图片添加曲线调整层。

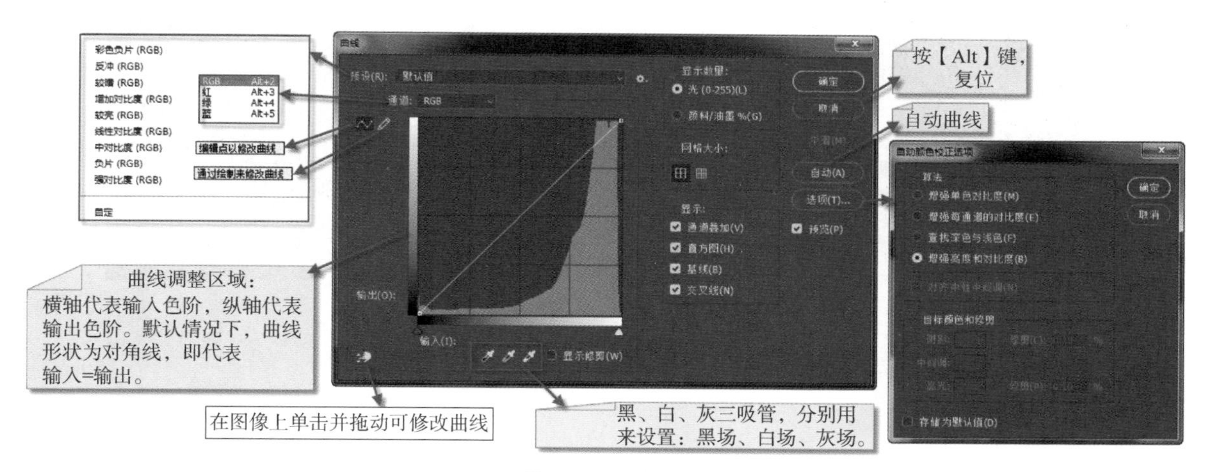

图 7–39　曲线

曲线对话框中大多数参数设置的方式与色阶对话框中类似，不再赘述。中间的方框区域是曲线的调整区域，其横轴代表输入色阶，纵轴代表输出色阶。默认情况下，曲线形状为对角线，即代表输入 = 输出。

（1）在曲线上添加及编辑控制点：

➢ 第一种方法：在 RGB 通道模式下，单击曲线的某个地方，即可添加一个控制点，用鼠标移动控制点向上拖动，可以提亮画面，向下拖动可以压暗画面。若在曲线的右上方和左下方分别添加一个控制点，然后将右上方的控制点向上拖动，左下方的控制点向下拖动，即S形调整，可以让亮的更亮、暗的更暗，能够增加画面的对比度。

➢ 第二种方法：使用曲线中的小手工具，单击图片中的某个地方，相应的曲线上的对应位置处就会自动添加一个控制点，在图像中用鼠标按住该位置向上拖动，可以提亮画面，向下拖动可以压暗画面。如果在图片中较亮区域选择一个点向上拖动，再在图片中较暗区域选择一个点向下拖动，即可让亮的更亮、暗的更暗，增加画面对比度。

（2）在曲线上删除控制点：直接将控制点拖出方框区域，即可将其删除。或者在曲线上选中某个控制点，按【Delete】键将其删除。或者按住【Ctrl】键的同时单击曲线上的某个控制点，也可将其删除。

（3）自由绘制曲线：使用曲线中的小铅笔工具可以自由绘制曲线形状。

任务实施

1. 色阶调节曝光不足

找到素材图片“曝光不足.jpg”，观察可知，图像偏暗，没有高光，属于曝光不足。

（1）在PS中打开素材图片。

（2）使用色阶命令或者添加色阶调整层，如图7-40所示，将输入色阶右侧的白色滑块向左拖动至直方图右侧山脚下，让图像中亮的地方更亮，改善图片曝光不足的问题。

图7-40 色阶调节曝光不足

（3）完成后，将文件另存成JPEG格式。

2. 色阶调节曝光过度

找到素材图片“曝光过度.jpg”，图像太亮，阴影不明显，不够立体，属于曝光过度。

（1）在PS中打开素材图片。

（2）使用色阶命令或者添加色阶调整层，如图7-41所示，将输入色阶左侧的黑色滑块向右拖动至直方图左侧山脚下，让图像中暗的地方更暗，改善图片曝光过度的问题。

（3）完成后，将文件另存成JPEG格式。

3. 色阶调节照片发灰

找到素材图片“照片发灰.jpg”，观察可知，图像灰蒙蒙一片，亮的不够亮，暗的不够暗，没有层次，属于对比度不够。

图 7-41　色阶调节曝光过度

（1）在 PS 中打开素材图片。

（2）使用色阶命令或者添加色阶调整层，如图 7-42 所示，将输入色阶左侧的黑色滑块向右拖动至直方图左侧山脚下，让图像中暗的地方更暗；将输入色阶右侧的白色滑块向左拖动至直方图右侧山脚下，让图像中亮的地方更亮。这样即可增加对比度，改善图片发灰的问题。

图 7-42　色阶调节照片发灰

（3）完成后，将文件另存成 JPEG 格式。

4. 照片局部效果调节

找到素材图片“局部调节 .jpg”，观察得知图片中上方天空比较亮，而主体狗狗太暗。可能拍照时天空部分太亮，影响了照相机的测光系统，导致照出来的狗狗和草坪区域太暗，效果不佳。

（1）在 PS 中打开素材图片。

（2）首先尝试整体调节方法：给图片添加色阶调整层，可以看到，照片的色阶区域，从左到右均有像素分布，并不属于典型的曝光不足或曝光过度情况，所以不适合采用移动输入色阶两侧黑白滑块的方式进行调整。而考虑到主体狗狗，在整张照片中基本属于中间亮度级别，所以，可以尝试将输入色阶中间的灰色滑块向左移动一些，以达到给照片中间亮度区域进行提亮的效果，如图 7-43 所示。完成后，发现狗狗及草坪区域的亮度提高了，效果还是不错的。

图 7-43 照片局部调节 1

（3）如果对照片效果要求比较高，会发现整体调节后，天空区域也被提亮了，感觉不如之前那么蓝那么立体了。这时，可以尝试一下局部调节方法：首先，使用“快速选择工具”将围墙、狗狗及草坪等需要调整的区域全部选中，然后带着选区，给图片添加色阶调整层（这时调整层中的蒙版已经自动屏蔽掉天空区域，在进行色阶调整时，就会只对照片下半部分起作用，不影响天空部分了）。如图 7–44 所示，观察这部分的色阶，明显有些曝光不足，因此，可以先将输入色阶右侧的白色滑块向左拖动至直方图右侧山脚下进行提亮。调整后，如果感觉狗狗还是不够亮，可以将中间的灰色滑块，再向左拖动一点，直到视觉上感觉舒服为止。

图 7-44 照片局部调节 2

（4）如图 7–45 所示，相比前面的整体调节方法，很明显，局部调节后的画面效果更加立体、层次更加丰富。

（5）完成后，将文件另存成 JPEG 格式。

5. 曲线调节曝光不足

找到素材图片“曝光不足 .jpg”，用曲线调整曝光问题。

（1）在 PS 中打开素材图片，使用曲线命令，或者添加曲线调整层。

（2）第一种调节方法：如图 7–46 所示，在原始曲线上找到与直方图右侧山脚处垂直对应的点，单击添加控制点，然后将控制点垂直向上拖动至顶端，对画面进行提亮，改善图片曝光不足的问题。

图 7-45　照片局部调节 3

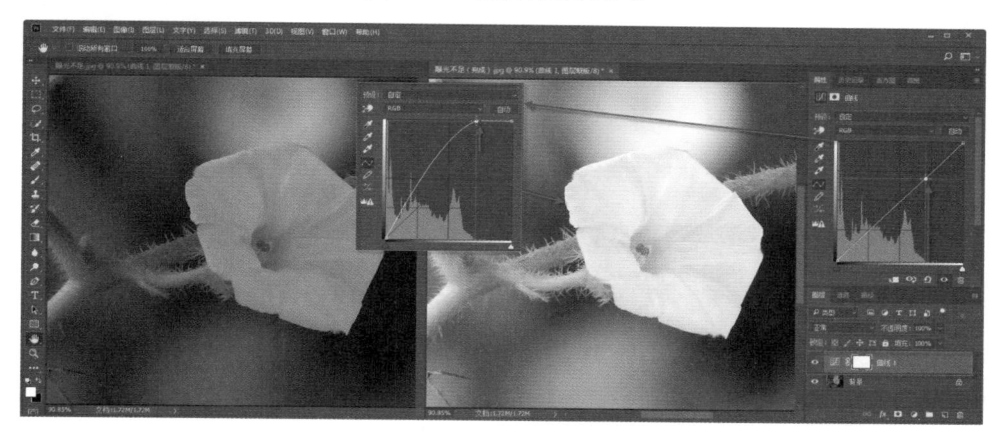

图 7-46　曲线调节曝光不足 1

（3）第二种调节方法：如图 7-47 所示，使用曲线面板中的小手工具，单击图片中最亮的地方（相应地，曲线上会自动添加一个控制点，观察发现，这个控制点的垂直位置与直方图右侧山脚位置基本一致），在图片中，按住鼠标左键向上拖动即可提亮画面，改善曝光不足。

图 7-47　曲线调节曝光不足 2

（4）完成后，将文件另存成 JPEG 格式。

6. 曲线调节曝光过度

找到素材图片“曝光过度 .jpg”，用曲线调整曝光问题。

（1）在 PS 中打开素材图片，使用曲线命令或者添加曲线调整层。

（2）第一种调节方法：如图 7–48 所示，在原始曲线上，找到与直方图左侧山脚处垂直对应的点，单击添加控制点，将控制点垂直向下拖动至底端，对画面进行压暗，改善图片曝光过度的问题。

图 7–48　曲线调节曝光过度 1

（3）第二种调节方法：如图 7–49 所示，使用曲线面板中的小手工具，单击图片中最暗的地方（相应地，曲线上会自动添加一个控制点，观察发现，这个控制点的垂直位置与直方图左侧山脚位置基本一致），在图片中，按住鼠标左键向下拖动，即可压暗画面，改善曝光过度的问题。

图 7–49　曲线调节曝光过度 2

（4）完成后，将文件另存成 JPEG 格式。

7. 曲线调节照片发灰

找到素材图片“照片发灰 .jpg”，用曲线调整照片问题。

（1）在 PS 中打开素材图片，使用曲线命令，或者添加曲线调整层。

（2）第一种调节方法：如图 7-50 所示，在原始曲线上，先找到与直方图左侧山脚处垂直对应的点，单击添加第一个控制点。再找到与直方图右侧山脚处垂直对应的点，单击添加第二个控制点。将左下方的控制点垂直向下拖动至底端，让画面中暗的地方更暗，再将右上方的控制点垂直向上拖动至顶端，让画面中亮的地方更亮，提高画面的对比度，改善照片发灰的问题。

图 7-50　曲线调节照片发灰 1

（3）第二种调节方法：使用曲线面板中的小手工具，如图 7-51 所示，首先单击图片中最暗的地方（相应地，曲线上会自动添加一个控制点，观察发现，这个控制点的垂直位置与直方图左侧山脚位置基本一致），在图片中，按住鼠标左键向下拖动，让画面中暗的地方更暗。

图 7-51　曲线调节照片发灰 2

如图 7-52 所示，再单击图片中最亮的地方（相应地，曲线上会自动添加一个控制点，观察发现，这个控制点的垂直位置与直方图右侧山脚位置基本一致），在图片中，按住鼠标左键向上拖动，让画面中亮的地方更亮。这样就能提高画面的对比度，改善图片发灰的问题。

图 7-52　曲线调节照片发灰 3

（4）完成后，将文件另存成 JPEG 格式。

任务 3　照片调偏色

任务描述

本任务将继续学习使用色阶、曲线技术，对照片的偏色问题进行调节。

相关知识

1. 照片偏色

由于拍摄时的灯光、天气、环境色等因素的影响，或者后期的人为调色，都会让一些图片有偏色问题，这时可以使用 PS 的色阶、曲线技术进行偏色调节。

2. 偏色调节技巧

（1）用吸管工具设置黑白灰场：使用色阶（或曲线）技术，根据图片具体情况，选择使用白色吸管单击图片中你认为应该是白色的地方，或者用灰色吸管单击图片中应该是灰色的地方，或者用黑色吸管单击图片中应该最黑的地方，以达到整体调色的目的。若单击后，图片的偏色问题并未解决，说明判断有误，可以随时回退，继续尝试使用黑、白、灰吸管单击其他地方，直到偏色问题解决。

（2）进入单色通道调整某种色光：使用曲线技术，根据图片的偏色问题，可以有针对性地进入红、绿、蓝单色通道， 对该颜色光线进行添加或减少。在每种单色通道中，若将曲线向上拖动，即为增加这种颜色的光线（相当于减少其互补色的光线），反之，若将曲线向下拖动，即为减少这种颜色的光线（相当于增加其互补色的光线），根据需要调整控制点的位置、曲线的幅度等，直到色调合适。

任务实施

1. 吸管调节裙子偏色

找到素材图片“白金蓝黑 .jpg”，这是 2015 年在互联网上掀起波澜的一条裙子，白金党和蓝黑党双方就这件连衣裙到底是蓝黑相间还是白金相间展开了激烈的争论，不仅涉及到普通用户，很多明星和娱乐大 V 也纷纷参与其中。后来包括 BBC、每日邮报、时代周刊等在内的知名媒体也纷纷对此报道，并对产生这种现象的原因进行剖析，技术分析贴随处可见。最后万能的网友也找到了这条裙子的实物，是一条英国品牌的蓝黑相间的连衣裙。

（1）在 PS 中打开素材图片。

（2）使用色阶或曲线技术，如图 7-53 所示，选中黑色吸管，单击图片中你认为本来应该是黑色的地方，进行偏色调节，若单击后效果不理想，可以随时回退，换个地方重新单击，直到色调正常为止。

图 7-53　吸管调节裙子偏色

（3）完成后，将文件另存成 JPEG 格式。

2. 吸管调节鞋子偏色

找到素材图片“灰绿粉白 .jpg”，继白金蓝黑裙子之后，2017 年网友们又因为这只鞋子吵起来了，那么你是灰绿党还是粉白党呢？当然最后网友还是搬出了鞋子的原版，是粉白色的女款板鞋。

（1）在 PS 中打开素材图片。

（2）使用色阶或曲线技术，如图 7-54 所示，选中白色吸管，单击图片中自己认为应该是白色的地方，进行偏色调节。

（3）完成后，将文件另存成 JPEG 格式。

3. 吸管调节照片偏色

找到素材图片“照片偏色 .jpg”，由于天气和环境光的影响，这张照片有点偏色。

（1）在 PS 中打开素材图片。

（2）使用色阶或曲线技术，如图 7-55 所示，选中灰色吸管，单击图片中自己认为应该是灰色的地方，进行偏色调节。

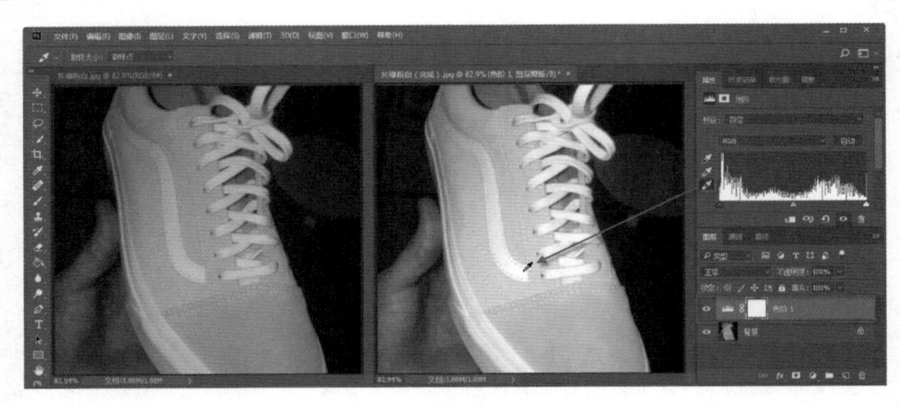

图 7–54 吸管调节鞋子偏色

图 7–55 吸管调节照片偏色

（3）完成后，将文件另存成 JPEG 格式。

4. 曲线调节海鲜偏色

找到素材图片“海鲜偏色 .jpg”，观察可知，这张照片有点偏蓝。

（1）在 PS 中打开素材图片。

（2）使用曲线命令，或者添加曲线调整层，如图 7–56 所示，进入蓝色通道，将蓝色曲线向下拖动，减少蓝光，过程中可以根据情况改变控制点的位置和曲线幅度，直到色彩恢复正常为止。

图 7–56 曲线调节海鲜偏色

（3）完成后，将文件另存成 JPEG 格式。

5. 曲线调节水果偏色

找到素材图片“水果偏色 .jpg”，观察可知，这张照片有些偏红。

（1）在 PS 中打开素材图片。

（2）使用曲线命令，或者添加曲线调整层，如图 7–57 所示，进入红色通道，将红色曲线向下拖动，减少红光。但是调整后，虽然红色减少了，但是感觉总体色调还有点偏蓝，可以在此基础上，再进入蓝色通道，尝试向下拖动曲线，适当减少蓝光，调整后，虽然偏色有点改善，但是效果依然不太理想。

图 7–57　曲线调节水果偏色 1

（3）再次观察原始图片，其实这张图片并不是偏正红色，而是有些偏品红色，前面的任务中已经学过，品红色的互补色是绿色，因此，可以重新尝试对图片增加绿色，看看效果如何。

（4）回退到图片打开状态，或者删除刚才添加的调整层，重新添加一个曲线调整层，如图 7–58 所示，进入绿色通道，将绿色曲线向上拖动，增加绿光（即减少品红色），过程中根据情况改变控制点的位置和曲线幅度，直到色彩恢复正常。这次调节的效果明显更好。

图 7–58　曲线调节水果偏色 2

（5）完成后，将文件另存成 JPEG 格式。

6. 曲线调节照片影调

除了给图片校正偏色，也可以人为地给图片设置不同的影调氛围。找到素材图片“调节影调 .jpg”，用曲线技术，改变其影调。

（1）在 PS 中打开素材图片。

（2）使用曲线命令，或者添加曲线调整层，根据需要进入不同的单色通道，对色光进行增减，制造不同的影调。如图 7–59 所示，是在原图基础上，先增加少许红光，再增加少许蓝光，制造出的淡紫色影调效果。

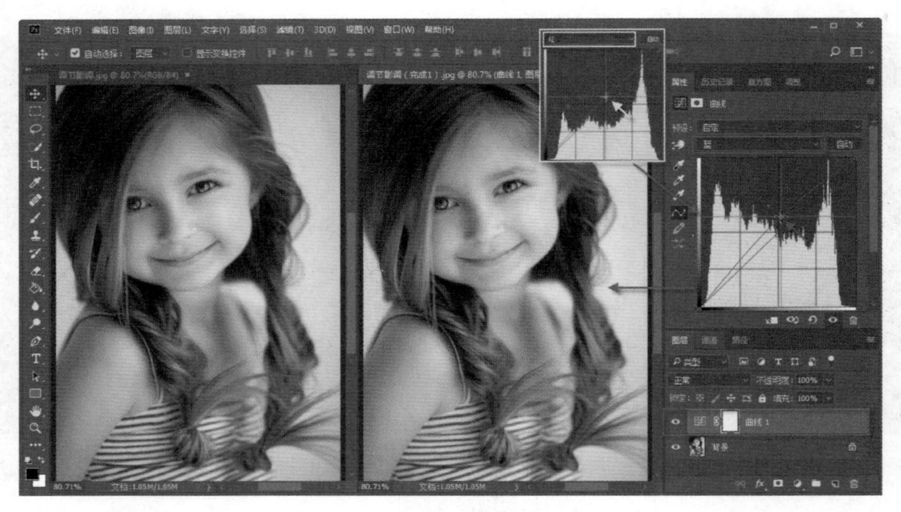

图 7–59 曲线调节照片影调 1

（3）如图 7–60 所示，是在原图基础上，减少蓝光（相当于增加黄光），制造出的淡黄色影调效果。使用类似方法，可以根据喜好给图片设置各种不同的影调氛围。

图 7–60 曲线调节照片影调 2

（4）完成后，将文件另存成 JPEG 格式。

任务 4 常见调色技术

任务描述

本任务将结合案例，讲解色阶、曲线之外的其他几种常见调色技术的使用技巧。

相关知识

1. 色相 / 饱和度

色相 / 饱和度是一个特别实用的调色技术，它是基于色彩三要素（色相、明度、饱和度）进行的颜色调节，既可以对画面进行整体调节，也可以针对选中的颜色进行单独调节，还可以使用着色功能，对画面添加单色滤镜效果。使用快捷键【Ctrl+U】，或执行菜单命令“图像”|“调整”|“色相 / 饱和度”，弹出相应对话框。或者，添加此功能的调整图层。

2. 匹配颜色

匹配颜色技术可以将图片的色调快速匹配成另一张图片的色调，只要设置几个参数即可，能够省去大量手动调色的步骤和时间。执行菜单命令“图像”|“调整”|“匹配颜色”，弹出相应对话框，但它没有对应的调整图层。

3. 去色

去色技术可以去除图像色彩，制作灰度图像，即图像颜色只有黑、白、灰（共 256 个级别），没有彩色。使用快捷键【Shift+Ctrl+U】，或执行菜单命令“图像”|“调整”|“去色”，即可自动执行该命令，但它没有对应的调整图层。

4. 反相

反相技术可以将图像色彩进行翻转，变为其互补色。使用快捷键【Ctrl+I】，或执行菜单命令“图像”|“调整”|“反相”，即可自动执行该命令，也可以添加其调整图层。

任务实施

1. 增加饱和度

找到素材图片“增加饱和度.jpg”，观察可知：图片的色彩饱和度低，缺乏感染力，需要提高饱和度。

（1）在 PS 中打开素材图片。

（2）使用“色相 / 饱和度”命令，或者添加相应调整层，如图 7–61 所示，将饱和度滑块向右移动，增加画面的饱和度，直到感官舒适即可。

（3）完成后，将文件另存成 JPEG 格式。

图 7-61 增加饱和度

2. 春季变秋季

找到素材图片“春季变秋季.jpg”，试着将嫩绿的春季转换成金色的秋季。

（1）在 PS 中打开素材图片。

（2）使用“色相 / 饱和度”命令，或者添加相应调整层，如图 7-62 所示，尝试移动色相滑块，调整全图的色相，但是调整后，屋顶及画面中一些细节部分的颜色都跟着发生了改变，效果并不理想。

图 7-62 整体调色

（3）回退到原始状态，如图 7-63 所示，首先在全图模式下拉列表中选择绿色模式，在属性面板的下方就会自动出现可以调整的颜色范围，这时再去移动色相滑块就只对选中的颜色范围起作用了。移动色相滑块，直到色彩转换成比较舒服的金秋状态为止，此时屋顶和细节部分并没有太大变化，效果比较逼真。

图 7-63　春季变秋季

（4）完成后，将文件另存成 JPEG 格式。

3. 花朵换颜色

找到素材图片“花朵换颜色 .jpg”，对花朵进行颜色变换。

（1）在 PS 中打开素材图片。

（2）使用“色相 / 饱和度”命令，或者添加相应调整层，如图 7-64 所示，将调整范围选为红色，然后尝试移动色相滑块，对花朵进行颜色变换，移动过程中会发现花朵的一部分变色了，另外一些地方颜色变化较小或基本没变，这说明颜色范围选小了。这时可以单击“添加到取样”小吸管，单击画面中没怎么变色的地方，增加变色范围，直到改变色相时，整朵花都跟着变色为止。如果不小心点多了，变色范围影响到周边区域，可以立即回退，或者使用“从取样中减去”小吸管，再单击多出来的地方，将这部分区域去掉即可。

图 7-64　花朵换颜色 1

（3）范围调整完成后，继续移动色相滑块，将花朵颜色改变为自己喜欢的某个颜色，如图 7-65 所示，调整过程中，还可以根据需要移动明度滑块、饱和度滑块，直到花朵颜色感观上觉得舒服为止。

图 7–65 **花朵换颜色 2**

（4）完成后，将文件另存成 JPEG 格式。

4. 气球重着色

找到素材图片“气球重着色 .jpg”，对气球进行重新着色。

（1）在 PS 中打开素材图片。

（2）使用“色相 / 饱和度”命令，或者添加相应调整层，如图 7–66 所示，勾选“着色”复选框，图片就会变成一幅保留明度和饱和度的灰度图片。

图 7–66 **气球重着色 1**

（3）如图 7–67 所示，根据喜好移动色相、饱和度、明度滑块，直到气球变成自己喜欢的颜色为止。

图 7-67　气球重着色 2

（4）完成后，将文件另存成 JPEG 格式。

5. 匹配梦幻色

找到素材图片“原图.jpg”“七彩.jpg”“青绿.jpg”“紫色.jpg”，将原图色调匹配成其他图片的色调。

（1）在 PS 中打开所有素材图片。

（2）在原图中，执行菜单命令“图像”|“调整”|“匹配颜色”，弹出“匹配颜色”对话框，如图 7-68 所示，将“源”图片设置为七彩羽毛图片，由于原图左上方对应紫色羽毛的区域比较暗，所以自动匹配后，左上方的紫色区域太亮，不真实，可以向右移动渐隐滑块，降低七彩羽毛的透明度，让二者匹配更为自然。如果需要，还可以移动明亮度滑块和颜色强度滑块，直到匹配后的图像色彩符合自己的审美为止。相比原图，匹配七彩源图后的效果图更加梦幻唯美。

图 7-68　匹配梦幻色 1

（3）同一张图片，匹配不同颜色的源图，可以获得多样化的色彩效果，如图 7-69 所示，就是原图分别匹配青绿图片和紫色图片后的画面效果。

（4）完成后，将文件另存成 JPEG 格式。

图 7–69　匹配梦幻色 2

人物素描效果

6. 人物素描效果

找到素材图片“人物素描 .jpg”，如图 7–70 所示，将画面制作成手绘素描效果。

图 7–70　人物素描效果

（1）在 PS 中打开素材图片，先将文件另存为“人物素描 .psd”。

（2）将背景层复制一份，将副本层重命名为“去色”。如图 7–71 所示，执行菜单命令“图像”|“调整”|“去色”，将该层变为灰度图片。

图 7–71　去色

（3）再将去色层复制一份，并将副本层命名为“反相”。执行菜单命令“图像”|“调整”|“反相”，将反相层的颜色变为去色层的互补色。将反相层的图层混合模式设置为“颜色减淡”。如图 7–72 所示，这时，去色层与反相层的叠加效果基本如同白纸。

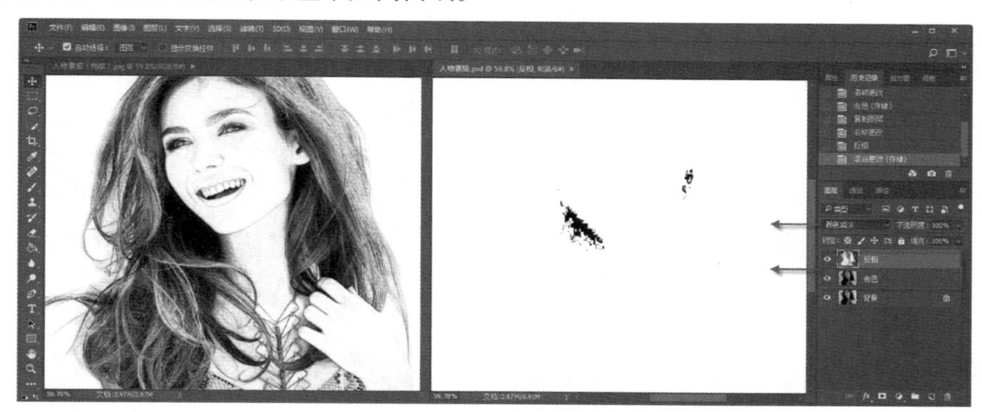

图 7–72　颜色减淡

（4）在反相层，执行菜单命令“滤镜”|“其他”|“最小值”，给该层添加最小值滤镜，如图 7–73 所示，在弹出的对话框中设置半径参数，让画面生成粗糙的手绘效果。

图 7–73　最小值滤镜

（5）给反相层添加图层样式，选择“混合选项”（混合选项的使用在第 8 章中有介绍），如图 7–74 所示，在弹出的对话框中，按住【Alt】键的同时向右拖动“下一图层”中黑色滑块的右半边，将滑块分离为两半。将黑色滑块的右半边向右拖动，直到图像效果看上去比较像手绘素描的质感为止。

（6）在顶部新建图层，重命名为“白板”，使用“油漆桶工具”将该层涂成纯白色。如图 7–75 所示，按住【Alt】键的同时单击图层蒙版按钮，给该层添加一个黑色的图层蒙版，将画笔调节成大小合适的白色软画笔，在该层四周进行涂抹，去掉画面外围多余的散乱毛发及无用的部分，只保留人像主体部分。

（7）完成后，将文件另存成 JPEG 格式，并保存其 PSD 格式，以备将来再次编辑。

7. 水墨喷绘效果

找到素材图片“水墨喷绘 .jpg”，如图 7–76 所示，将画面制作成水墨喷绘效果。

水墨喷绘效果

图 7-74　混合选项

图 7-75　图层蒙版

图 7-76　水墨喷绘效果

（1）在 PS 中打开素材图片，先将文件另存为“水墨喷绘 .psd”。

（2）将背景层复制一份，并将副本层重命名为“去色”。如图 7–77 所示，在去色层，执行菜单命令“图像”|“调整”|“去色”，让画面变成灰度级图像。

图 7–77　去色

（3）在去色层，执行菜单命令“图像”|“调整”|“色阶”，如图 7–78 所示，在弹出的对话框中，将输入色阶左侧的滑块向右移动，让画面中暗的地方更暗，直到中间区域变成纯黑色，然后将输入色阶右侧的滑块向左移动，让画面中亮的地方更亮，即让荷花变得更亮，注意不要调得太过，适当保留荷花的部分细节，增强画面对比度。

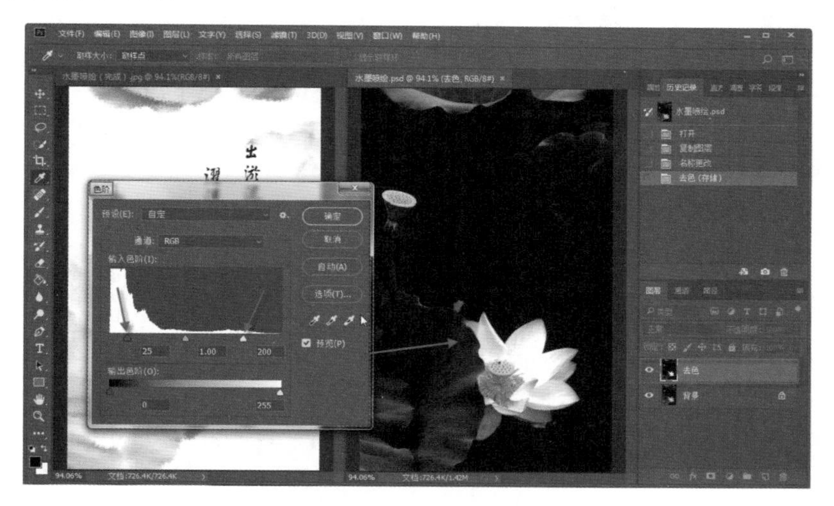

图 7–78　色阶

（4）在去色层，执行菜单命令“图像”|“调整”|“反相”，如图 7–79 所示，将画面的黑白色互换。

（5）在去色层，执行菜单命令“滤镜”|“模糊”|“高斯模糊”，弹出“高斯模糊”对话框，如图 7–80 所示，设置模糊半径，制作画面的轻微模糊效果。

（6）在去色层，执行菜单命令“滤镜”|“滤镜库”|“画笔描边”|“喷溅”，如图 7–81 所示，在弹出的对话框中设置喷色半径和平滑度，制作画面的喷绘效果。

图 7-79　反相

图 7-80　高斯模糊

图 7-81　喷溅滤镜

（7）在顶部新建图层，重命名为“暗粉”。如图 7–82 所示，将暗粉层的图层混合模式设置为“颜色”。在工具箱中，将“前景色”设置为暗粉色，使用“画笔工具”，设置笔尖大小、硬度等，在暗粉层，将荷花所在部位处涂成暗粉色，令荷花处的叠加效果变成暗红色的水墨喷绘。

图 7–82　颜色叠加

（8）使用“直排文字工具”输入文字“出淤泥而不染，濯清涟而不妖”，中间按【Enter】键换段，并在第二段的开头处添加几个空格，令文字错落有致。如图 7–83 所示，设置文字的字体、大小、颜色等，摆放好位置。

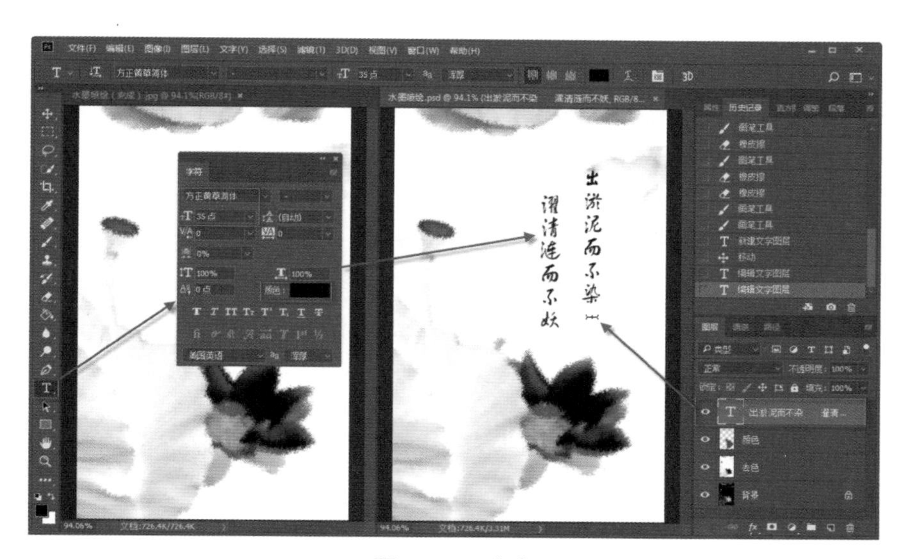

图 7–83　文字

（9）完成后，将文件另存成 JPEG 格式，并保存其 PSD 格式，以备将来再次编辑。

第8章 Photoshop 抠图合成

抠图合成是PS图像处理的主要功能之一，前面章节中已经学习过使用选框类工具、套索类工具、快速选择工具、魔棒工具等进行基础抠图，另外也学习了使用图层蒙版、图层混合模式、图层样式等进行图像融合。本章将更加深入地学习抠图合成的常见技术和技巧。

任务　抠图合成

任务描述

本任务将学习抠图合成常用的几种技术及其使用技巧：使用“快速选择工具 + 选择并遮住 + 图层蒙版”，抠取毛发及纱裙等复杂区域。使用图层混合模式，滤除图像中的纯白底色和纯黑底色。使用混合颜色带功能，制作图像的自然融合效果。使用通道进行抠图合成。

相关知识

1. 选择并遮住

在 PS 工具箱中，选中任何一种选择工具，在其顶部的工具选项栏中都会出现“选择并遮住”功能，如图 8-1 所示，单击即可进入详细的抠图界面，它可以非常高效地完成诸如毛发、纱裙等复杂区域的抠图。这个功能从 PS 原始版本的“抽出”，到后来的“调整边缘”，再到现在的“选择并遮住”，其抠图的效率和易用性上越来越好。在抠图输出时，可以选择“新建带有图层蒙版的图层”，以便后期进行精修。最常用的抠图技术组合是：“快速选择工具 + 选择并遮住 + 图层蒙版”。

图 8-1　选择并遮住

2. 图层混合模式

前面章节已经讲过，图层混合模式可以实现当前图层与其下一图层之间的色彩叠加效果。本章结合案例的实现，再着重讲解一下如何使用图层混合模式，滤除图像中的纯白底色或纯黑底色，实现快速抠图效果。

3. 混合颜色带

添加图层样式时，如果选择“混合选项”，如图 8-2 所示，在弹出的对话框中可以看到混合颜色带功能，它是一种特殊的高级蒙版，不仅可以隐藏当前图层中的像素，还可以让下面图层中的像素穿透到上面图层中显示出来。

在混合颜色带中，本图层和下一图层滑块均有一个渐变条，代表了图像的亮度范围。如果将本图层的白色滑块向左移动，可以让本层图像从最亮的区域开始慢慢隐藏，显示出下层图像，反之，将本图层的黑色滑块向右移动，可以让本层图像从最暗的区域开始慢慢隐藏，显示出下层图像。如果将下一图层的白色滑块向左移动，可以让下一图层的图像从最亮的区域开始慢慢穿透到上层中显示出来，反之，将下一图层的黑色滑块向右移动，可以让下一图层的图像从最暗的区域开始慢慢穿透到上层中显示出来。

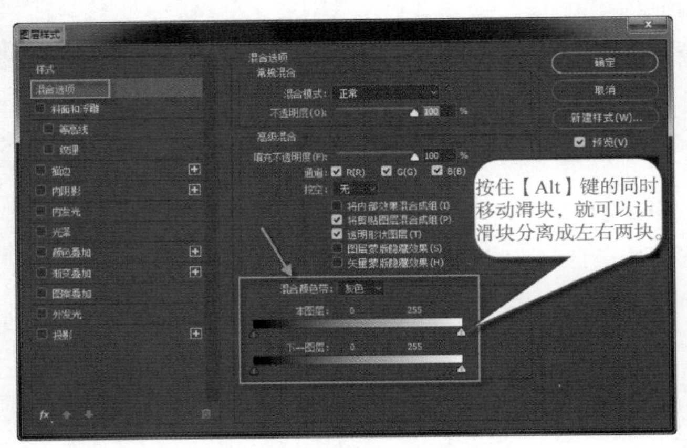

图 8-2　混合颜色带

上面都是直接移动滑块，图像融合区域的边缘会比较生硬。如果想让图像融合时自然柔和一些，可以按住【Alt】键的同时移动某个滑块，这样滑块就会分离成左右两个单独的小滑块，分别移动它们，图像融合区域的边缘就会出现半透明的羽化效果。

4. 通道抠图

前面章节讲过通道可以与选区相互转换，通道中的白色部分代表选区，黑色部分代表非选区，而灰色部分表示半透明的羽化区域。使用通道抠图时，可以先查看图像的红绿蓝单色通道，找到对比度最好的通道，对其进行拷贝，然后在这个通道副本中继续提高图像的对比度，满意后转换成选区进行抠图即可。

任务实施

抠取毛发
（选择并遮住）

1. 抠取毛发（选择并遮住）

找到素材图片“人物.jpg”和“背景.jpg”，将人物抠取出来，为其替换新背景，合成化妆品海报效果。

（1）在 PS 中打开素材图片。

（2）如图 8-3 所示，使用“快速选择工具”将人物选出，毛发区域先尽量都选上。

图 8-3　快速选择

（3）单击“选择并遮住”，系统会自动进入详细的抠图界面。

（4）如图 8–4 所示，在右侧面板中首先选择视图，视图的选择不会影响抠图效果，根据自己的习惯设置即可，这里设为“叠加视图”。

图 8–4　选择并遮住

（5）勾选“显示边缘”复选框。然后在“边缘检测”区域，设置一个比较细小的“半径值”即可。在边缘内侧的区域，系统会全部保留，在边缘外侧的区域，系统会全部删除，而在边缘半径部分，系统会进行计算，是要保留还是要删除。本案例中，头发的左下部分，存在半透明的镂空区域，需要系统计算是否保留。在窗口左侧，选择“边缘调整画笔工具”，将画笔调节为合适的大小、模式后涂抹头发左下部分，将镂空区域都涂抹上，让系统计算去留。

（6）在最终确认前，勾选“净化颜色”复选框，让镂空部分抠取得干净些。另外，比较好的输出方式是选择“新建带有图层蒙版的图层”，以便后期进行精修。

（7）操作完成后，单击“确定”按钮，退出抠图界面。

（8）如图 8–5 所示，为了查看抠图效果，可以新建一个空图层，涂上某种颜色，并将其放在抠图层的下面。这样可以看清楚抠图细节，如果对某些地方不太满意，可以在蒙版中进行精修。

（9）如图 8–6 所示，使用“移动工具”，将抠取出来的人物层移动至背景图片中，调整好大小、位置，合成化妆品海报效果。

（10）完成后，将文件另存成 JPEG 格式，并保存其 PSD 格式，以备将来再次编辑。

2. 抠取婚纱（选择并遮住）

抠取婚纱
（选择并遮住）

找到素材图片“人物 .jpg”和“背景 .jpg”，将人物抠取出来，为其替换新背景。

（1）在 PS 中打开素材图片。

（2）如图 8–7 所示，使用“快速选择工具“将人物选出，婚纱区域先尽量都选上。

图 8-5 效果精修

图 8-6 抠图合成

图 8-7 快速选择

（3）单击“选择并遮住”，自动进入详细抠图界面。

（4）跟抠取毛发一样，在右侧面板中，选择“叠加视图”。勾选“显示边缘”复选框，在“边缘检测”区域设置一个比较细小的“半径值”。勾选“净化颜色”复选框。将输出方式设置为“新建带有图层蒙版的图层”。

（5）如图 8-8 所示，在窗口左侧选择“边缘调整画笔工具”，将画笔调节为合适的大小、模式后涂抹婚纱中所有半透明和镂空区域，以便系统计算其去留。操作完成后，单击“确定”按钮，退出抠图界面。

图 8-8　选择并遮住

（6）如图 8-9 所示，新建空图层，涂上彩色，将其放在抠图层的下面，以便看清楚抠图细节，如果哪里不太满意，可以在蒙版中精修。

图 8-9　效果精修

（7）使用“移动工具”将抠取出来的人物层移动至背景图片中，调整好大小、位置。如图 8-10 所示，由于人物原图比较窄，放入背景图后，婚纱左下角有明显的被切断部分，显得不真实。可以调整画笔工具的软硬、大小，在蒙版中稍微修整一下，让裙子左下角圆润自然一些。

图 8-10 抠图合成

（8）完成后，将文件另存成 JPEG 格式，并保存其 PSD 格式，以备将来再次编辑。

3. 滤除白底（图层混合模式）

滤除白底（图层混合模式）

找到素材图片“文字.jpg”和“背景.jpg”，快速滤除文字的白底色，让文字与背景能够自然融合。

（1）在 PS 中打开素材图片。

（2）使用“移动工具”将文字移动至背景图中，调整好大小、位置。

（3）如图 8-11 所示， 将文字层的图层混合模式设置为“正片叠底”，快速将白底色滤除，只保留文字效果。

图 8-11 滤除白底色

注意：正片叠底方法，只能把纯白色背景滤除，如果不是纯白色，会有些许残留。

（4）完成后，将文件另存成 JPEG 格式。

4. 滤除黑底（图层混合模式）

滤除黑底
（图层混合模式）

找到素材图片“烟花.jpg”和“背景.jpg”，快速滤除烟花的黑底色，让烟花与背景能够自然融合。

（1）在 PS 中打开素材图片。

（2）使用“移动工具”，将烟花移动至背景中，调整好大小、位置，并命名为“烟花”。

（3）如图 8–12 所示，将烟花层的图层混合模式设置为“滤色”，快速将黑底色滤除，只保留烟花效果。

图 8–12　滤除黑底色

（4）背景图偏棕黄色，而烟花偏洋红色，颜色有点突兀。选择烟花层，按快捷键【Ctrl+U】，弹出“色相 / 饱和度”对话框，如图 8–13 所示，单独将洋红色的色相调节一下，令其偏橙黄色，更加贴合背景图。

图 8–13　烟花调色

（5）背景图的下半部分是水，旁边的高楼都有倒影，为了让效果更加逼真，需要给烟花也做一个倒影。将烟花层，复制一份，命名为“烟花倒影”。如图 8–14 所示，执行菜单命令“编辑”|“变换”|“垂直翻转”，将烟花倒影层的画面倒转，并向下移动至水面下方。再使用快捷键【Ctrl+T】，将烟花倒影的高度压缩，令其能够全部显示在水中。

（6）在烟花倒影层，使用快捷键【Ctrl+U】，弹出“色相 / 饱和度”对话框，如图 8–15 所示，将其饱和度、明度都降低一些，直到满意为止。

（7）给烟花倒影层添加图层蒙版，如图 8–16 所示，调节画笔的颜色、大小、软硬，将左上角明亮沙滩处的倒影效果去除。然后，将烟花倒影层的透明度降低一些，令其看上去更加逼真。

图 8-14 倒影翻转

图 8-15 倒影调色

图 8-16 倒影效果

（8）完成后，将文件另存成 JPEG 格式，并保存其 PSD 格式，以备将来再次编辑。

白云缥缈
（混合颜色带）

5. 白云缥缈（混合颜色带）

找到素材图片“草原.jpg”和“白云.jpg”，让白云能够自然缥缈地显示在草原上空。

（1）在 PS 中打开素材图片。

（2）按住【Shift】键的同时以中心对齐的方式将草原移动至白云中，将两个图层分别命名为“草原”和“白云”。

（3）给上面的草原层添加图层样式，选中“混合选项”，如图 8–17 所示，在对话框底部“混合颜色带”区域中，将下一图层的白色滑块向左拖动，使下层中的高亮区域（白云）穿透上面的草原层，慢慢显示出来。但是，此时出现的白云区域，边缘比较生硬，效果不佳。

图 8–17　白云出现

（4）解决方法：如图 8–18 所示，按住【Alt】键的同时将白色滑块分成两个小滑块，再单独调整它们，给白云增加半透明的羽化效果，令其更加虚幻飘渺。如果对效果不满意，可以随时单击草原层右侧的小图标，重新进入混合选项对话框调整参数，直到满意为止。

图 8–18　白云缥缈

（5）完成后，将文件另存成 JPEG 格式。

6. 火焰神功（混合颜色带）

火焰神功（混合颜色带）

找到素材图片“人物 .jpg”“火焰 1.jpg”“火焰 2.jpg”，让火焰能够自然地在人双手上燃烧。

（1）在 PS 中打开素材图片。

（2）将其中一个火焰移动至人物中，调整火焰的大小和位置。把两个图层分别命名为“人物”和“火焰 1”。

（3）给上面的火焰层添加图层样式，选中“混合选项”，如图 8–19 所示，在对话框底部“混合颜色带”区域中，将本图层的黑色滑块，向右拖动，使本图层中的黑色区域慢慢消失，只留下火焰。

图 8-19　火焰出现

（4）如图 8-20 所示，如果想让火焰边缘更柔和一些，在按住【Alt】键的同时将黑色滑块分成两个小滑块，再单独进行调整，给火焰边缘增加半透明的羽化效果。

图 8-20　火焰调节

（5）部分火焰在人手外面，不太真实。如图 8-21 所示，给火焰层添加图层蒙版。使用“画笔工具”，调整画笔的大小、硬度，并根据需要随时切换黑白色，在图层蒙版中进行涂抹，将人的手指头露出来，让效果更加自然。

图 8-21　添加蒙版

冰酷苹果
（通道抠图）

（6）如图 8-22 所示，按照同样的步骤，完成另一个手上的火焰效果。

（7）完成后，将文件另存成 JPEG 格式，并保存其 PSD 格式，以备将来再次编辑。

7. 冰酷苹果（通道抠图）

找到素材图片“冰块.jpg”和“苹果.jpg”，让冰块与苹果能够自然融合，制作冰酷苹果效果。

图 8-22　火焰神功

（1）在 PS 中打开素材图片。

（2）在冰块图片中打开“通道”面板，查看各个单色通道的对比度，感觉绿色通道的对比度相对要好一些。在“通道”面板中复制绿色通道，得到绿通道副本。

（3）在绿通道副本中，按快捷键【Ctrl+L】，弹出“色阶”对话框，如图 8-23 所示，将输入色阶左侧的黑色滑块向右移动一些，将输入色阶右侧的白色滑块向左移动一些，增加图像的对比度。完成后，单击“将通道作为选区载入”按钮，将通道转换为选区。前面已经学过，通道中白色代表选区，黑色是非选区，灰色是半透明选区，因此，载入选区后，冰块就被选出来了。

图 8-23　增加对比度

（4）在“通道”面板中单击 RGB 通道，即可取消绿通道副本的显示，从而显示原图。然后，切换至“图层”面板，选中背景层，按快捷键【Ctrl+C】复制选区内容，再按快捷键【Ctrl+V】粘贴到新图层。如图 8-24 所示，依然可以新建空图层，涂上某种彩色，将其放置在抠图层下面，查看冰块的抠图效果。

（5）按住【Shift】键的同时使用“移动工具”将苹果图片以中心对齐的方式移动进来，并将其放置在冰块抠图层下面。

（6）将抠图层命名为“柔光冰块”，并将其图层混合模式设置为“柔光”。将该层再复制一份，重命名为“强光冰块”，并将其图层混合模式设置为“强光”。如图 8-25 所示，这时冰块与苹果的叠加效果已经出来了，只是画面有点太亮。

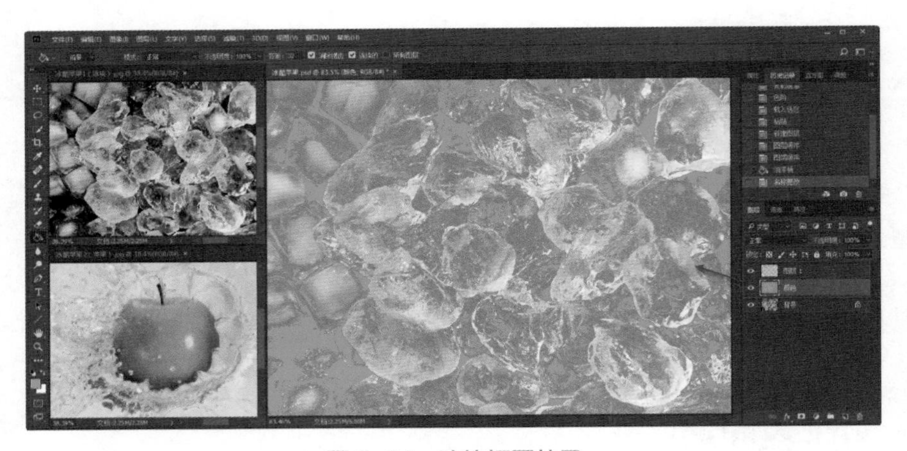

图 8-24 冰块抠图效果

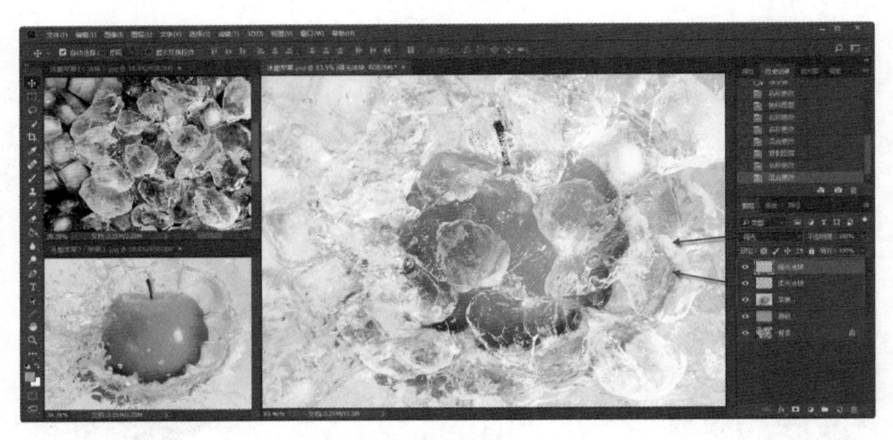

图 8-25 初始叠加效果

（7）添加一个调整层“亮度 / 对比度”，如图 8-26 所示，在“属性”面板中将亮度降低，将对比度提高，直到效果满意为止。

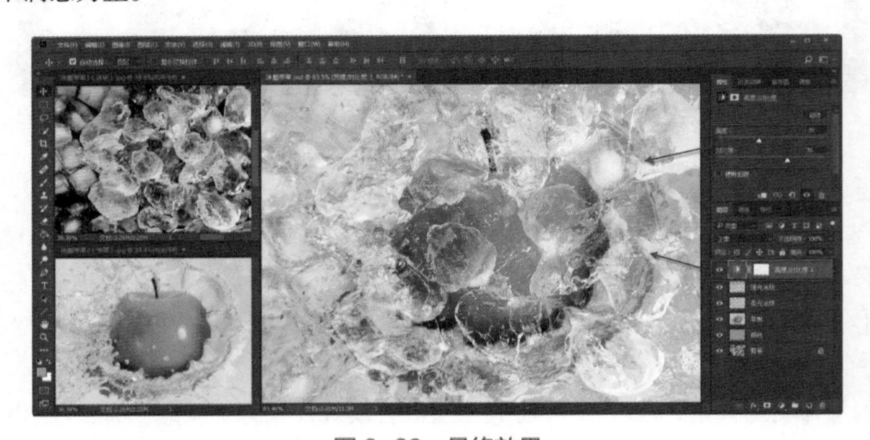

图 8-26 最终效果

（8）完成后，将文件另存成 JPEG 格式，并保存其 PSD 格式，以备将来再次编辑。

第9章 Photoshop文字设计

文字设计在图像设计中不可或缺，文字的最终效果要与当前设计的风格、配色、质感、底蕴、背景等紧密结合，保持设计的统一性与连贯性。好的文字设计，能够带来更大的视觉冲击力，起到画龙点睛的作用。本章将学习几种不同质感文字的设计，希望大家能够从中受到启发，创作出更好的作品。

任务 1 浪漫藤蔓字

效果呈现

如图 9–1 所示，浪漫藤蔓字是采用植物质感来表现字体，以鹅黄嫩绿为主色调，结合不规则的光点线条效果，充分体现出春天的生机与美好，给人无限的向往。

图 9–1 浪漫藤蔓字

工具技术

本任务的制作主要用到：文字工具、移动工具、画笔工具、画笔参数调整、魔棒工具、自由变换命令、反选操作、图层操作、从选区生成工作路径、用画笔描边路径、图层样式。

任务实施

（1）在 PS 中，打开背景图片，然后将文件另存为“浪漫藤蔓字 .psd”。

（2）使用“横排文字工具”，输入文字内容“春暖花开”。如图 9–2 所示，给文字设置合适的字体、大小、字距等参数。完成后，用“移动工具”将文字摆放在合适的位置。

图 9–2 文字设置

（3）在工具箱中选择“画笔工具”。打开“画笔”面板和“画笔设置”面板。由于新版 PS 中预设画笔类型较少，因此，单击“画笔”面板右上角的按钮，如图 9-3 所示，在快捷菜单中选择“旧版画笔”，恢复旧版画笔预设列表。然后，再单击“画笔设置”面板右上角的按钮，在弹出的菜单中选择“复位所有锁定设置”，取消之前自定义的画笔设置。

图 9-3　恢复旧版画笔列表

（4）如图 9-4 所示，在“画笔设置”面板中将“画笔笔尖形状”设置为“112（沙丘草）”样式，将“笔尖大小”设置为“40 像素”。

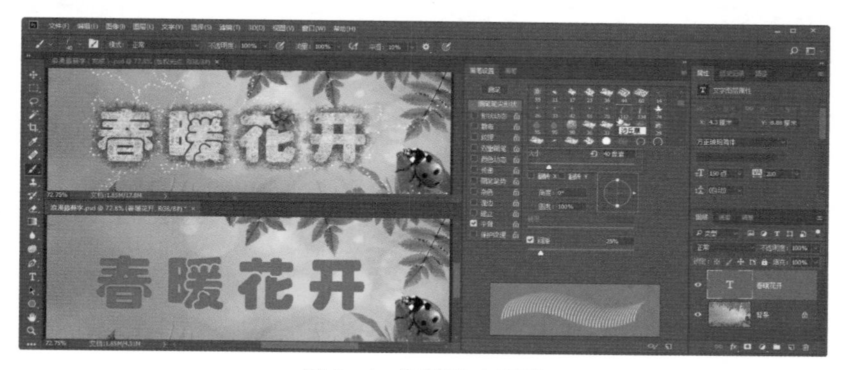

图 9-4　画笔笔尖形状

（5）如图 9-5 所示，在“画笔设置”面板中首先给画笔添加“形状动态”，将其“大小抖动”和“角度抖动”均设置为“100%”，令画出来的青草在大小和角度上都能最大限度地随机改变。然后给画笔添加“散布”，将“散布”设置为“300%”，令画出来的青草呈现随机散布的状态。

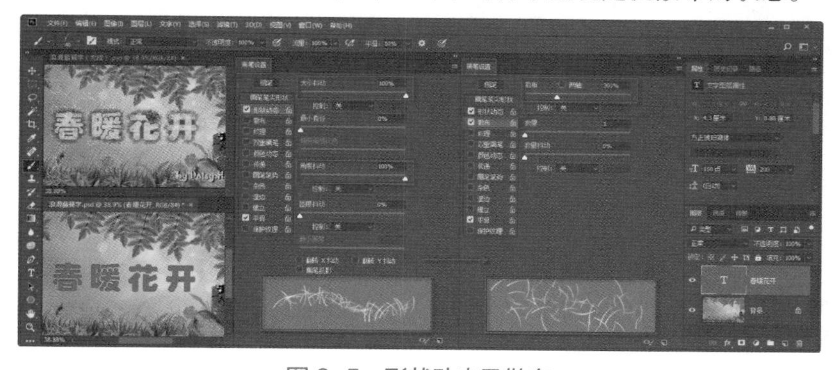

图 9-5　形状动态及散布

（6）如图 9–6 所示，按住【Ctrl】键的同时在“图层”面板中单击文字层的缩略图，创建文字形状的选区，然后将文字层隐藏。

图 9–6　创建文字选区

（7）如图 9–7 所示，在“图层”面板的顶部新建图层，命名为“藤蔓主体 1”。在工具箱中，将“前景色”设置为“浅黄色”。使用画笔在“藤蔓主体 1”层的文字选区内进行大量涂抹。

图 9–7　藤蔓主体 1

（8）如图 9–8 所示，在“图层”面板的顶部再新建图层，命名为“藤蔓主体 2”。在工具箱中，将“前景色”设置为“深黄色”。使用画笔在“藤蔓主体 2”层的文字选区内进行少量涂抹。

图 9–8　藤蔓主体 2

（9）如图 9–9 所示，在带有选区的情况下，进入“路径”面板，单击“从选区生成工作路径”按钮将选区转换成路径。

（10）如图 9–10 所示，新建图层，命名为“藤蔓外廓”，将其移动至图层“藤蔓主体 1”的下面。在“画笔”面板中将“笔尖大小”修改为“15 像素”。在工具箱中，将“前景色”设置为“墨绿色”。

在“图层”面板中，保持选中“藤蔓外廓”层。在“路径”面板中，多次单击“用画笔描边路径”按钮，制作藤蔓字的外廓效果。完成后，在“路径”面板中取消选中路径，查看藤蔓字的整体效果。

图 9-9　选区生成路径

图 9-10　画笔描边路径

（11）如图 9-11 所示，在“画笔设置”面板中，将“画笔笔尖形状”改回普通的“30（柔角 30）”，将“笔尖大小”修改为“5 像素”，将“间距”修改为“200%”，其他参数保持不变。新建图层，命名为“光点”，将其移动至图层“藤蔓外廓”的下面。在工具箱中，将“前景色”设置为“白色”。使用“画笔工具”在“光点”层随意绘制一些光点线条。

图 9-11　绘制光点线条

（12）在 PS 中打开素材“蝴蝶结 .jpg”，使用“移动工具”将其移动至藤蔓字文件中，将该层命名为“蝴蝶结”。使用“魔棒工具”将“蝴蝶结”层的白色背景选出后删除。按快捷键【Ctrl+D】取消选区。然后按住【Ctrl】键的同时单击“蝴蝶结”层的缩略图，将其单选出来。如图 9-12 所示，使用快捷键【Ctrl+T】对蝴蝶结进行自由变换，将其缩放至合适的大小并旋转角度。最后，将其移动至文字“花”的右上角，摆放好位置。

图 9–12　蝴蝶结

（13）如果需要添加版权信息，可以输入文字，设置字体、大小、颜色等参数，摆放至合适的位置。还可以给版权信息层添加图层样式，增加立体效果，如图 9–13 所示。

图 9–13　版权信息

（14）为了保持风格的统一，可以给版权信息下面也添加光点效果。如图 9–14 所示，新建图层，命名为“版权光点”，将其移动至版权信息层下面。使用“画笔工具”，给“版权光点”层沿用之前设置好的光点效果画笔，在版权文字附近随意绘制一些光点线条。

（15）完成后，将文件另存成 JPEG 格式，并保存其 PSD 格式，以备将来再次编辑。

图 9–14　版权光点

任务 2　花边布纹字

效果呈现

如图 9-15 所示，花边布纹字的文字拼接错落有致，内部采用毛巾质感绵软舒适，外围是蕾丝花边甜蜜梦幻，以红色为主色调搭配蕾丝的米白色，整体设计热情温暖，质感突出。

图 9-15　花边布纹字

工具技术

本任务的制作主要用到：多边形工具、自由变换命令、渐变工具、移动工具、文字工具、画笔工具、画笔参数调整、画笔描边路径、定义画笔预设、定义图案、路径选择工具、从选区生成工作路径、用画笔描边路径、栅格化文字、图层操作、图层混合模式、图层样式等。

任务实施

（1）制作单个蕾丝花边效果。如图 9-16 所示，新建 PS 文件，设置其宽度、高度、背景颜色等参数。完成后，将文件保存为“单个蕾丝花边 .psd”。

（2）在工具箱中选择“多边形工具”，如图 9-17 所示，在上面的工具选项栏中将多边形的“工具模式”设置为“形状”，为了能更好地看清楚路径，可以先将“填充颜色”设置为某种彩色，完成后再改回黑色即可。将“边数”设置为“12”。然后单击“设置”按钮，在下拉列表中设置其他形状和路径选项。

（3）如图 9-18 所示，设置好多边形参数后，按住【Shift】键的同时拖动鼠标绘制出一个正 12 边形。然后在“多边形工具”的工具选项栏中设置其“宽度”和“高度”均为“270 像素”，并令其与画布中心对齐，令绘制好的多边形刚好填满文件窗口。

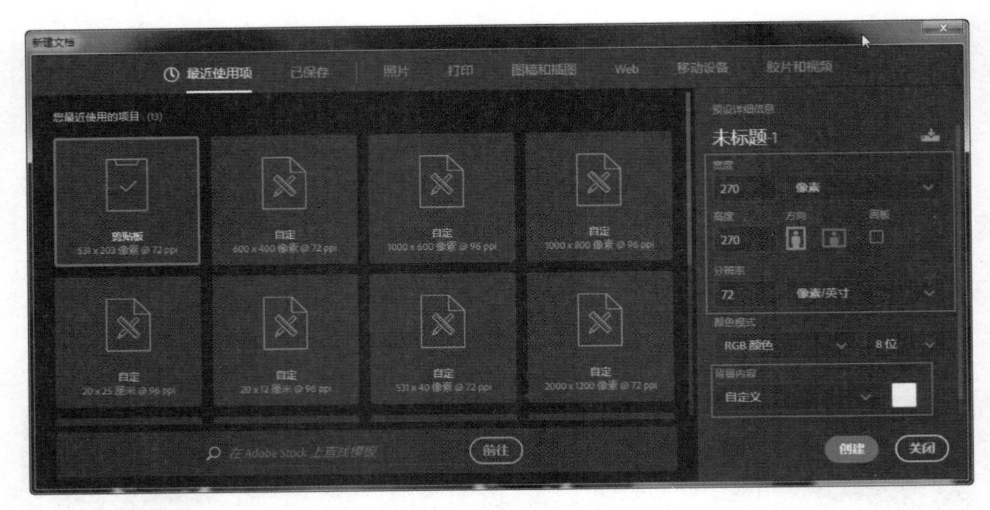

图 9-16　新建文件

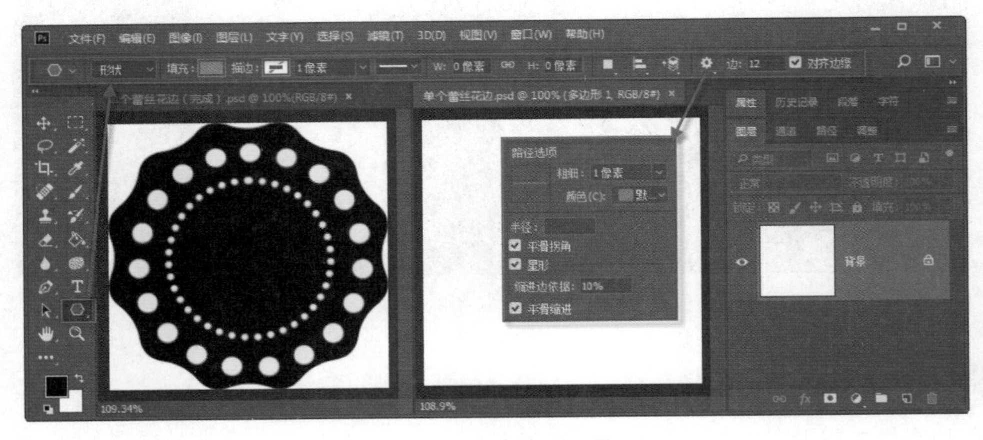

图 9-17　多边形工具

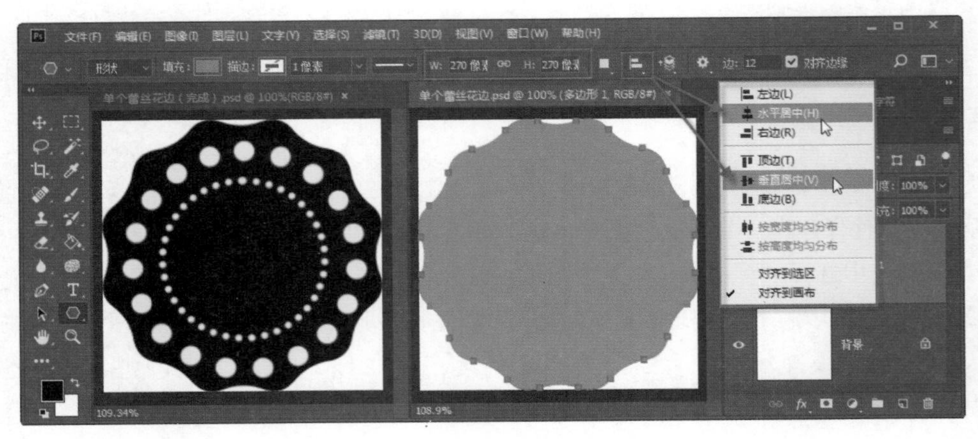

图 9-18　设置多边形参数

（4）如图 9–19 所示，使用“画笔工具”，打开“画笔设置”面板，单击面板右上角的按钮，在快捷菜单中选择“复位所有锁定设置”，取消之前自定义的画笔设置。将“画笔笔尖形状”改回普通的“123（尖角 123）”，将“笔尖大小”修改为“20 像素”，将“间距”修改为“180%”。

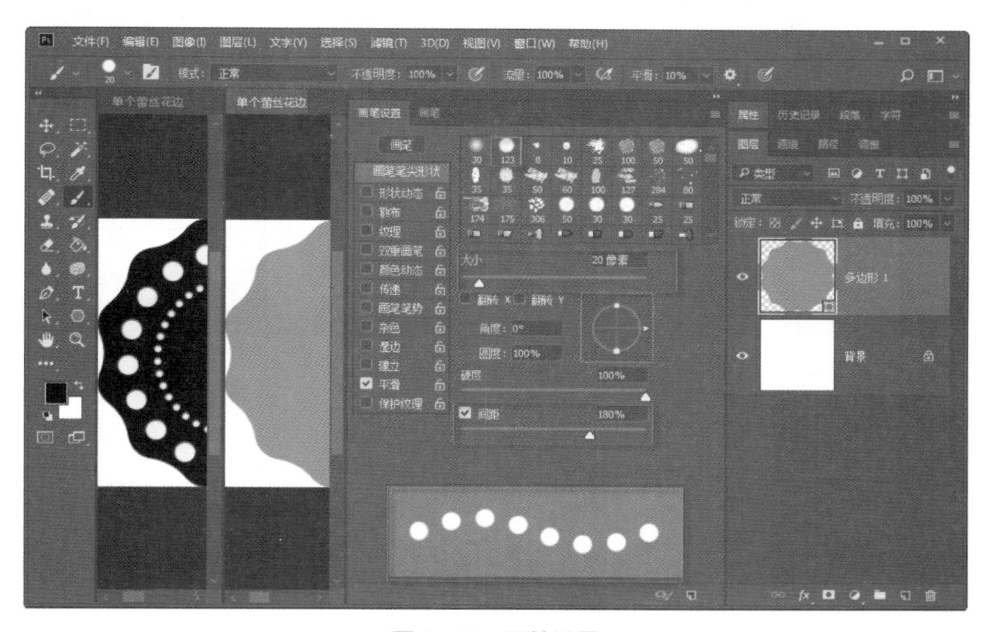

图 9–19　画笔设置

（5）在工具箱中选择“椭圆工具”，如图 9–20 所示，在上面的工具选项栏中将其“工具模式”设置为“路径”。按住【Shift】键的同时绘制一个圆形路径。使用快捷键【Ctrl+T】自由变换，将路径调整至合适的大小。然后在工具箱中选择“路径选择工具”，将该路径移动至文件的中心位置。在“路径”面板中将该路径命名为“大圆路径”。

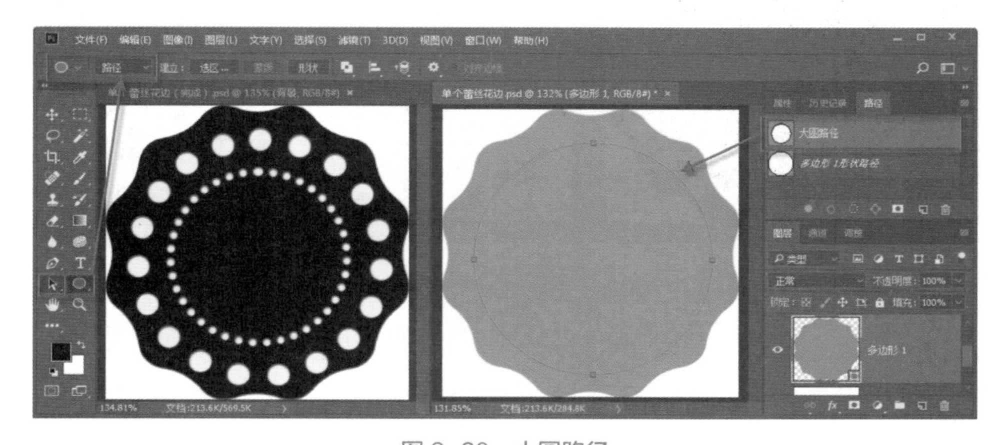

图 9–20　大圆路径

（6）如图 9–21 所示，在“图层”面板中新建图层，命名为“大圆点”，并将其移动至顶层，保持选中该层。在工具箱中，将“前景色”设置为“白色”。将工具选回“画笔工具”，在“路径”面板中选中“大圆路径”，单击“用画笔描边路径”按钮，即可在“大圆点”层绘制出单个花边外圈的大圆点。

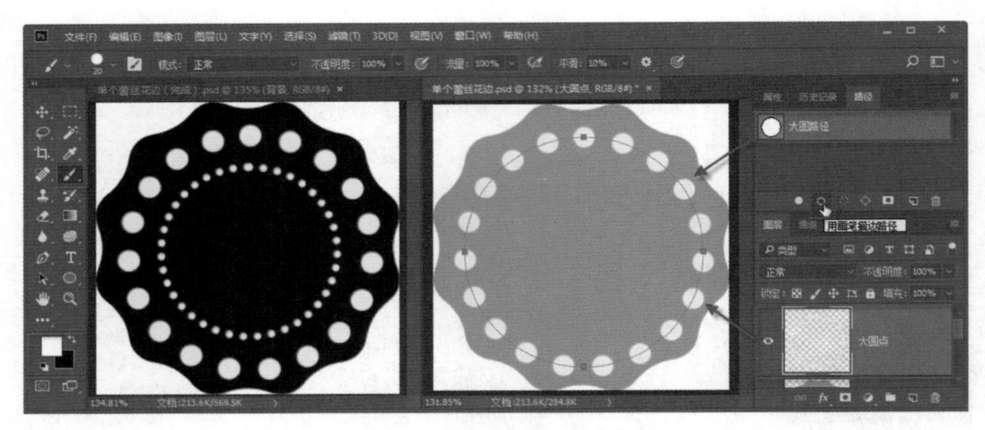

图 9-21　外圈大圆点

（7）如图 9-22 所示，在“路径”面板中将“大圆路径”拖动至“新建路径”按钮上，释放鼠标即可得到一份拷贝路径，将该路径命名为“小圆路径”，使用快捷键【Ctrl+T】自由变换，将路径缩小至合适的大小。然后，在工具箱中选择“路径选择工具”，将该路径移动至文件的中心位置。在“图层”面板中新建图层，命名为“小圆点”，并将其移动至顶层，保持选中该层。将工具选回“画笔工具”，将笔尖大小修改为“7 像素”，其他参数保持不变。在“路径”面板中，选中“小圆路径”，单击“用画笔描边路径”按钮，即可在“小圆点”层绘制出单个花边内圈的小圆点。

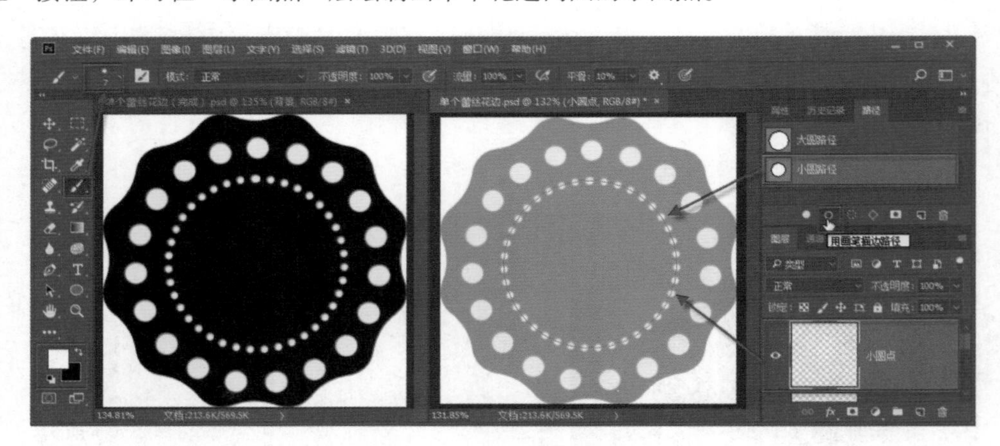

图 9-22　内圈小圆点

（8）如图 9-23 所示，在“图层”面板中双击“多边形 1”的缩略图，在“拾色器”对话框中将其填充颜色改回“黑色”，保存文件。

（9）如图 9-24 所示，完成后，执行菜单命令“编辑”|“定义画笔预设”，即可将单个蕾丝花边定义成预设画笔样式，将来可以直接选择使用。完成后关闭文件即可。

（10）下面开始制作花边布纹字。如图 9-25 所示，在 PS 中，打开素材图片“花纹背景 .jpg”。执行菜单命令“编辑”|“定义图案”，将花纹背景定义成图案。

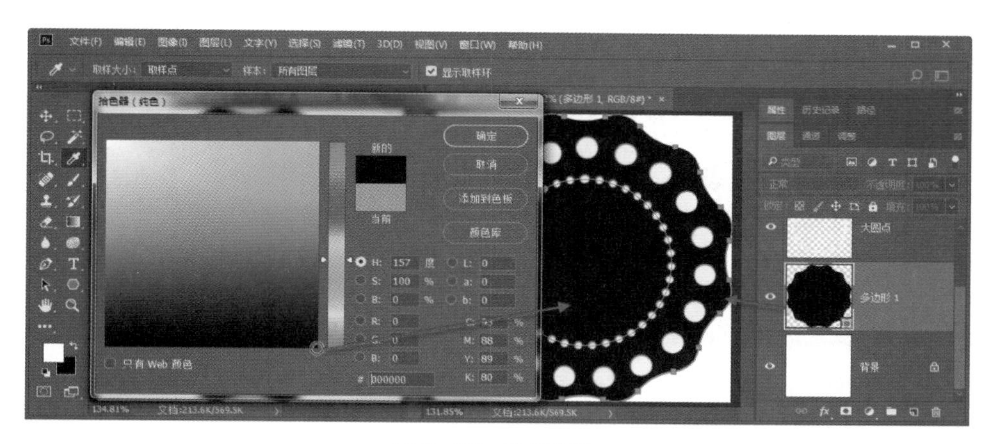

图 9-23　改回黑色

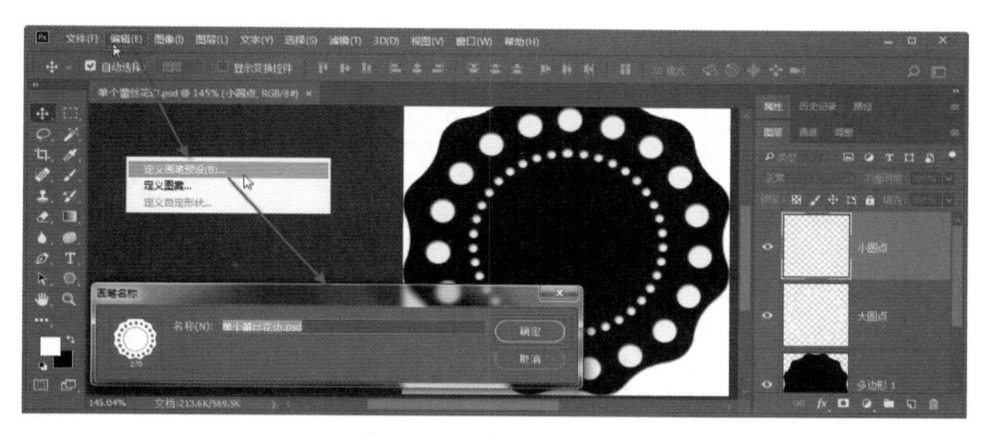

图 9-24　定义画笔预设

图 9-25　定义图案

（11）在“图层”面板中新建图层，命名为“渐变背景”。如图 9-26 所示，在工具箱中将“背景色”和“前景色”分别设置为：深红色（#970214）和浅红色（#E5636F）。使用“渐变工具”将渐变方式设置为“径向渐变”。在图层“渐变背景”中用鼠标从窗口中间向外拖动，创建中心为浅红色四周为深红色的渐变背景效果。

图 9-26　渐变背景

（12）如图 9-27 所示，给“渐变背景”层添加图层样式“图案叠加”，图案就选择刚才的花纹背景，然后修改相关参数，制作渐变花纹背景效果。完成后将该文件另存为“花边布纹字 .psd”。

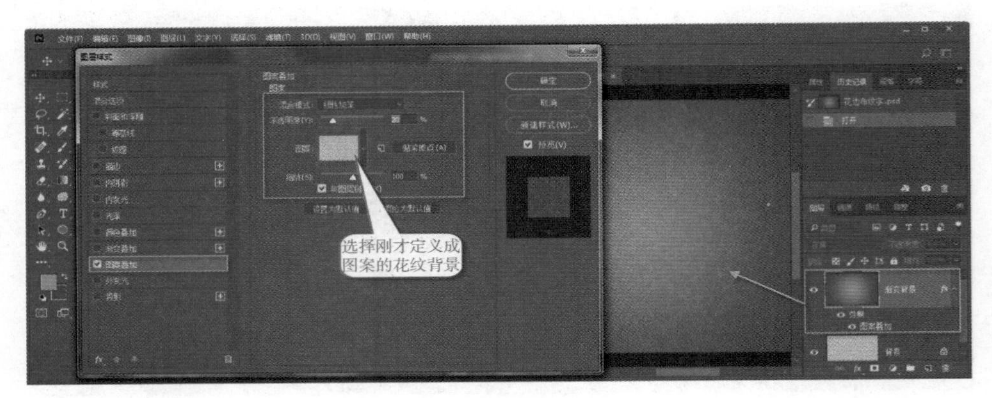

图 9-27　渐变花纹背景

（13）如图 9-28 所示，在 PS 中，打开素材图片“闪亮背景 .jpg”。使用“移动工具”，在按住【Shift】键的同时将其以中心对齐的方式拖入文件“花边布纹字 .psd”。将该层命名为“闪亮背景”，并将其移动至“渐变背景”的上层。将该层的图层混合模式修改为“柔光”，即可制作背景的叠加效果。

图 9-28　背景叠加效果

（14）如图 9-29 所示，使用“横排文字工具”输入文字“布”，设置其字体、大小、颜色等参数。

图 9-29　文字设置

（15）如图 9-30 所示，将文字层“布”拷贝三份，得到另外三个文字层。将里面的文字分别修改为“凡”“绣”“坊”。其中文字“布”和“绣”的字号为“200 点”，而文字“凡”和“坊”的字号为“180 点”，稍微改小一点。按图示效果，摆放文字位置，实现文字拼接效果。

图 9-30　文字拼接

（16）如图 9-31 所示，在“图层”面板中将四个文字层同时选中，拖动至“新建图层”按钮上，释放鼠标得到四个拷贝图层，右击这四个拷贝层的图层名称处，在弹出的快捷菜单中选择“栅格化文字”命令，将其变成四个普通图层，然后再次右击这四个拷贝层的图层名称处，在弹出的快捷菜单中选择“合并图层”命令，将合并后的图层命名为“布凡绣坊”。将原始的四个文字层隐藏并移动至底层，以备将来修改时使用。

图 9-31　栅格合并文字

（17）如图 9–32 所示，在“图层”面板中，按住【Ctrl】键的同时单击“布凡绣坊”层的缩略图创建文字选区。在“路径”面板中单击“从选区生成工作路径”按钮，制作文字路径。

图 9–32 从选区生成路径

（18）如图 9–33 所示，使用“画笔工具”，打开“画笔设置”面板，单击面板右上角的按钮，在快捷菜单中选择“复位所有锁定设置”，取消之前自定义的画笔设置。将“画笔笔尖形状”设置为刚才制作的单个花边样式，将“笔尖大小”修改为“30 像素”，将“间距”修改为“70%”。

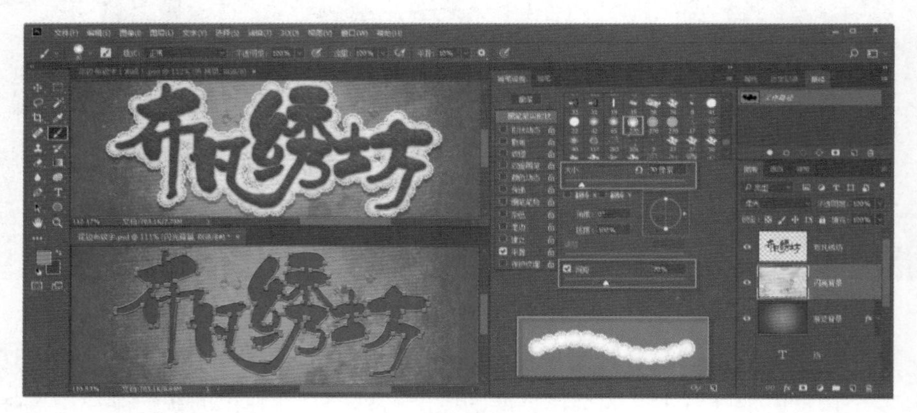

图 9–33 画笔设置

（19）如图 9–34 所示，在“图层”面板中新建图层，命名为“花边”，并将其移动至“布凡绣坊”层的下面。在工具箱中，将“前景色”设置为：米白色（#F5F4E6），然后选回“画笔工具”。在“路径”面板中单击“用画笔描边路径”按钮制作文字花边效果。

图 9–34 花边效果

（20）如图 9–35 所示，给“花边”层添加图层样式“斜面和浮雕”并设置参数。

图 9–35　斜面和浮雕

（21）如图 9–36 所示，给“花边”层添加图层样式“颜色叠加”并设置参数。

图 9–36　颜色叠加

（22）如图 9–37 所示，给“花边”层添加图层样式“投影”并设置参数。

图 9–37　投影

（23）如图 9–38 所示，给“布凡绣坊”层添加图层样式“斜面和浮雕”并设置参数。

图 9–38　斜面和浮雕

（24）如图 9–39 所示，给“布凡绣坊”层的“斜面和浮雕”样式添加“纹理”并设置参数。

图 9–39　纹理

（25）如图 9–40 所示，给“布凡绣坊”层添加图层样式“内阴影”并设置参数。

图 9–40　内阴影

（26）如图 9–41 所示，给“布凡绣坊”层添加图层样式“外发光”并设置参数。

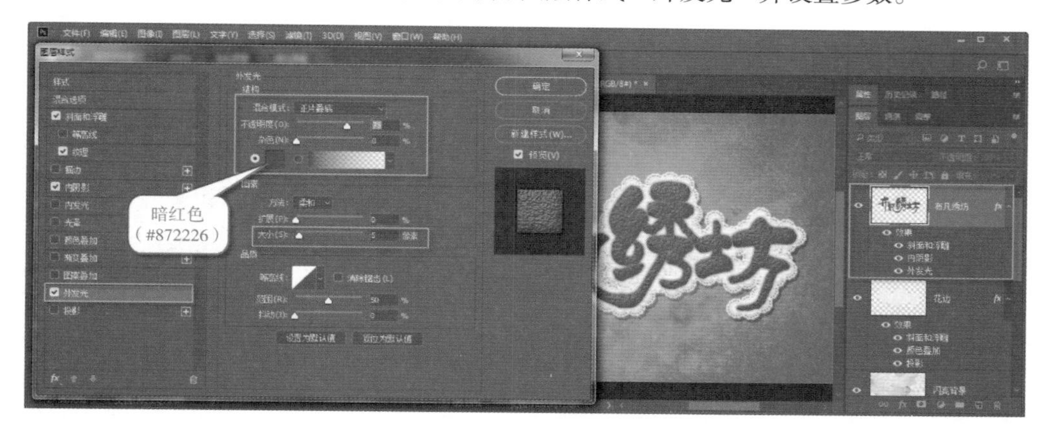

图 9–41　外发光

（27）如图 9–42 所示，如果需要，可以在合适的位置输入版权信息。

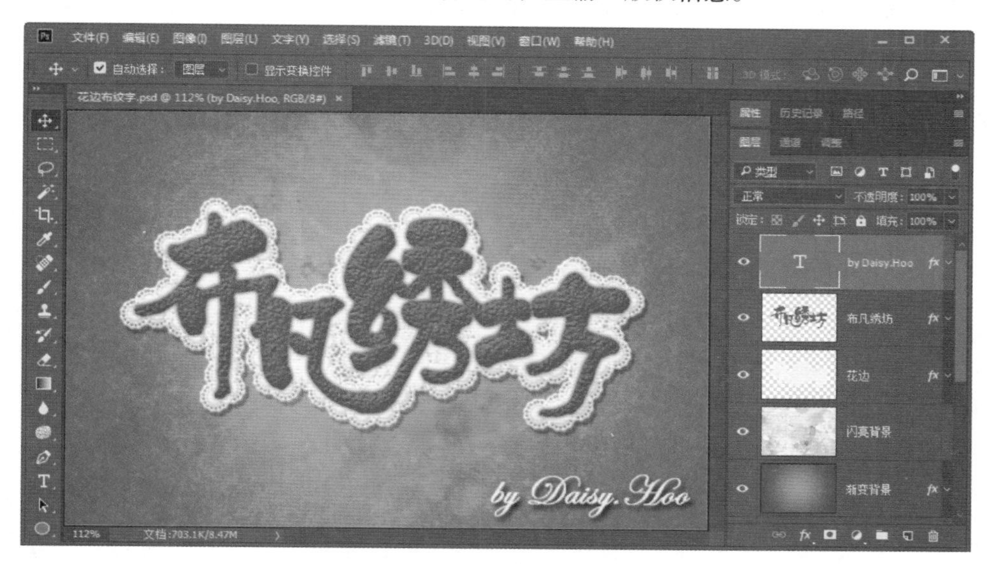

图 9–42　花边布纹字最终效果

（28）完成后，将文件另存成 JPEG 格式，并保存其 PSD 格式，以备将来再次编辑。

任务 3　逼真沙滩字

效果呈现

如图 9–43 所示，沙滩字内部的阴影凹陷、外部的凸起，以及周边沙子的光影效果，都表现得淋漓尽致，立体而逼真。

图 9-43 逼真沙滩字

工具技术

本任务的制作主要用到：文字工具、移动工具、色相 / 饱和度命令、自由变换命令、画笔工具、画笔参数调整、给文字创建工作路径、用画笔描边路径、羽化选区命令、图层操作、图层混合模式、图层样式、拷贝图层样式、粘贴图层样式、动感模糊滤镜等。

任务实施

（1）在 PS 中，打开背景图片，将文件另存为“逼真沙滩字 .psd”。

（2）将背景层，拷贝一份。如图 9-44 所示，在“背景拷贝”层，执行菜单命令“图像” | “调整” | “色相 / 饱和度”，将饱和度降低至“-20”，令“背景拷贝”层的沙滩色彩稍微暗淡一些。

图 9-44 降低饱和度

（3）如图 9-45 所示，使用“横排文字工具”输入文字内容，并对文字设置合适的字体、大小、颜色、字距等参数。完成后，使用“移动工具”将文字摆放在合适的位置。

图 9-45　文字设置

（4）如图 9-46 所示，给文字层添加图层样式“内阴影”，制作立体效果。再将该层的图层混合模式设置为“柔光”。

图 9-46　立体效果

（5）将文字层拷贝一份。在“图层”面板中按住鼠标将文字拷贝层的“内阴影”样式拖动至“删除”按钮上将其删除。如图 9-47 所示，重新给文字拷贝层添加图层样式“斜面和浮雕”，制作立体效果。

图 9-47　斜面和浮雕

（6）如图 9-48 所示，给“斜面和浮雕”样式添加“等高线”，控制阴影中的造型变化。

图 9-48 等高线

（7）如图 9-49 所示，使用“画笔工具”，在“画笔设置”面板中单击右上角的按钮，在快捷菜单中选择“复位所有锁定设置”，取消之前自定义的画笔设置。将“画笔笔尖形状”改回普通的“30（柔角 30）”，将“笔尖大小”修改为“12 像素”，将“间距”修改为“30%”。然后给画笔添加“形状动态”，将其“大小抖动”和“角度抖动”均设置为“100%”，让笔尖在大小和角度上都能最大限度地随机改变，这样画出来的线条会比较有颗粒感。

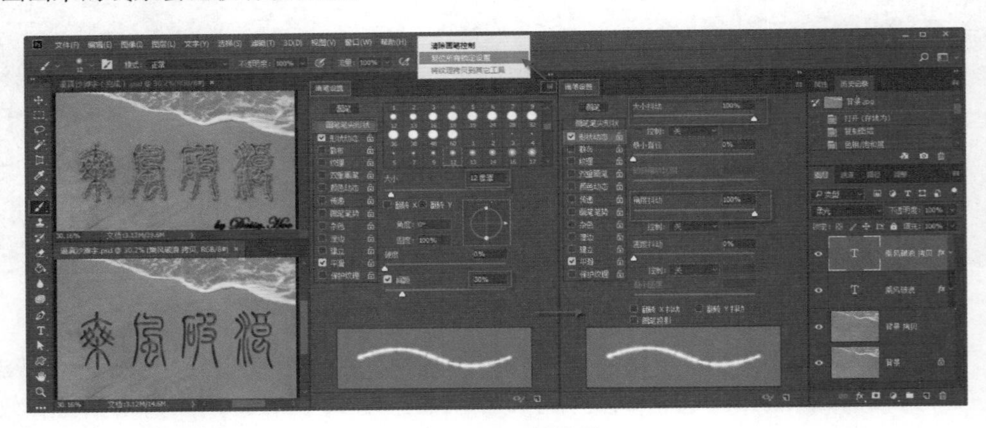

图 9-49 画笔设置

（8）如图 9-50 所示，在“图层”面板中右击任意一个文字层的名称，在弹出的快捷菜单中选择“创建工作路径”命令，创建文字形状的路径。

图 9-50 创建文字路径

（9）如图 9–51 所示，在“图层”面板中新建图层，命名为“画笔描边”，并将其移动至顶层。在工具箱中，将“前景色”设置为任意彩色。在“路径”面板中单击“用画笔描边路径”按钮，给“画笔描边”层进行描边。完成后取消选中路径，查看描边效果。

图 9–51　画笔描边路径

（10）如图 9–52 所示，按住【Ctrl】键的同时在“图层”面板中单击“画笔描边”层的缩略图创建选区。然后执行菜单命令“选择”|“修改”|“羽化”，弹出“羽化选区”对话框，设置“羽化半径”为“2 像素”。

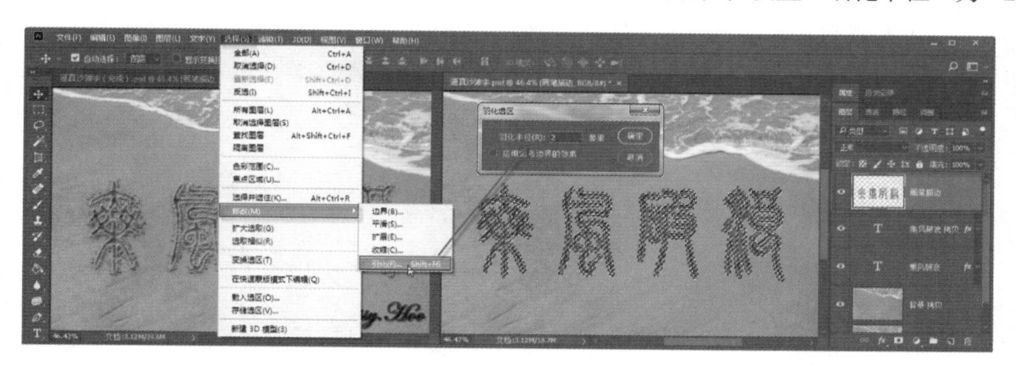

图 9–52　羽化选区

（11）如图 9–53 所示，在“图层”面板中隐藏“画笔描边”层。在带有选区的情况下，选择“背景拷贝”层，按快捷键【Ctrl+J】从“背景拷贝”层复制出一块选区到新图层，将这个新图层命名为“沙子描边”，并将其移动至顶层。

图 9–53　沙子描边

（12）如图 9–54 所示，给“沙子描边”层添加图层样式“斜面和浮雕”。

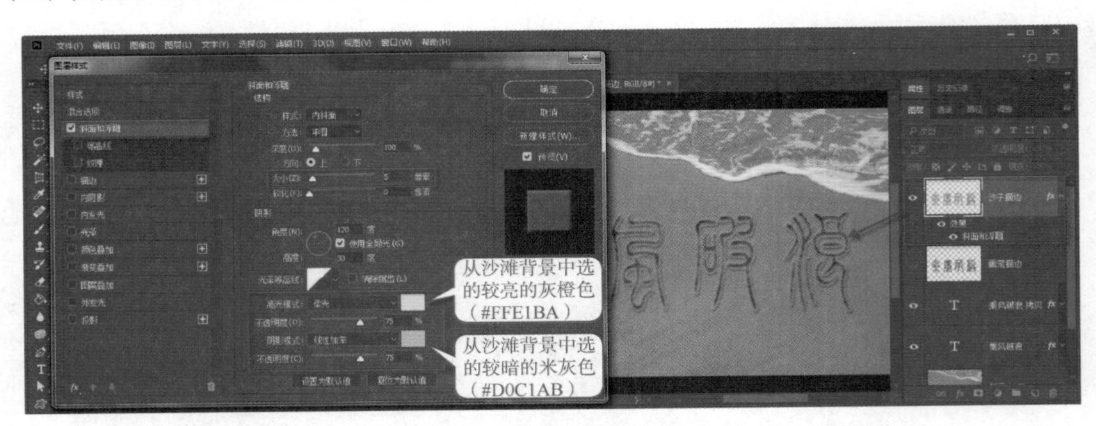

图 9–54　斜面和浮雕

（13）如图 9–55 所示，给“沙子描边”层的“斜面和浮雕”样式添加“等高线”，等高线的样式采用默认设置即可。然后再添加“纹理”，在“图案”中追加“自然图案”，使用其中的图案“多刺的灌木”。

图 9–55　等高线和纹理

（14）如图 9–56 所示，按住【Ctrl】键的同时在“图层”面板中单击“画笔描边”层的缩略图创建选区。执行菜单命令“选择”|“修改”|“羽化”，弹出“羽化选区”对话框，设置“羽化半径”为“5 像素”。然后重复执行一遍羽化操作，将选区再次羽化“5 像素”。

（15）如图 9–57 所示，在带有选区的情况下选择“原始背景”层，按快捷键【Ctrl+J】，从“原始背景”层复制出一块选区到新图层，将这个新图层命名为“沙子阴影”，并将其移动至原始文字层的下面。

（16）如图 9–58 所示，给“沙子阴影”层添加图层样式“投影”。

（17）如图 9–59 所示，使用“画笔工具”，打开“画笔设置”面板，单击面板右上角的按钮，在快捷菜单中选择“复位所有锁定设置”，取消之前自定义的画笔设置。将“画笔笔尖形状”改回普通的“30（柔角 30）”，将“笔尖大小”修改为“8 像素”，将“间距”修改为“4%”。给画笔添加“形状动态”，将其“大小抖动”“角度抖动”和“圆度抖动”均设置为“100%”，并将“最小圆度”设置为“20%”。给画笔添加“散布”，将其“散布”设置为“400%”。制作散布状的小石子效果。

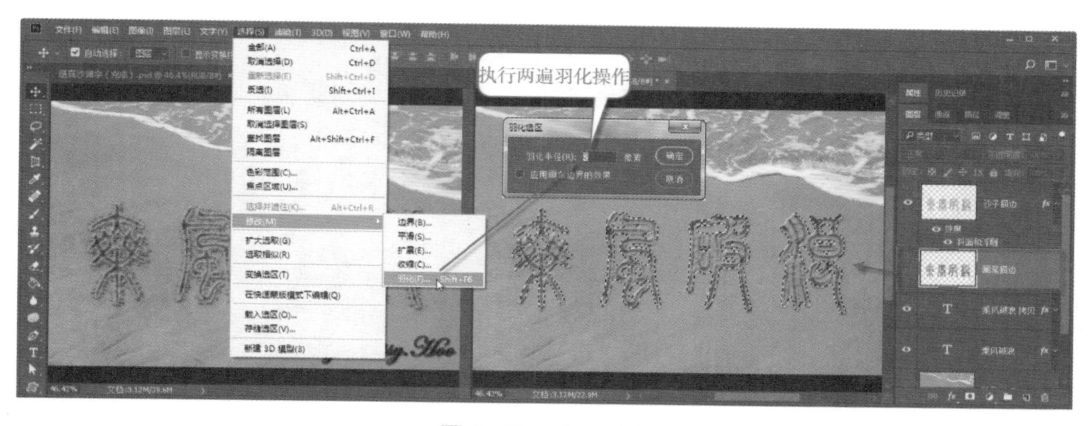

图 9-56　选区羽化

图 9-57　沙子阴影

图 9-58　投影

（18）在“图层”面板中右击任意一个文字层的名称，在弹出的快捷菜单中选择“创建工作路径”命令，创建文字形状的路径。如图 9-60 所示，在“图层”面板中新建图层，命名为“石子阴影”，并将其移动至原始文字层的下面。在工具箱中，将“前景色”设置为深灰色（#404040）。在“路径”面板中单击“用画笔描边路径”按钮，给“石子阴影”层描边，完成后取消选中路径。

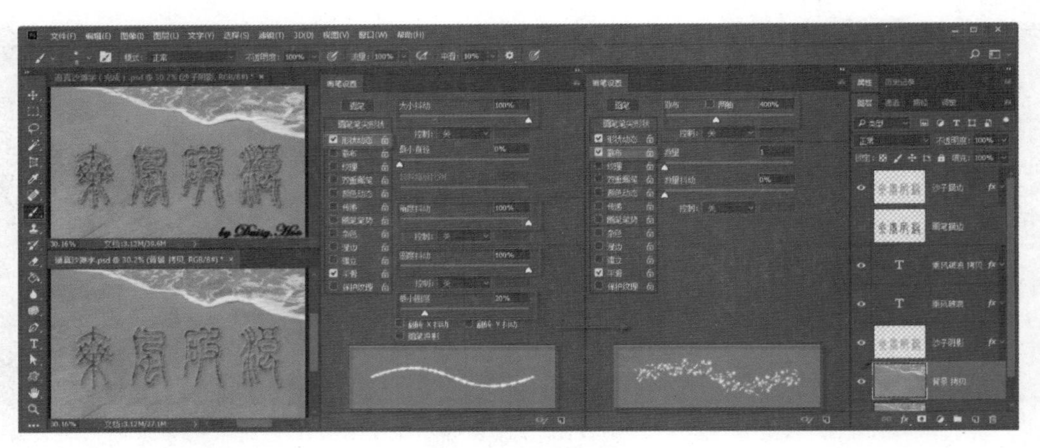

图 9-59 画笔设置

图 9-60 石子阴影

（19）如图 9-61 所示，按住【Ctrl】键的同时在“图层”面板中单击“石子阴影”层的缩略图创建选区。在带有选区的情况下选择“背景拷贝”层，按快捷键【Ctrl+J】从“背景拷贝”层复制出一块选区到新图层，将这个新图层命名为“石子特效”，并将其移动至“石子阴影”层的上面。

图 9-61 石子特效

（20）如图 9-62 所示，在“图层”面板中右击“沙子描边”层的名称处，在弹出的快捷菜单中选择“拷贝图层样式”命令，然后右击“石子特效”层的名称处，在弹出的快捷菜单中选择“粘贴图层样式”命令将图层样式一次性拷贝过来，制作文字周围小石子的立体效果。

图 9-62　拷贝图层样式

（21）如图 9-63 所示，在“图层”面板中选中“石子阴影”层，执行菜单命令“滤镜”|“模糊”|“动感模糊”，弹出“动感模糊”对话框，设置模糊的角度和距离。

图 9-63　动感模糊

（22）如图 9-64 所示，在“图层”面板中将“石子阴影”层的图层混合模式修改为“线性光”。然后使用“移动工具”，结合键盘上的箭头，轻移“石子阴影”的位置，令其看上去像是自然投射下来的。

图 9-64　移动石子阴影

（23）如图 9-65 所示，在“图层”面板中，按住【Ctrl】键的同时在“图层”面板中单击文字层的缩略图创建选区。在带有选区的情况下，选中“石子阴影”层，按【Delete】键删除文字内部的阴影效果。按快捷键【Ctrl+D】取消选区。然后将“背景拷贝”层隐藏，查看沙滩字的最终效果。根据需要在合适的位置输入版权信息。

图 9-65　沙滩字最终效果

（24）完成后，将文件另存成 JPEG 格式，并保存其 PSD 格式，以备将来再次编辑。

第10章 Photoshop 版面设计

版面设计是结合宣传主题及内容需求，在有限的版面范围内，将文字图片色彩等信息载体，有效地进行规划布局和艺术处理，增强视觉传达与情感传递，激发潜在的阅读兴趣和购买欲望等。希望大家在实际的学习和工作中，能够尽可能多地浏览优秀设计作品，对其进行深入的赏析评鉴，以提高自己的审美水平和设计能力。

任务 1 宣传单页设计

效果呈现

该宣传单页的设计主题是地产公司别墅项目的开盘售卖，如图 10–1 所示，配色以墨绿色为主色调，搭配浅灰背景和深灰文字，间或点缀一点橙色，低调沉稳，亲近自然。布局简洁大气，内容详尽充实，既有颜值，又有内涵。左上方突出显示地产公司的名称、Logo 和宣传标语，中间是项目宣传的大标题和小标语，文字的设计、配色、布局、倒影效果等均与背景图片中的山水相呼应，灵动美观，下方详细介绍了项目的地理位置、居住环境、先进设施，并在醒目位置大字彩色显示出产品地图和联系方式，底部不忘详尽介绍项目的地址、开发商、推广策划、销售代理等必要信息。风景图片的选择符合其依山傍水、清净幽雅的居住氛围，对图片色彩饱和度的降低处理，以及云纹背景的使用，都集中体现了别墅产品的沉稳大气、奢华低调，令人心向往之。

图 10–1 宣传单页设计

工具技术

本任务主要用到：调整图层、调整命令、文字工具、形状工具、移动工具、画笔工具、自由变换命令、垂直翻转、直线工具、自定义形状工具、图层操作、图层样式、滤镜、图层蒙版、转换为智能对象等。

任务实施

找到素材图片“风景 .jpg”“云纹 .jpg”“地图 .png”，完成宣传单页的制作。

（1）在 PS 中打开风景图片，将其另存为“宣传单页 .psd”。

（2）如果直接用风景图做宣传单背景，色彩过于鲜艳，需要处理一下。如图 10–2 所示，给背景图，添加色相 / 饱和度调整层，将饱和度降低。

图 10–2　降低饱和度

（3）如图 10–3 所示，再给背景图添加亮度 / 对比度调整层，将亮度提高。

图 10–3　提高亮度

（4）标题文字：使用“文字工具”输入文字“依山傍水　独领墅风”，如图 10–4 所示，设置文字的颜色、字体、大小、字符间距等，摆放到合适的位置。

图 10–4　标题文字

（5）标题描边：给文字层添加图层样式，如图 10–5 所示，给文字添加描边。

图 10–5　文字描边

（6）标题倒影：将文字层重命名为“标题”，将其再复制一份，命名为“标题倒影”。将倒影层移动至标题层下面。对倒影层执行菜单命令“编辑”|“变换”|“垂直翻转”。如图 10–6 所示，将倒影文字垂直移动至标题文字的正下方交界处。

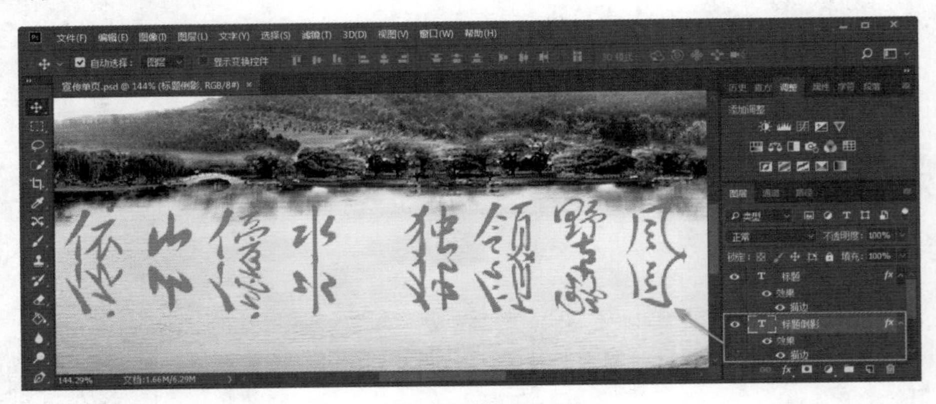

图 10–6　标题倒影

（7）倒影模糊：PS 中的文字层属于矢量图不属于位图，因此不能对其添加滤镜。右击倒影层的名称处，将其“转换为智能对象”。转换后对倒影层执行菜单命令“滤镜”|“模糊”|“动感模糊”，如图 10–7 所示，在弹出的对话框中设置模糊的参数。

图 10–7　倒影模糊

（8）倒影效果：给倒影层添加图层蒙版，使用“渐变工具”，将渐变色设置为从黑到白的线性渐变。如图 10–8 所示，在图层蒙版中按住【Shift】键的同时用鼠标在倒影文字区域上侧垂直滑动一点距离，只保留倒影文字上面一点即可。

图 10–8　倒影效果

（9）小标语文字：使用“文字工具”输入文字“天下江山，无如甘露，多景楼前。有谪仙公子，依山傍水，结茅筑圃，花竹森然。四季风光，一生乐事，真个壶中别有天。亭台巧，一琴一鹤，泥絮心田。”在每个句号后面，按【Enter】键换段。如图 10–9 所示，设置文字的颜色、字体、大小、行距、段落对齐方式等，摆放到合适的位置。

图 10–9　小标语文字

（10）地产商名称：使用“文字工具”输入文字“钰峰地产”，如图 10–10 所示，设置文字的颜色、字体、大小、水平缩放等，摆放到画面左上方。

图 10–10　地产商名称

（11）直线：使用“直线工具”，将工具模式设置为“形状”，在画面中绘制一条水平线，如图 10–11 所示，将直线的颜色设置为与地产商名称相同的棕色，高度设置为 2 像素，调整一下其宽度，放置在开发商名称下面，将该层重命名为“直线”。

图 10–11　绘制直线

（12）同心圆：接下来使用自定义形状中的同心圆和螺旋桨，简单制作一个企业 LOGO。注意：为了避免绘制的新形状与直线放在同一图层中，不好控制位置，在“图层”面板中，需要先单击选中其他图层（只要不选形状图层即可），或者新建一个空图层，再绘制新形状，就不会与前面绘制的形状在同一层了。使用“自定义形状工具”，将形状的种类选择为“全部”，选中同心圆，再绘制出一个同心圆，将该层命名为“同心圆”。

图 10–12　绘制同心圆

（13）螺旋桨：使用“自定义形状工具”。选择螺旋桨形状，绘制出一个螺旋桨，并将该层命名为“螺旋桨”。调整同心圆和螺旋桨的大小、位置等，合成地产商 LOGO。

图 10–13　绘制螺旋桨

（14）地产商标语：使用“文字工具”输入文字“和谐生活　自然舒适”，如图 10–14 所示，设置文字的颜色、字体、大小、水平缩放等，摆放在直线下面。

图 10-14　地产标语

（15）画布扩展：执行菜单命令“图像”|“画布大小”，如图 10-15 所示，将画布的高度向下扩展 160 像素。

图 10-15　画布扩展

（16）云纹背景：打开素材图片“云纹 .jpg”，使用“移动工具”将其移动进来，调整大小、位置，让其覆盖画面底部新扩展的区域，将该层命名为“云纹”。如果将扩展区域直接涂抹纯色，会显得比较单调，而云纹背景，远观呈灰色不会影响文字的可读性，近看又有若隐若现的云纹效果，沉稳大气，契合设计风格。

图 10-16　云纹背景

（17）广告标头：使用“文字工具”输入文字“320 m^2~680 m^2 别墅全新开盘，邀您共度雅居生活。贵宾热线：090-6688999。”如图 10-17 所示，设置文字的颜色（深橙色和深灰色）、字体、大小、行距等，另外，两个 m 后面的 2 都要设置为上标，完成后，摆放在云纹区域顶端合适的位置。

图 10-17　广告标头

（18）分隔线：使用“文字工具”输入一行“*”，如图 10-18 所示，设置文字的颜色、大小、字距等，摆放在广告标头下面。

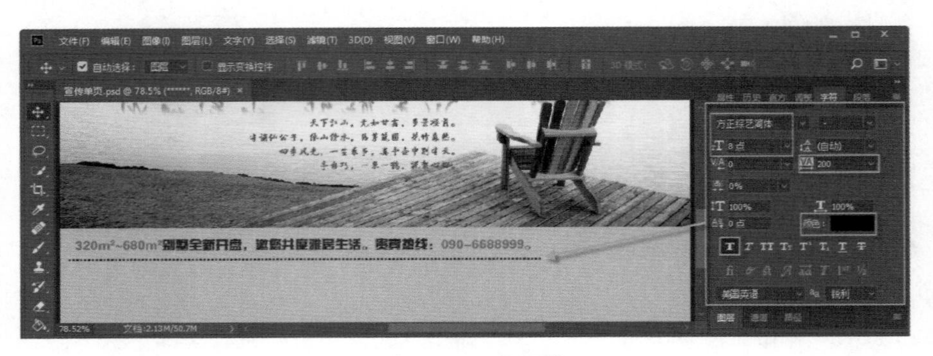

图 10-18　分隔线

（19）广告条目：使用“文字工具”先输入第 1 条广告文字“优势区位：位于江滨路东大道，直通山茶广场，一路风景一路通达！”如图 10-19 所示，设置文字的颜色、大小、字距、水平缩放等，摆放在分隔线下面。

图 10-19　广告条目

（20）对齐分布：将第 1 条广告文字层再复制 5 份。将第 2 条的文字改为“山林景观：南邻江水万顷碧波，北依碧山千里绿肺，坐拥江山之福！”将第 3 条的文字改为“风水宝地：雄踞城市上风上水，得天地万物之厚德，享山水之灵气！”将第 4 条的文字改为“智能物管：报警监控，访客对讲。”将第 5 条的文字改为“运动会所：美体康体，社区养生。”将第 6 条的文字改为“优质学区：紧邻名校，精品未来。”完成后，可以同时选中多层文字，如图 10–20 所示，借助移动工具的工具选项，对这些广告条目进行对齐、分布等操作。

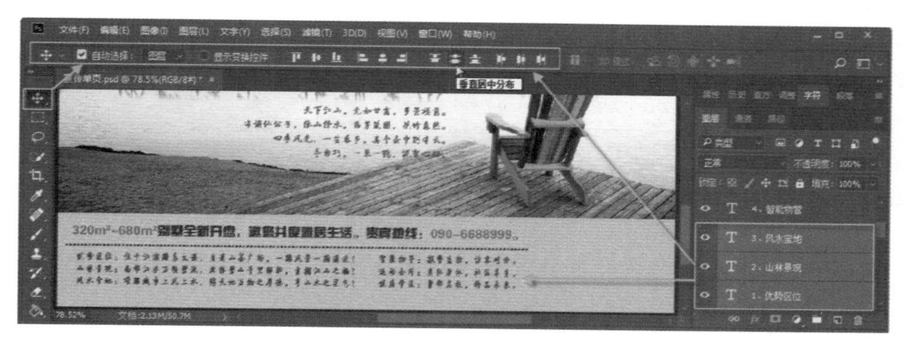

图 10–20 对齐分布

（21）深灰长条：使用“矩形选框工具”框选出画面底部的空白区域，涂上深灰色，将该层命名为“深灰长条”。

图 10–21 深灰长条

（22）注册信息：使用“文字工具”输入文字“项目地址：东海市俊宝区江滨路东大道 36 号　开发商：钰峰地产　全案推广：北京鼎盛文思策划　销售代理：东海市天创置业通达”，如图 10–22 所示，设置文字的颜色、字体、大小、字距、水平缩放等，摆放在灰色长条区域中。

图 10–22 注册信息

（23）地图：打开素材图片“地图 .png”，将其移动进来，调整大小，放置在画面右下方的空白区域。

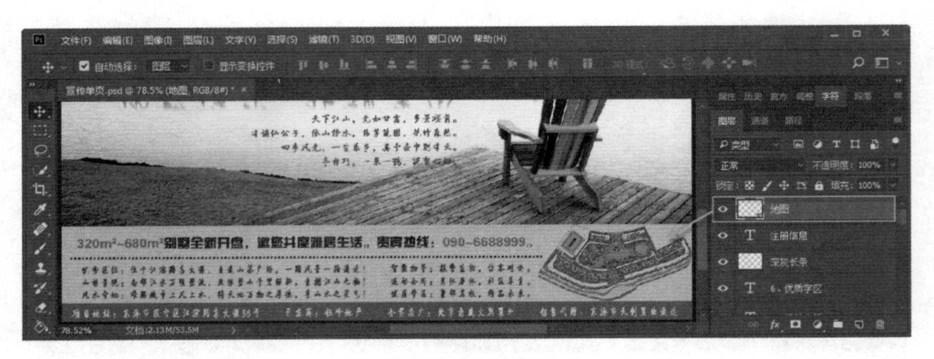

图 10-23 地图

（24）完成后，将文件另存成 JPEG 格式，并保存其 PSD 格式，以备将来再次编辑。

任务 2 网站 Banner 设计

效果呈现

网站 Banner 就是网站中的横幅广告，其尺寸都是横宽竖窄，因此，多数情况下，从网上下载的图片都不适合直接做其背景图，可以考虑使用图层蒙版技术将几张图片无缝拼接成一张合适的背景图。如图 10–24 所示，横幅广告的主题是开渔海鲜特惠，可以看到本例中选用的海鲜图片大都颜色艳丽，以红橙色为主。由于很多成熟的果实和蔬菜的颜色都是橙色，人们潜意识中会将橙色与美食联系在一起，因此橙色被大量运用在有关餐饮方面的设计中。为了形成对比，广告的背景图采用了黑色的木纹效果，如果用纯黑色会显得比较单调，木纹效果会让背景更加有质感。黑色的背景更能凸显海鲜的新鲜肥美，刺激味蕾激发食欲，第一步抓人眼球就已经做到了。接下来，想买的顾客自然会关注你的促销文字。那么在文字的排版中，根据各部分信息关注程度的不同，可以将其设置为不同的大小、字体、方向、疏密度、颜色、效果等来进行区分。本例中“海鲜特惠季”这几个标题文字最大最鲜明，打眼一看就知道肯定是有优惠的。然后最关心的当然就是优惠力度了，因此除标题外所有文字中最大的就是满减信息了，而且满减的钱数都用不同的颜色标注出来，一目了然。如果对满减的力度也满意，接着会再继续留意上面带圈文字和底部的详细信息。在文字的间隙，插入了一些小的海鲜简笔画，同时把这些简笔画的透明度降低了，虚实结合，让它们既不会喧宾夺主，又可以若隐若现地给画面增加趣味性。

工具技术

本任务主要用到：移动工具、快速选择工具、魔棒工具、文字工具、形状工具、自由变换命令、图层蒙版、画笔工具等。

图 10-24　网站 Banner 设计

任务实施

找到素材图片“木纹背景 .jpg”和“彩旗 .jpg”，以及 11 张海鲜图片和 11 张海鲜简笔画，完成网站 Banner 的制作。

（1）在 PS 中打开图片“木纹背景 .jpg”，然后将文件另存为“网站 Banner.psd”。

（2）打开图片“三文鱼 .jpg”，将背景层拷贝一份，如图 10-25 所示，使用“快速选择工具”将三文鱼和叶子区域选出，并在带有选区的情况下，给背景副本层添加图层蒙版将选择区域抠选出来，将该层重命名为“三文鱼”。

图 10-25　抠选三文鱼

（3）使用移动工具，如图 10-26 所示，将三文鱼图层连同图层蒙版，一起移动至刚才的文件中。

（4）使用类似的方式，把剩余 10 张海鲜图片以及彩旗图片，也分别抠选出来（根据每张图片的特点，可以使用学过的任何一种抠图方法），更改图层名称，并带着图层蒙版，将抠选区域移动至文件中。如图 10-27 所示，调整每种海鲜的大小、角度、位置、图层顺序等，将其有秩序地摆放在画面左右两侧，将彩旗摆放在中间上侧，其余区域保留，以便书写促销标语。

图 10-26　移动三文鱼

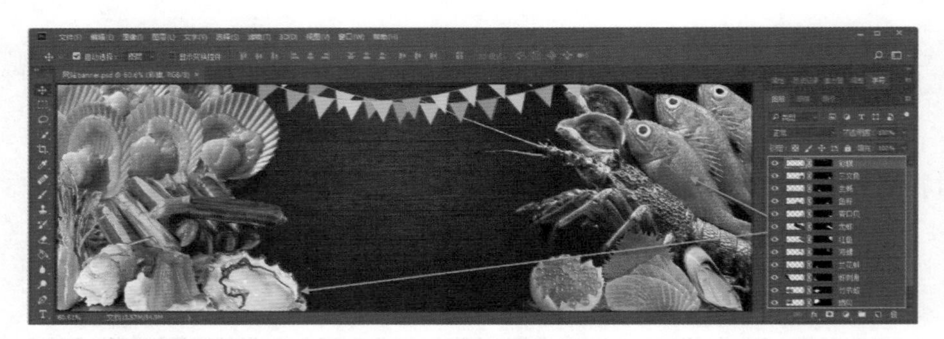

图 10-27　抠图摆放

（5）使用“文字工具”输入大标语“海鲜特惠季”，如图 10-28 所示，设置文字的字体、大小、颜色、垂直缩放、水平缩放等，摆放在彩旗下面。

图 10-28　大标语

（6）使用椭圆工具，如图 10-29 所示，在大标语左侧绘制两个同样大小的圆，设置两个圆的尺寸、填充颜色等，摆放好位置。

（7）使用“文字工具”输入文字“开”，如图 10-30 所示，设置文字的字体、大小、颜色。使用“移动工具”同时选中文字“开”层和椭圆 1 层，在顶端的工具选项栏中将二者垂直居中对齐、水平居中对齐。使用同样的方法输入文字“渔”，并将其与椭圆 2 层对齐。

图 10-29　绘制两圆

图 10-30　对齐文字和椭圆

（8）使用椭圆工具，如图 10-31 所示，在大标语下面再绘制一个圆，设置圆的尺寸、填充颜色。将该圆再复制出三个，先摆放好第 1 个和第 4 个圆的位置，然后同时选中四个圆，在移动工具的工具选项栏中对齐并均匀分布这四个圆。

图 10-31　对齐分布椭圆

（9）使用文字工具，输入文字“深”，如图 10-32 所示，设置文字的字体、大小、颜色。再复制三个文字，将其分别修改为“海”“捕”“捞”，移动文字的位置，并令其分别与下面的圆对齐。

（10）将这四个文字和圆再统一复制一份，移动位置，并将文字内容分别修改为“新”“鲜”“肥”“美”，效果如图 10-33 所示。

（11）使用“直线工具”绘制一条宽度 3 像素的直线，如图 10-34 所示，让直线与 8 个圆垂直居中对齐。

（12）右击直线层，将其栅格化，如图 10-35 所示，使用“矩形选框工具”将直线中间部分选中并删除，只保留两侧。

图 10-32　对齐文字与圆

图 10-33　复制文字与圆

图 10-34　绘制直线

图 10-35　删除中间

（13）使用“文字工具”输入促销文字“全场满 1 000 减 300 满 500 减 100”，如图 10-36 所示，设置文字的字体、大小、颜色，摆放位置。

图 10-36　促销文字

（14）使用“文字工具”输入详细介绍文字“从源头到餐桌，产地直供，品质保证，天然美味，独一无二，品种齐全，新鲜实惠，全场包邮，先到先得。”在文字中间相应部位按【Enter】键换段，如图 10-37 所示，设置文字的字体、大小、颜色、段落对齐方式，并摆放好位置。

图 10-37　详细介绍

（15）打开简笔画海星，使用“移动工具”将其移动进文件，并将该层命名为“海星”。按住【Ctrl】键的同时单击该层的缩略图，将海星区域选出来，如图 10-38 所示，使用白色画笔将海星涂抹成纯白色。

图 10-38　涂抹海星

（16）如图 10-39 所示，调整海星的大小、角度，并摆放到合适的位置。使用类似的方式，将其他 10 个海鲜的简笔画也移动进来，涂抹成白色，并调整好位置、大小。

图 10-39 简笔画

（17）将所有简笔画层，同时选中，如图 10-40 所示，将它们的透明度降低一些。

图 10-40 降低透明度

（18）完成后，将文件另存成 JPEG 格式，并保存其 PSD 格式，以备将来再次编辑。

任务 3 校园海报设计

效果呈现

校园海报主要是指在学校内部用于宣传介绍某项活动的海报，如社团活动、讲座信息、文艺晚会、公益活动等，形式活泼健康，从中能够透析出丰富多彩的校园生活。如图 10-41 所示，校园海报的主题是羽毛球社团招新，由于主题明确一目了然，因此并不需要过多的文字介绍，重点把报名的时间、地点、联系电话等信息标注清楚即可。本例中的大标题文字和底部的宣传标语，都是使用毛笔字体效果结合剪贴蒙版形式，制作出了不规则立体效果和木纹效果的文字填充效果，而海报中部也是使用剪贴蒙版的形式，将羽毛球图片显示在不规则的笔刷形状中，让画面看起来灵动而不古板。另外给海报添加了纹理效果，令其更加有质感。

工具技术

本任务主要用到：移动工具、文字工具、自由变换命令、变形命令、转换为智能对象、剪贴蒙版、滤镜、图层混合模式、图层样式、调整图层等。

图 10–41 校园海报设计

任务实施

找到素材图片“水彩 .jpg”“笔刷 .png”“球场 .jpg”“纹理 .jpg”“彩色 .jpg”“木纹 .jpg”“文字 1.png”“文字 2.png”，完成校园海报的制作。

（1）在 PS 中新建文件，如图 10–42 所示，将文件类型设置为“打印”中的“小报用纸”，然后将文件另存为“校园海报 .psd”。

（2）打开水彩图，使用“移动工具”将其移动进来，并调整大小、位置，令其刚好能够覆盖整个画面，将该层命名为“水彩”。

（3）打开笔刷图，使用“移动工具”将其移动进来，将该层命名为“笔刷”。先大致调整其大小、位置，令其宽度与画面宽度差不多。然后，执行菜单命令“编辑”|“变换”|“变形”，如图 10–43 所示，调整图像中各个控制点的位置、曲率等，制作其变形效果。

（4）打开笔刷图，使用“移动工具”将其移动进来，将该层命名为“球场”。调整大小、位置、旋转角度等，令其能够覆盖住笔刷图像。如图 10–44 所示，按住【Alt】键的同时单击“球场”层和“笔刷”层的中间部位，制作剪贴蒙版效果，让上层的球场图像能够显示在下层的笔刷形状中。

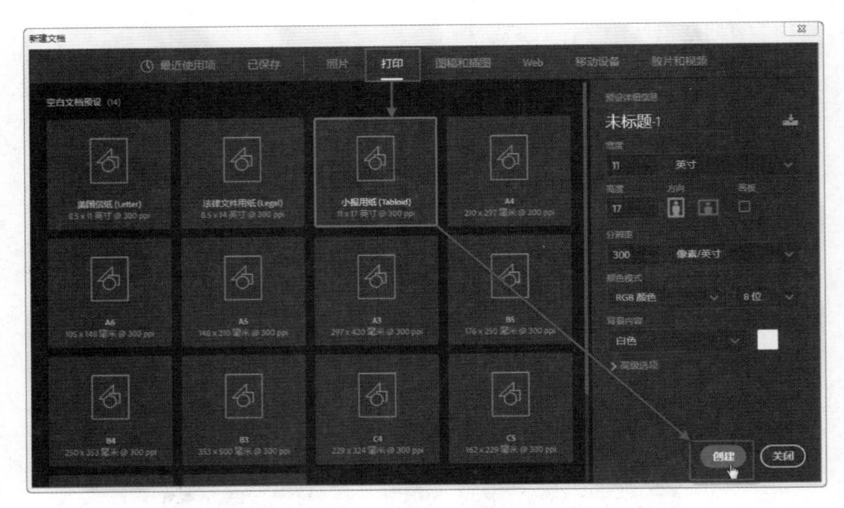

图 10-42 新建文件

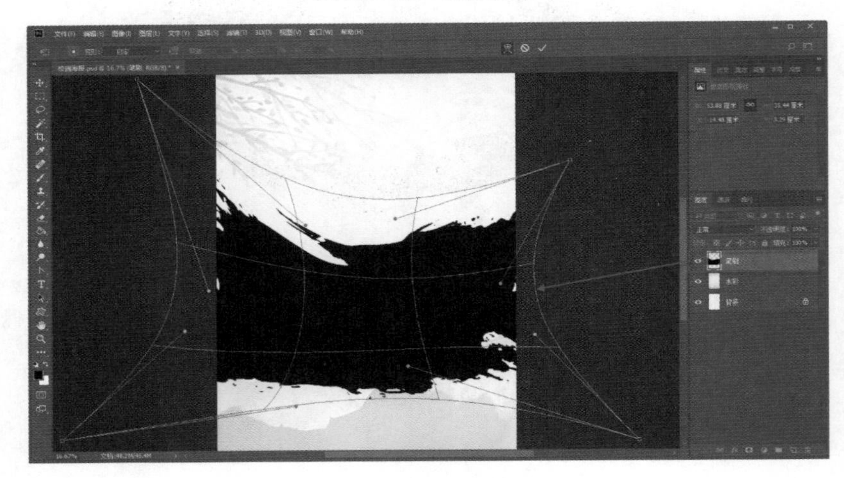

图 10-43 笔刷变形

图 10-44 剪贴蒙版

（5）新建图层，命名为“边框”。在该层中，按快捷键【Ctrl+A】全选画面，然后执行菜单命令“选择”|“修改”|“收缩”，在弹出的对话框中设置选区四周均向内收缩 100 像素。然后按快捷键【Ctrl+Shift+I】反选出边框区域，用油漆桶涂抹白色，如图 10–45 所示，制作海报的白色边框。完成后按快捷键【Ctrl+D】取消选区。

图 10–45　海报边框

（6）打开纹理图，使用“移动工具”将其移动进来，将该层命名为“纹理”。调整大小、位置，令其覆盖整个画面。右击纹理层的名称处，在弹出的快捷菜单中选择“转换为智能对象”命令。执行菜单命令“滤镜”|“其他”|“高反差保留”，如图 10–46 所示，在弹出的对话框中设置合适的半径参数。完成后将该层的图层混合模式设置为“叠加”，制作海报的纹理效果。因为提前将该层转换为智能对象了，因此添加的滤镜效果会在图层中显示出来，如果觉得纹理效果不满意，可以随时双击进去重新修改参数。

图 10–46　海报纹理

（7）使用“文字工具”输入文字“加 / 入 / 我 / 们　谁 / 羽 / 争 / 锋”，如图 10-47 所示，设置文字的字体、大小、颜色、垂直缩放等，将其摆放在海报顶端水平居中位置。

图 10-47　顶端文字

（8）使用“文字工具”输入文字“联系电话、报名地址、报名时间”，在每行结尾按【Enter】键换段，如图 10-48 所示，设置文字的字体、大小、颜色、行距等，摆放在海报底端右侧。

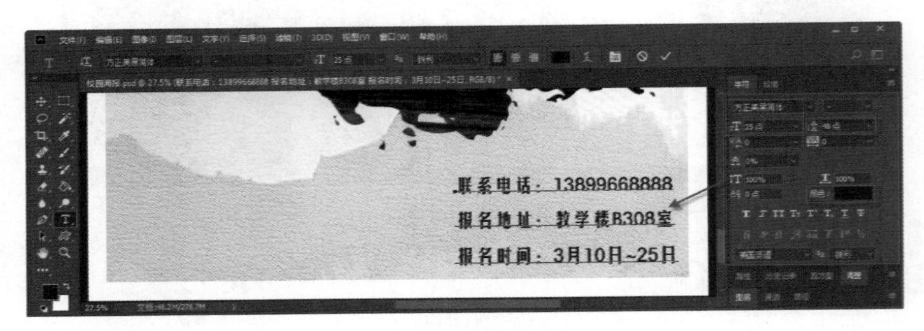

图 10-48　底端文字

（9）打开文字 1 图片，使用“移动工具”将其移动进来，将该层命名为“文字 1”。如图 10-49 所示，调整其大小，摆放在海报上方合适的位置。

图 10-49　文字 1 效果

（10）打开彩色图片，使用“移动工具”将其移动进来，将该层命名为“彩色”。调整其大小和位置，令其能够覆盖文字 1 区域。如图 10–50 所示，按住【Alt】键的同时单击“彩色”层和“文字 1”层的中间部位，制作剪贴蒙版效果。

图 10–50　剪贴蒙版

（11）打开文字 2 和木纹图片，使用“移动工具”将其移动进来，使用同样方式制作二者的剪贴蒙版效果，如图 10–51 所示，摆放在海报左下角合适的位置。

图 10–51　剪贴蒙版

（12）给水彩层添加“色相 / 饱和度”调整层，如图 10–52 所示，修改其色相及饱和度参数，令其更加契合文字色彩。

（13）给笔刷层添加图层样式，如图 10–53 所示，为其设置一个立体投影效果。

（14）右击笔刷层名称处，拷贝图层样式。如图 10–54 所示，选择加入我们层，粘贴图层样式，制作立体投影效果。同样地，给联系电话层、文字 1 层、文字 2 层，也粘贴图层样式。

（15）完成后，将文件另存成 JPEG 格式，并保存其 PSD 格式，以备将来再次编辑。

图 10-52 色相饱和度

图 10-53 投影样式

图 10-54 拷贝粘贴图层样式